最新 エリアマネジメント
街を運営する民間組織と活動財源

編著 小林重敬

学芸出版社

はじめに

本書は、わが国のエリアマネジメント活動に関して、エリアマネジメント活動の理論的な検討と、大都市都心部における実践的な事例の紹介を試みるものである。理論的な検討としては、エリアマネジメント活動と深く関わる社会関係資本とソフトローについて検討を加える。次にわが国のエリアマネジメント活動の一つのモデルとして考えられ、制度仕組みとして完成形となっているアメリカやイギリスのBIDを検討し、そのうえで、アメリカやイギリスと異なるわが国のエリアマネジメント活動の方向性、それを支える制度や仕組みについて検討を加える。

まず、「はじめに」では、わが国の大都市都心部、地方都市中心部、さらに住宅地におけるエリアマネジメント活動の概要を示し、その後本書の中心である大都市中心部のエリアマネジメント活動組織を紹介することとする。

① 大都市都心部、地方都市中心部におけるエリアマネジメント

わが国の都市づくりの状況を全体としてみると、競争の時代の都市づくりとして、大都市の都心部地区がより優位に立つために展開している都市再生があり、一方で衰退している地区を再生する都市づくりである地方都市の中心部における生き残りをかけた地域再生がある。

最近では大都市都心部における地区の都市再生も、また地方都市中心部における地区の地域再生も、管理運営（マネジメント）による都市づくりの必要性が認識されるようになっており、大都市から地方都市までの多様な地区で、さまざまな社会的組織によって担われているエリアマネジメントの事例が展開している。

近年、大都市都心部の多くの地区で「エリアマネジメント組織」がつくられている。また地方都市中心市街地でも、中心市街地の活性化のためにTMO（タウン・マネジメント・オーガナイゼーション）が組織化されエリアマネジメントの活動を展開している。

そのような地区での活動の積み重ねのなかからは、「エリアマネジメント」や「タウンマネジメント」の活動

を支え、組織を支える仕組みとして、アメリカやイギリスなどで先進的に展開しているBID（Business Improvement District）が注目を集め、日本版BID研究と仕組みづくりの必要性が認識されてきている。

② 住宅市街地におけるエリアマネジメント

市民に身近な住宅市街地のまちづくりは、一方に既成市街地や郊外地の住宅地の価値を保全し、さらに高めるまちづくりがあり、もう一方にはこれから問題視されてくると考えられる、人口減少時代における空き地、空き家の増大にともなう住宅地の価値減少を予防し、地域価値を保全するまちづくりがある。

まず既成市街地や郊外地に地区計画や建築協定、さらにはまちづくり条例などのツールを活用して良好なまちづくりを進めてきた地区におけるエリアマネジメントがある。このなかにはニュータウンなどの計画的に開発された住宅市街地の再生のためのエリアマネジメントも入ると考える。課題としては必ずしも新しいものではないが、それぞれの地区で地区主体の社会的組織をつくってマネジメントする必要があり、その活動の展開が始まっている。

次に都市の外延部に拡大した一般住宅市街地の再編がある。大都市圏の郊外には必ずしも良好とは言えない住宅市街地が広がっており、また良好に形成された住宅市街地のなかには時間の経過とともに居住環境が悪化している地区も増加しており、そのための対策の必要性が認識されつつある。とくにこれからの人口減少社会の動向、高齢社会の動向は、このような住宅市街地のエリアマネジメントを促すことになると思われる。

そのような地区での実践や議論を通して、良好な住宅市街地を主な対象に、アメリカなどで展開しているHOA（Home Owners Association）の仕組が注目されている。わが国ではこれからの人口減少時代の郊外市街地のエリアマネジメント研究とその仕組みづくりの必要性が高いと考える。

ただし、本書では大都市都心部におけるエリアマネジ

メントに限定して考察することとする。

③ 大都市都心部地区のエリアマネジメントの展開

大都市都心部におけるエリアマネジメント活動を考えると、その必要性は次のように説明できる。

第一に、地方公共団体は特定地区に特別のエリアマネジメント活動を行うことは公平性の観点からむずかしい。しかし、これからの都市づくりには、さまざまなレベルでの地区間競争を考えると地区としての魅力をつくることが求められておりエリアマネジメント活動の必要性は高い。

第二に、一般に広がりを持った地区では、多くの関係主体、権利者が存在し、個別敷地に特別の管理を行うと、それにともなう外部経済が発生し、フリーライダーが生まれる可能性が高く、一方、逆に個別敷地が外部不経済を発生させる可能性もある。したがって「エリア」の単位でマネジメントする必要がある。

第三に、フリーライダーを生じさせないためにも、できるかぎり多くの関係主体、権利者が一体となって組織をつくりエリアマネジメント活動をする必要がある。

わが国における大都市都心部のエリアマネジメント活動の事例としては、これまで大規模プロジェクトと連動しているものが比較的多かったが、大規模プロジェクトとは関係なく既成市街地でのエリアマネジメント活動を実践している地区も、表に示すように近年では増えつつある。

表の「六本木ヒルズ」「汐留」「OBP」「横浜みなとみらい21」「グランフロント大阪」などの組織は大規模プロジェクトと連動しているエリアマネジメント組織の事例であり、「大丸有」の各組織、「長堀」「御堂筋」「天神」「名古屋駅地区」「横浜駅周辺」などの組織は、大規模プロジェクトと必ずしも関係のある事例ではなく、既成市街

大都市都心部の主なエリアマネジメント組織
―丸の内環境サロン・まちづくりサロンや関連シンポジウムに参加した組織を中心に―

地域	地区	団体
東京都心部	大手町・丸の内・有楽町（大丸有）	一般社団法人 大手町・丸の内・有楽町地区まちづくり協議会（事例18） NPO法人 大丸有エリアマネジメント協会（リガーレ）（事例1） 一般社団法人 大丸有環境共生型まちづくり推進協会（エコッツェリア協会）（事例21）
	六本木ヒルズ	六本木ヒルズ統一管理者（事例15、23）
	汐留	一般社団法人 汐留シオサイトタウンマネージメント
	大崎駅周辺	大崎駅周辺地区街づくり連絡会 （「東五反田地区街づくり推進協議会」と「西口まちづくり協議会」）
	秋葉原	秋葉原タウンマネジメント株式会社（事例19）
	神田淡路町	一般社団法人 淡路エリアマネジメント（事例10）
	銀座	銀座街づくり会議・銀座デザイン協議会（事例8）
	日本橋地域	日本橋地域ルネッサンス100年計画委員会（事例9）
	竹芝	竹芝地区まちづくり協議会（竹芝地区エリアマネジメント準備室）（6章3節2）
大阪都心部	船場	船場げんきの会
	長堀	NPO法人 御堂筋・長堀21世紀の会
	御堂筋	御堂筋まちづくりネットワーク（事例11）
	大阪ビジネスパーク	OBP開発協議会
	大阪駅周辺	梅田地区エリアマネジメント実践連絡会（事例3）
	グランフロント大阪	一般社団法人 グランフロント大阪TMO（事例4、16）
名古屋都心部	名古屋駅地区	名古屋駅地区街づくり協議会（事例2、22）
	栄ミナミ	栄ミナミ地域活性化協議会（事例12）
横浜都心部	横浜みなとみらい21	一般社団法人 横浜みなとみらい21（事例20）
	横浜駅周辺（西口、東口）	エキサイトよこはまエリアマネジメント協議会（事例5）
神戸都心部	旧居留地	旧居留地連絡協議会（事例24）
福岡都心部	天神	We Love 天神協議会（事例7、17）、一般社団法人 We Love 天神（事例17）
	博多駅周辺	博多まちづくり推進協議会（事例6）
札幌都心部	札幌駅前通	札幌駅前通まちづくり株式会社（事例13）
	大通	札幌大通まちづくり株式会社
浜松都心部	浜松駅前	浜松まちなかマネジメント株式会社（事例14）

地におけるエリアマネジメント組織ということができる。

　また近年では比較的規模の大きな再開発事業と周辺の既成市街地とが一体となって組織をつくりエリアマネジメント活動を行う事例も、「秋葉原」「神田淡路町」などで見られるようになっている。

　いずれの地区でもさまざまなレベルの都市づくりを行いつつ、それと連動してエリアマネジメント活動を実践している。エリアマネジメントの内容を大別すれば、第一に公共施設・空間、非公共施設・空間の積極的な利用を予定したデザインガイドラインなどの策定とその実現、さらに第二にそれら施設や空間のメインテナンスやマネジメント、第三にイベントに代表される地域プロモーション、社会活動、シンクタンク活動などのソフトなマネジメントがある。第四に地区の安全・安心やユニバーサルデザインの実現などの課題を解決するマネジメントである。

　またこれからのエリアマネジメント活動として期待される防災・減災や地球環境・エネルギー問題への対応が始まっている。わが国のエリアマネジメントのこれからは防災・減災や地球環境・エネルギー問題への対応が、欧米におけるBID活動とは異なるエリアマネジメント活動の特質になると考える。

※

　本書が刊行できたのは、数年間にわたって開催された東京「丸の内まちづくりサロン」でのエリアマネジメント活動に関する検討会、東京、大阪、名古屋で展開されてきたシンポジウムに積極的に参加いただいた多くのエリアマネジメント組織の協力、ならびに検討会、シンポジウムに指導的に関わっていただいた専門家、国、東京都、大阪市、名古屋市などの行政関係者の力添えによるものである。

　また「丸の内まちづくりサロン」の事務局を担っていただいた大丸有エリアマネジメント協会の関谷みゆきさん、ならびに学芸出版社の前田裕資さんにはたいへんお世話になった。ここに深く感謝の意を表したい。

2014 年 12 月 1 日

小林重敬

目　次

はじめに　3

1章　エリアマネジメントの仕組みと展望 ……………………………… 9

1節　わが国のエリアマネジメントの仕組みと展望　小林重敬 ………………… 10
1　エリアマネジメントという仕組みの必要性　10
2　「社会関係資本」と「ソフトロー」　11
3　都市づくりにおける「協働」と社会関係資本構築　13
4　エリアマネジメントにおける「関係性」　14
5　「つくる」ルールと「育てる」ルール　17
6　エリアマネジメント組織のこれから　17

2節　アメリカにおけるエリアマネジメントの仕組みと活動　青山公三 ………… 19
1　アメリカの都心エリアマネジメント　19
2　アメリカにおけるエリアマネジメントの歴史　19
3　アメリカにおけるBIDの発展　22
4　BIDが提供するサービス　23
5　BIDの法的位置づけと組織　26
6　BIDの資金・財政　28
7　アメリカにおけるBIDの展望　29

3節　イギリスにおけるエリアマネジメントの仕組みと展望　保井美樹 ………… 31
1　官民連携とエリア・アプローチの始まり　31
2　中心市街地の衰退とマネジメントの導入　32
3　BIDの導入によるエリアマネジメントの進化　34
4　イギリスにおけるエリアマネジメントの展望　39

2章　大都市拠点駅を中心とする活動事例 ……………………………… 41
事例1　大手町・丸の内・有楽町　さまざまなソフト面でのまちづくり ………………… 42
　　　　NPO法人 大丸有エリアマネジメント協会（リガーレ）

事例2　名古屋駅地区　リニア開業に向けた街づくり「ターミナルシティ」を目ざして …… 46
　　　　名古屋駅地区街づくり協議会

事例3　大阪駅周辺　並列の協調関係によるエリアマネジメント活動 ………………… 50
　　　　梅田地区エリアマネジメント実践連絡会

事例4　グランフロント大阪　新しい「公共」への挑戦 …………………………………… 53
　　　　一般社団法人 グランフロント大阪TMO

事例5　横浜駅周辺　既存組織が主役のエリアマネジメントを目ざして ……………… 56
　　　　エキサイトよこはまエリアマネジメント協議会

事例6　博多駅周辺　駅からまちへ、まちから駅へ、歩いて楽しいまちを目ざして ……… 60
　　　　博多まちづくり推進協議会

3章　大都市既成市街地における活動事例 ……………………………… 65
事例7　福岡天神　三つの目標像と10の戦略 ……………………………………… 66
　　　　We Love天神協議会

事例8　銀座　町会・通り会を中心にしたエリアマネジメント ………………………… 70
　　　　銀座街づくり会議・銀座デザイン協議会

事例 9　日本橋地域　　**地域全体の活性化、賑わい創出を目ざした活動** ……………… 74
　　　　日本橋地域ルネッサンス100年計画委員会

事例 10　神田淡路町　　**ワテラスを拠点に情緒ある地域コミュニティ形成を目ざす** ……… 78
　　　　一般社団法人 淡路エリアマネジメント

事例 11　大阪御堂筋　　**御堂筋を軸としたビジネス街のエリアマネジメント** ……………… 82
　　　　御堂筋まちづくりネットワーク

事例 12　名古屋栄ミナミ　　**イベント活動をとおして、歩いて楽しいまちづくりへ** …………… 86
　　　　栄ミナミ地域活性化協議会

4章　エリアマネジメント活動の課題 ……………………………………………… 91

1節　エリアマネジメント活動の現在とこれからに向けての提言　小林重敬 ……………… 92
　　　1　エリアマネジメント活動の現在　92
　　　2　エリアマネジメント活動のこれから　92

2節　エリアマネジメント活動の財源　小林重敬 …………………………………………… 96

事例 13　札幌駅前通　　**公共施設の積極的な活用が生みだすエリアマネジメント財源** …… 97
　　　　札幌駅前通まちづくり株式会社

事例 14　浜松駅前　　**行政の理解と協力によるエリアマネジメント** …………………………… 101
　　　　浜松まちなかマネジメント株式会社

事例 15　六本木ヒルズ　　**「街のブランディング」と「街のメディア化」の相乗効果** ………… 105
　　　　六本木ヒルズ統一管理者

事例 16　グランフロント大阪　　**街メディアの活用による自主財源の創出** ………………… 109
　　　　一般社団法人 グランフロント大阪TMO

3節　エリアマネジメント活動と組織体制　小林重敬 ……………………………………… 113

事例 17　福岡天神　　**任意団体と一般社団法人による組織・運営体制** …………………… 114
　　　　We Love 天神協議会／一般社団法人 We Love 天神

事例 18　大手町・丸の内・有楽町　　**役割をもった街づくり団体と行政・民間の協力体制** …117
　　　　一般社団法人 大手町・丸の内・有楽町地区まちづくり協議会

事例 19　秋葉原　　**株式会社で実現するまちづくり** ………………………………………… 121
　　　　秋葉原タウンマネジメント株式会社

5章　エリアマネジメント活動の新しい領域 ……………………………………… 125

1節　エリアマネジメント活動の新要素　長谷川隆三 ……………………………………… 126
　　　1　強固な活動基盤の構築へ向けて　126
　　　2　都市の持続可能性・魅力を高める新たな要素：エネルギー・環境と防災・減災　127
　　　3　エリアマネジメントとの親和性　129
　　　4　エリアマネジメントの新たな役割　129
　　　5　実践に向けて　132

2節　新しい活動に関わるこれまでの活動事例　長谷川隆三 ……………………………… 133

事例 20　横浜みなとみらい21　　**世界を魅了する、もっともスマートなまちを目ざして** ….. 134
　　　　一般社団法人 横浜みなとみらい21

事例 21　大手町・丸の内・有楽町　**持続可能な環境共生型のまちづくり** 138
　　　　　一般社団法人 大丸有環境共生型まちづくり推進協会（エコッツェリア協会）

事例 22　名古屋駅地区　**官民連携による共助体制構築に向けた取り組み** 142
　　　　　名古屋駅地区街づくり協議会

事例 23　六本木ヒルズ　**「逃げ出す街」から「逃げ込める街」へ** 146
　　　　　六本木ヒルズ統一管理者

事例 24　神戸旧居留地　**阪神・淡路大震災を教訓とした地域防災活動** 150
　　　　　旧居留地連絡協議会

6章　エリアマネジメントの新たな仕組みづくり 155

1節　国におけるこれまでの仕組みづくり　御手洗潤 156
　　1　エリアマネジメント推進のための制度の枠組み　156
　　2　エリアマネジメント推進のための組織　157
　　3　エリアのルール　157
　　4　公共空間の利活用・公共施設の管理運営　158
　　5　エリアマネジメントに対する国の支援　159
　　6　国におけるエリアマネジメント推進の仕組みの今後の展望　161

2節　大阪市エリアマネジメント活動促進条例　大阪市都市計画局計画部都市計画課 163
　　1　条例制定の背景　163
　　2　大阪市エリアマネジメント活動促進条例の概要と意義　165
　　3　今後の展望　168

3節　竹芝地区における民間活力を活かしたまちづくり
　　　　　東京都都市整備局都市づくり政策部／竹芝地区エリアマネジメント準備室 169
　　1　都有地を活用した東京都のまちづくり　169
　　2　竹芝地区のエリアマネジメントの展開　171

7章　エリアマネジメントのこれからへ向けて 175

1節　エリアマネジメントを発展させるために　中井検裕 176
　　1　エリアマネジメントに共通するもの　176
　　2　目的・活動内容から見たエリアマネジメントの本質　176
　　3　エリアマネジメントと合意形成　177
　　4　自発性の維持と公的支援　179
　　5　日本発エリアマネジメントの発信　180

2節　環境・エネルギー等の視点から　村木美貴 182
　　1　避難場所でのエネルギーを考える　182
　　2　公共用地の利活用　184
　　3　バーミンガムに見る熱供給事業とエリアマネジメント組織の関係　185
　　4　エリアマネジメント組織との連携　187

3節　官民連携と事業開発を支えるプロデューサー型人材　後藤太一 188
　　1　そもそも、何のために、どのような連携が必要か？　188
　　2　連携の成功の鍵はなにか？　188
　　3　福岡における官民連携の発展事例　191
　　4　実践における課題：人材確保と解決策　191

　　　　執筆者　193　　事例執筆団体　194

1章
エリアマネジメントの仕組みと展望

タイムズスクウェア（提供：青山公三）

1節

わが国のエリアマネジメントの仕組みと展望

東京都市大学都市生活学部 教授
NPO法人 大丸有エリアマネジメント協会 理事長　小林重敬

1 ── エリアマネジメントという仕組みの必要性

　成長都市の時代は終わり、成熟都市の時代に移行していると言われて久しい。成長都市の時代にはディベロップメント、「開発」により都市を「つくる」時代であるとされ、成熟都市の時代にはマネジメント、「管理運営」により都市を「育てる」時代であるとも言われている。しかし、ディベロップメント、「つくる」ことは、本来はマネジメント、「育てる」ことと分離できるものではなく、ディベロップメントは、本来はマネジメントと一連のもの、あるいは一体のものであると考えるのが妥当な考え方である。

　わが国の都市づくりを考えると、大都市中心部では依然として、都市を「つくる」ことが進んでおり、そこでこそ、都市を「育てる」ことを認識する必要性がでてきていると考える。そのことを、別の表現ですれば、都市を「つくる」段階から、都市を「育てる」ことを考えていく必要があるということである。すなわち、ディベロップメントの段階から、マネジメントを考えていく必要があるということである。

　今日、わが国においても、都市づくりのさまざまな局面で、積極的に地区を単位とした「マネジメント」（エリアマネジメント）の必要性が認識され始めており、「エリアマネジメント」が実践されている。

　それを簡潔に説明すれば次のようになる。官（行政）は、地区を超えた都市全体を対象とした規制などにより、平均的、画一的な都市づくりを進めるのには適している。都市づくりにおいては、従来、民間と行政の関係は「つくる」段階での関係が中心であった。「育てる」段階での民間と行政の関係は「つくる」段階のものとは異なる。しかも、これからの都市づくりは競争の時代の都市づくりとして、積極的に地域特性を重視し、地域価値を高める都市づくりが必要になっている。あるいは、逆に地域価値の低下を防ぎ、維持する都市づくりが必要になっている。そのため従来の平均的な、画一的な都市づくりでの民間と行政との関係では対応できない状況が生まれており、地区を単位として、その地区の地権者、事業者などの民間の関係者が地域特性を活かした地域づくりを進めることが必要となり、実践されるようになっている。

　また、わが国の都市づくりにおいて、防災・減災や環境・エネルギーなどの新しい課題が生まれており、そのような社会動向への対応が地区の単位で行う必要が生まれている。

　都市づくりには社会インフラの整備が基礎的に必要となることは論をまたない。しかし、これまで、わが国で社会インフラというと、道路、公園、上下水道、さらに空港、港湾などのハードなものを指すのが一般的であり、そのような社会資本整備が行政の力を中心に進められてきた。確かに成長都市の時代には市街地の拡大、経済の成長のために上記のような社会資本整備が重要であった。

　しかし成熟都市の時代には、そのような社会インフラに加えて、地域に関わる地権者、商業者、住民、開発事

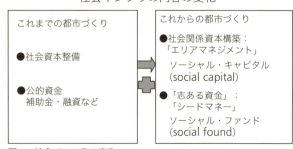

図1　社会インフラの変化

業者などがつくる社会的組織によって、すなわち民間の力によって地域の価値を高め、維持する必要性が認識され具体化するようになっている。以下で述べるように、それらの社会的組織は、「社会関係資本」（ソーシャル・キャピタル）とも呼ばれ、地区の関係者がお互いの信頼関係を築いたうえで、都市づくりガイドラインなどの地区の関係者間でつくりあげた規範（「ソフトロー」）をつくって都市づくり活動を行っている。すなわち、以前の社会資本整備から、社会関係資本構築へと社会インフラの位置づけが変化し、また豊富になってきていると考える。

2 ── 「社会関係資本」と「ソフトロー」

エリアマネジメントには、その核心にエリアの単位で「人々の間の協調的な行動を促すこと」があると考える。この「人々の間の協調的な行動を促すこと」に関わる知の領域として、近年注目されているのが「ソーシャル・キャピタル」、すなわち「社会関係資本」の領域と「ソフトロー」、すなわち地域ルール、規範の領域であると考えるので、以下ではエリアマネジメントとの関係から両者を説明したい。

1 「社会関係資本」（「ソーシャル・キャピタル」）の領域

「社会関係資本」、すなわち「ソーシャル・キャピタル」の領域では、「信頼」「互酬性の規範」「ネットワーク（絆）」が「人々の間の協調的な行動を促す」ことにつながるとされている（稲葉陽二[注1]）。

また社会関係資本について体系的な考察を加えたパットナムは「ソーシャル・キャピタル」とは、「相互利益のための協調と協力を容易にする、ネットワーク、規範、社会的信頼のような社会的組織の特徴を表す概念である」としている（ロバート・D・パットナム[注2]）。また、よりわかりやすく社会関係資本を表現したものとして「多様な人々がつながり、信頼を育て、互酬性の規範を形成することで、情報や知識、技術という資源を形成し、共有することができたこと、それを活用することで資源形成に関わった特定の個人だけではなく社会全体に経済

的効果や社会的効果を与えている点である」（宮田加久子[注3]）と表現されている。まず「社会関係資本」ではどのような質の「ネットワーク（絆）」をもつかによって、その内容あるいはそれが生みだす成果が大きく変わるとされている。また「社会関係資本」は、そもそもあるグループをつくりだすこと、すなわち、エリアマネジメントとの関係で言えば、地域に関わる地権者、商業者、住民、開発事業者などがつくる社会的組織から始まるという意味では「ネットワーク（絆）」が始まりとも言えるとされている。

さらに「社会関係資本は歴史・伝統や文化などにも深く関わり、長期にわたって形成されてきた「社会関係資本」はそれだけ強固なものとなり、一種の社会的信頼関係を生みだすことになり、このことは後で述べる「地域ルール」の存在とも深く関わることになる。

また「社会関係資本は多くの場合に利他的な行為を伴う」（稲葉陽二[注4]）という意味では、経済学が設定する市場の外に位置づけられるものであり、経済学でいう外部性をともなう行為である。後で事例を中心に述べるエリアマネジメント活動はそのような側面を強くもっており、そのため「ネットワーク（絆）」をどれだけエリアで強固にできるかが成否を握ることになる。地域再生のための「地域づくり」において、地域の有志がまず活動を始める場合、それは往々にして外部性を生みだすことになり、もしその他の地域関係者が、有志の活動にただで便乗していればいいと考えると、その活動、エリマネジメント活動は早晩活動の弱体化を招くことになる。

そこに「社会関係資本」について「信頼」と「互酬性の規範」を「ネットワーク（絆）」以外の要素として取り上げた意味がある。地域の再生の面から考えると、地域の「まとまりのよさ」が「社会関係資本」の成果に直接つながると考えるからである。

逆に言えば「信頼」と「互酬性の規範」に根ざした「社会関係資本」が、よりよい「社会関係資本」を構成することにつながるということである。そこで、以下では「信頼」と「互酬性の規範」に関して社会関係資本の視点から考察する。

1 「社会関係資本」と「信頼」

中山信弘、藤田友敬「ソフトローの基礎理論」の第3

1章　エリアマネジメントの仕組みと展望　11

章では、石川「「信頼」に関する学際的研究の一動向」が、社会関係資本においても、ソフトローにおいても中心的な概念とされている「信頼」について考察している。そのなかでとくに注目すべき内容は、理論社会学分野での「ニクラス・ルーマンによる「信頼」概念を「人格的信頼」と「システム的信頼」に分化させている」ことである（石川博康[注5]）。

ルーマンが理解する「信頼」の本旨は、「ある期待される将来の事象のために、それ以外の事象の可能性を制限して行動するというリスクを引き受けること」（石川博康[注6]）としている。それはまた近代社会の事象の複雑性を縮減する機能を果たす役割を担っているとし、そこから「信頼」をたんに「人格的信頼」とせず、「システム的信頼」を分化させている意味でもあるとしている。

さまざまな人格が関わるまちづくりの面では、「人格的信頼」には限界があり、「システム的信頼」が重要な役割を担うことは明白である。さらに「人格的信頼」は人に対する信頼という意味では事実的であり、「システム的信頼」は抽象的なシステムに信頼を寄せるという意味では「脱事実的で未来志向的な性質が主として形成されている」（石川博康[注7]）としており、まちづくりに関わる「地域ルール」の面からみると「システム的信頼」の重要性が認識できる。

この「信頼」の議論を、社会関係資本の面から整理し、広義の社会関係資本としてとらえると、公共財、私的財、クラブ財の三つに分類でき（稲葉陽二[注8]）、公共財としての社会関係資本は社会全般における信頼・規範であり、「システム的信頼」の性格を有し、あとで述べる「地域ルール」につながっていく。一方、私的財、クラブ財は個人間あるいは企業間、またある特定のグループ内における「人格的信頼」を前提としていると考えられる。

まちづくりに関わる「地域ルール」が想定している社会関係資本における「信頼」は、クラブ財から出発し公共財に向かう志向をもったものであると理解できる。

②「社会関係資本」と「互酬性の規範」

社会関係資本について、パットナムは「信頼感や規範意識、ネットワークなど社会組織のうち集合行為を可能にし、社会全体の効率を高めるもの」と定義し、「信頼」「互酬性の規範」と「市民的な参加のネットワーク」から

なるものであるとしている（宮田加久子[注9]）。

また、宮田は一般に、物的資本（土地、財産など）は物理的対象を、人的資本（スキル、知識、経験など）は個人の特性を指すものだが、社会関係資本が指し示しているのは個人間のつながり、すなわち社会的ネットワーク、およびそこから生じる互酬性と信頼性の規範であるとするパットナムの『一人でボウリングをする』のなかの論述を紹介している。

ここでのパットナムのキーワードは、互酬性である。互酬性とは「あなたからの特定の見返りを期待せずに、これをしてあげる、きっと誰か他の人が私に何かしてくれると確信するから、ということである」（パットナム[注10]）。「互酬性」とは、聖書にある「人にしてもらいたいと思うことは何でも、あなたがたも人にしなさい」という一般的互酬性と、「あなたがそれをしてくれたら、私もこれをしてあげる」という特定的な互酬性の二つに分かれる。パットナムによれば、「信頼は社会生活の潤滑油となるものであり、人々の間で頻繁な相互作用が行われると、一般的互酬性の規範が形成される傾向がある[注11]」という。社会的ネットワークと互酬性の規範は、相互利益のための協力を促進させうる。社会の「成員間でこうした互酬性が一種の社会的規範にまで高められると、その規範にもとづく社会ネットワークが形成される。このネットワークが社会に埋め込まれることによって、今度はネットワークが社会の成員を常に相互に協力するように差し向けるというプロセスが想定される。つまり、社会関係資本を活用することで社会関係のなかで人々の相互的な利得を獲得させるための協調と調整が促進される」（宮田加久子[注12]）。こうした互酬性に起因する利得は、「結束型」（排他型）の社会関係資本と「橋渡し型」（包摂型）の社会関係資本によって、成員の間で共有されることになるとされている。「結束型」の社会関係資本とは、緊密な、内向きの社会ネットワークのなかで共有される強い紐帯である。家族や親密な友人グループなどの関係はその一例である。これに対し、「橋渡し型」の社会関係資本とは、外向きで、地位や属性をこえて多様な人々との関係をつないでいくことに役立つ、弱い紐帯をさしている（パットナム[注13]）。

本書で対象としているエリアマネジメント活動におけ

る社会関係資本における互酬性は後者の「橋渡し型」と考えられる。

2 「ソフトロー」の領域

エリアマネジメントを実践しようとする組織は、多くの場合、まず「ガイドライン」と呼ばれる一種の「地域ルール」づくりを行う。

「ソフトロー」の領域では、その領域として「国家以外が形成した規範であって、国家がエンフォースすることが予定されていない規範」と「国家が形成するがエンフォースしない規範」の二つの領域が考えられており(中山信弘[注14])、「国家以外が形成した規範であって、国家がエンフォースすることが予定されていない規範」が本稿の取り上げる「地域ルール」の中心と考えるが、後に述べるように「国家が形成するがエンフォースしない規範」も「地域ルール」のなかには存在する。

この領域を考えるための知の領域として、中山信弘、藤田友敬『ソフトローの基礎理論』では、経済学の制度学派の系列の研究である「規範や慣習」に関する「経済学」的知見が議論され、自律的秩序と法的ルールの相互関係が議論されている。「地域ルール」がある場合は地域の自律的秩序にもとづくものであり、それが場合によっては法的ルールに昇華する場合もあることを考えると、自律的秩序と法的ルールの相互関係はまず議論されるべき課題である。

そこでは重要なフレーズとして「自律的秩序を守ることによって短期的に不利益を被っても、長期的には利益になるから従う」という自律的秩序が守られるシナリオが語られており、まちづくりにおける自律的秩序、すなわち「地域ルール」の議論と軌道を同一にしている議論が展開されていることは興味深い。

次に中山信弘、藤田友敬『ソフトローの基礎理論』では、「社会心理学」を取り上げ、そこでの「地域ルール」に関係する表現として「「人々が暗黙裡に従う集団のルール」すなわち規範」としている。しかしこの「暗黙裡に従う」の内容を分析すると、そこに「共有地の悲劇」で膾炙(かいしゃ)している「社会的ジレンマ問題」と「信頼の重要性」というテーマが出されてくる。社会的ジレンマ問題では相互協力することが秩序問題の解決につながるとされる。

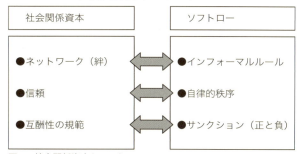

図2　社会関係資本とソフトロー

したがって「ソフトロー」の領域でも「信頼」「互酬性の規範」「ネットワーク」がキーワードとして出されてくると考える。

ところで社会心理学では「人が集団に所属すると、個人のときには観察されないような特定の行動パターンが集団内に共有され、維持されることがある」(渡部、森本[注15])とし、「それらの行動パターンは「人々が暗黙裡に従う集団ルール」によって規定され、そのことを社会心理学では規範と呼んでいる」として、「地域ルール」の根拠の一端に言及している。さらに信頼は重要であるが、その信頼を下支えする「別の規範」の存在を必要とするとして、「別の規範」としてサンクションがあげられている。すなわち「地域ルール」が地域ルールとして機能するには、たんに関係者による信頼関係のみでは充分ではなく、協力者にインセンティブを与えること、すなわち正のサンクションを与えること、逆に非協力者に罰、すなわち負のサンクションを与えることが、信頼関係を下支えすることになるとしている。インフォーマル・ルールである「人々が暗黙裡に従う集団ルール」がより実効性をもつためには、サンクションをもったフォーマル・ルールに展開していく必要があるということを説明していると考える。

3 ── 都市づくりにおける「協働」と社会関係資本構築

1 「近代化」「民主化」そして「市場化」

かつては、都市づくりは、「公」、なかでも「国」よる「コントロール」の力により進めていくこととされていた。

そのような政策のあり方は、「近代化」を急ぐ、すなわ

ち開発（ディベロップメント）を中心に据えて、都市づくりを急ぐ際の一つの道筋であったと考える。しかし「近代化」は必ずそれにともなって「民主化」が進み、都市づくりへの「市民参加」が要請されてくる。いわば「コミュニティ」の力が都市づくりに加わることとなる。

さらに近年では「近代化」「民主化」とは異なる「市場化」の力が都市づくりに強く作用してくる。すなわちマーケットの力が、コントロールの力、コミュニティの力に加わって都市づくりに関与してくることになった。

もともとマーケットの力が都市づくりに作用していることはきわめて一般的なことであったが、二つの作用が働いてマーケットの力が都市づくりの表舞台に出てくることになる。一つは都市づくりにおけるコミュニティの力との軋轢であり、もう一つはグローバル化のなかでのグローバルなマーケットの力が都市づくりに大きく作用してきたことによる。

そのために、近年の都市計画法の改正は、政策の形成と実現のメカニズムを、いくつかの段階をへて大きく変えてくることになる。

第一の変化は、マーケットの力を都市づくりに積極的に吸収していく動きであり、「規制緩和」がその中心的なフレーズとなる。第二の変化はコントロールの力のなかの変化として表れ、地方分権化によって変化してきたものであり、「参加」が中心的なフレーズとなる。

しかし、この二つの変化を都市づくりにもち込むと、互いに反発する力になる可能性が高く、最近の都市づくり上の解決すべき課題となっている。

それに対応する都市づくりの力として社会関係資本構築が考えられる。別の言葉で言えば地域における「協働」である。

すなわち、「社会関係資本を活用することで社会関係のなかで人々の相互的な利得を獲得させるための協調と調整が促進される」（宮田加久子[注12]）という社会関係資本構築を梃子とした都市づくりである。

❷「都市」から「地域」を基礎とした都市づくりへの変化

今日、都市づくりは「都市」から「地域（エリア）」を基礎とした都市づくりへと変化している。

その理由は、旧来の制度としての「都市」、行政組織としての「都市」にかわって「エリア」（単位地域）が着目されていることである。旧来の制度としての「都市」にかわって、グローバル化による競争に中心的に、積極的に対応する「エリア」、また逆に、それに対抗的に機能するローカル化に対応するコミュニティなどを単位とする「エリア」が、都市づくり・まちづくりが実践される場として現れる時代に入っていることである。

その結果、「都市」から「地域」への重点の移行にともなう「地域」のあり方は2層性をもってあらわれる。それはグローバリゼーションがもたらす大都市における「地域」と、グローバリゼーションが進めば進むほど要請されてくるローカリゼーションへの対応としての「地域」である。

グローバリゼーションの進展は、それがマーケットを中心として動くため、人々に恒常的に変化を要求する。佐伯啓思氏によれば「その結果がもたらす不安定性に対して、耐久力ある豊かな社会（美しい風景、想像力をかきたてる都市と田園、豊かな人間関係と日常生活など）を構築する必要があり」、それは間違いなく、人々に身近で、豊かな人間関係の創出に寄与する仕組みへの要請につながる。

すなわちグローバリゼーションの動向を、ローカリゼーションをその背景に「エリア」にとってプラスの方向に向けることが必要であり、都市再生は地域再生と連携しなければならないことを示している。

ここにもエリアでの社会関係資本構築による都市づくりの仕組みの重要性が理解できる。

4──エリアマネジメントにおける「関係性」

成熟都市の時代には、地域の都市づくりに関わる関係者などがつくる社会的組織によって地域の価値を高め、維持する必要性が認識され具体化するようになっており、それらの社会的組織は、社会関係資本とも呼ばれ、お互いの信頼関係を築いたうえで、都市づくりガイドラインなどの規範をつくり都市づくり活動を行っていると述べたが、その内容をもう少し細かく見ていくこととする。

1 開発の時点から管理・運営を関係づける

マネジメントという言葉を使うと、一般には維持管理と理解される。都市づくりという第1段階があり、その後、すなわち「つくる」段階が終了した後の維持管理という第2段階があると一般的には理解されている。しかし今日のマネジメント、あるいはここでいうマネジメントは、いわば第3段階のもので、「つくる」段階から「育てる」ことを考えるマネジメントである。すなわち開発の時点から、その後の管理・運営を考え、関係づけていくことが必要であるといこうことである。そのことを「エリア」の単位で考えると、そこに「エリアマネジメント」の必要性が出てくる。

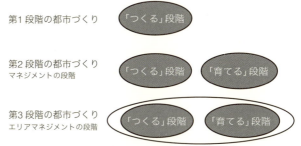

図3 「つくる」段階と「育てる」段階

① 開発の質のレベルと管理コストとの関係

開発の時点から、その後の管理・運営を考えていくと、一般に開発の質を高めることにつながる場合が多い。それは地区間競争の時代における都市づくりの時代であることを反映したものであると考える。

具体的には、一般の地区と異なるレベルの質の高い都市整備などを行えば、行政が行う一般的管理のレベルとの違いが出てくる。そのためその管理の差異にともなう維持管理コストの上昇分を「エリア」として補完する仕組みが必要であり、「エリア」の多くの関係者が合意してこれにあたらなければならない。

② 特色ある空間配置の実現

大都市都心部であれば、「一つの通り」を魅力的に活用するためには、「つくる」段階から、その後のまちを「育てる」ことを考え、空間配置、たとえば公開空地やアトリウム、さらにそれら空間と歩道との関係などを考える必要がある。そのためには多くの権利者などが存在する「一つの通り」に、一定のルールを決めておく必要がある。現在、実践されているものとしては「まちづくりガイドライン」などがある。

具体的な事例としては大手町・丸の内・有楽町地区のエリアマネジメントと活動のなかで、「仲通り」をガイドラインにもとづきにぎわい空間として整備している事例、あるいは高松市丸亀町商店街におけるデザインガイドラインによる道路空間の整備などがある。

2 開発の時点とは異なる管理・運営時点の公民などの関係を構築する

都市を「つくる」段階では、官と民間との関係は、基本的に開発関係行政セクションと開発事業者との関係である。一般的には開発事業を官が規制する関係である。官と民間の関係は、民間が官のもつ都市計画法や建築基準法などのあらかじめ定まった開発関連規制でコントロールされる。

しかし「育てる」段階での民間である「エリア」関係主体と官との関係は、「つくる」段階の官との関係とは大きく異なる。官として道路や公園などの公共空間を管理するセクション、さらに警察、保健所などの官が新たに登場してくる。一方、民間は開発事業者ではなくビル所有者などの所有権者、ビルに入居しているテナントなどである。

その結果、官側の対応が公共空間の管理という従来型の対応をすると、民間側が考えている「エリア」内の公共空間の利活用の考えと食い違いを生じやすい。

近年では、一定の枠組みのもとに道路、公園などの公共空間を民間が利活用できる仕組みが生まれているし、制度的にもそのような動きを担保する動きが生まれている。

たとえば、都道府県レベルで進められている道路のアダプト制度、すなわち公共空間である歩道部分を民間にゆだねてその管理運営を行ってもらう制度や社会実験での多様な試みが進められている。

3 多様な地域関係者間の関係を構築する

「つくる」段階での関係者は開発事業に関わる関係者であり、多様な関係者がいるものの、開発事業という枠のなかでの関係者であり、「エリア」とは直接関係のない者

も多く、一時的な関係である。そのため「エリア」関係主体という枠には入らない関係者も多いと考える。それに対して「育てる」段階で「エリア」に関わるさまざまな関係者の関係が存在する。まず当然のことであるが地権者・建物所有者間の関係がある。さらに地権者・建物所有者とテナントの関係がある。

「つくる」段階での関係者の関係は契約的関係が中心的なものであるが、「育てる」段階での関係者の関係は多様である。地域関係者の基本的な関係は、たとえば商店街であれば商店会などの組織があり、近年ではビジネス街でも地権者・建物所有者間の組織が存在する地域がある。しかし、ここで取り上げている「エリア」をとくに設定して、上記の多様な関係者をまきこんで、まちを「育てる」には既存の地域組織では対応できないと考える。

そのため、各地に関係者間の柔らかな組織としての「まちづくり協議会」などが、行政区画などで限定されずに誕生している。柔らかな組織としての「まちづくり協議会」の関係者は「まちづくりガイドライン」や「まちづくり憲章」などと呼ぶ自主的な協定に近い関係を結んでいるのが一般的である。

4 エリアマネジメントの組織と組織化

このようにまちを「育てる」ことにより、地域の価値を維持・向上させ、また新たな地域価値を創造するために、市民・事業者・地権者などによる組織化が進められている。

組織の設立は、具体的な活動を実施するための基本的な事項であり、実施する活動の内容によって、とるべき組織の形態は異なる。エリアマネジメントが発展して活動が拡大し多様化すれば、新たな組織の設立が必要となる場合もある。

一般には、最初は任意組織としての協議会形式をとり、やがて法人組織に移行する場合、あるいは協議会のなかに法人組織をもち、2層の組織となる場合もある。

エリアマネジメント組織が重層性になる理由は、任意組織としてのまちづくり協議会の活動が展開してくると、協議会として、金銭問題をはじめ、さまざまな責任を負う場面がでてくるが、まちづくり協議会のような任意組織の場合は、責任を協議会の会長が一人で背負うこととなる。そのため、まちづくり協議会組織自体を株式会社、NPO法人、社団法人などの法人格化する場合、あるいはまちづくり協議会と並行して法人組織を置く場合がある。現在は後者が一般的である。

逆に言えば、エリアマネジメント活動を進めていくと、法人格をもった組織でなければ扱えない事項で出てきて、やむをえず既存の法人組織である社団法人や株式会社などの組織形態を借りて法人化しているともいうことができ、「新たな公」の存在が近年盛んに言われているわが国で、エリアマネジメント組織にふさわしい法人組織のあり方が問われているとも言える。

5 エリアマネジメントの効果を評価し官民連携の関係をレベルアップする

上記のようなエリアマネジメント活動を官民連携で進めるためには、エリアマネジメントの効果を評価する仕組みが必要である。よく使われる評価の仕組みとしてPDCAサイクルがある。すなわちPLAN、DO、CHECK、ACTIONという一連の動きによりエリアマネジメント活動の成果を確認し、次の活動につなげていくことが必要である。そのことはエリアマネジメント活動の持続性を高めると同時に、その持続可能性の根源にある活動財源の確保にもつながるものである。

博多天神地区では、ガイドラインに評価手法としてPDCAサイクルを活用することを明示し、また評価軸を具体的に設定している。

しかし、それ以上にエリアマネジメント活動の評価という視点で官民連携を進展させるためには次のようなことが重要であると考える。

これまで民間事業者が「つくる」段階の評価として、公共貢献の必要性が指摘されてきた。具体的には公開空地などの地域に貢献する空間づくりやデッキ整備などの利便性の向上、あるいは当該エリアで必要な機能の提供である。

しかし、これからの公共貢献を考えると、エリアマネジメント活動を進めている地区では、よりレベルアップした公共貢献が期待でき、それを行政が積極的に評価し、推進させる仕組みが必要である。すでに都市の拠点駅周辺での開発にともなう駐車場整備では、エリアマネジメ

ント活動が根づいている地区の場合には、建物用途による駐車場利用の時期差、時間差などを利用して共同利用する場合、付置義務台数の緩和措置を行うことや、公開空地などの区間整備についても個々に公開空地を提供することと、地域で連携してネットワーク化された空間整備をすることとは異なる公共貢献と考える仕組みがつくられている。

5 ── 「つくる」ルールと「育てる」ルール

エリアマネジメント活動を進めるには、「エリア」の多様な関係者が「ソフトロー」としての「まちづくりガイドライン」などを策定して活動している。それらはまちを「つくる」際のルールとは異なる、まちを「育てる」ルールである。

❶ 「つくる」ルールと「育てる」ルールの違いについて

「つくる」ルールが土地利用などを激変させる際のルールであり、つくる行為をまちづくりとしてその時点で適合的にする行為である。それに対して、「育てる」ルールは「つくられたもの」を育てて、より長期的に見た時代に適合的なまちに育てる行為である。

「まちづくりガイドライン」や「まちづくり憲章」は一般的に「緩やかな原則」である。しかし「育てる」ルールは必ずしも一貫して「緩やかな原則」であり続けるのではなく、「まちづくりガイドライン」や「まちづくり憲章」の一部を詳細化して拘束力をもち、サンクションをともなうルールとする場合もある。

その場合は、まちづくり協議会のようなソフトな組織と法人組織のようなハードな組織が併存するのと同様な状況が生まれる。

❷ 「育てる」ルールの特徴

「育てる」ルールは、磯部力氏によれば「基本的枠組み合意」や「包括的秩序形成契約」的な性格をもつと言われる。エリアマネジメントに関する多くの「まちづくりガイドライン」は、基本的な方向づけに関して合意を確立しておくことが主眼であり、「基本的枠組み合意」の性

格が強い。一方、「包括的秩序形成契約」的なものとしては、東京銀座の「銀座ルール」や京都祇園南側の「式目」などが存在する[注16]。

「まちづくりガイドライン」は多くの関係者が、いわば自主的に、あるいは「無から有をつくりだす」まちづくりの方向性を形成するのに対して、「銀座ルール」などは、地区にこれまでに存在した潜在的なルールを、「包括的な契約関係」として再生する行為である。たとえば、銀座街づくり会議が考え、つくりあげている銀座フィルターと銀座デザインルール（一律的基準は決めないことを「決めて」、そのうえで協議する仕組み）がよい例である。

6 ── エリアマネジメント組織のこれから

エリアマネジメント活動を進めている大都市都心部や地方都市中心市街地の「エリア」が近年増加しているが、長いものでも大手町・丸ノ内・有楽町地区のように10数年を経過したにすぎず、多くの場合まだ数年の活動を経験しているにすぎない。組織のあり方をはじめ、そのなかに含まれるルールも流動的な要素を含んでいる。また伝統的な都市づくりを進めているなかでマネジメント活動に展開している地区もあるが、これらの地区も活動は長い実績をもっているが、エリアマネジメント組織として、またその組織活動を支えるルールづくりを自覚的に展開してきたのは近年である。

それらの活動を担う主体は、近年「新たな公」とも呼ばれ、従来の官あるいは民とは異なる活動を期待されるようになっている。

しかしこれらの活動を日本で進めるには課題も大きい。「新たな公」にふさわしい組織形態が明確化されていないこと、それと対副的にある活動財源に課題を抱えていることなどである。

エリアマネジメント組織が、これらの課題をのり越えて、「新たな公」としての活動を積極的に展開できる日を期待している。

注:
1) 稲葉陽二『ソーシャル・キャピタル入門』中公新書、2011年、p. 1

2) ロバート・D・パットナム「ひとりでボウリングをする―アメリカにおけるソーシャル・キャピタルの減退―」（宮川公男・大守隆『ソーシャル・キャピタル』東洋経済新報社、2007年、第2章、p.58）

3) 宮田加久子『きずなをつなぐメディア―ネット時代の社会関係資本―』NTT出版、2005年、p.9

4) 稲葉陽二　前掲書、p.12

5) 石川博康「『信頼』に関する学際的研究の一動向」（中山信弘、藤田友敬『ソフトローの基礎理論』有斐閣、2008年）p.69

6) 石川博康　前掲書、p.68-69

7) 石川博康　前掲書、p.71

8) 稲葉陽二　前掲書、pp.35-36

9) 宮田加久子　前掲書、p.14

10) パットナム、柴内訳『孤独なボウリング　米国コミュニティの崩壊と再生』柏書房、2006年、p.17

11) パットナム、柴内訳　前掲書、p.17

12) 宮田加久子　前掲書、p.14

13) パットナム、柴内訳　前掲書、p.19

14) 中山信弘、藤田友敬　前掲書、pp.4-7

15) 渡部、森本「信頼と規範の社会心理学」（中山信弘、藤田友敬　前掲書）p.43

16) 小林重敬「銀座「フィルター」と祇園「けじめ」」（『新建築』2010年4月）p.15

参考文献：

1) 小林重敬「都市を『つくる』時代から『育てる』時代への移行と公民連携」（『新都市』2013年5月）

2) 環境まちづくりフォーラム実行委員会『環境まちづくりフォーラムレポート2012』2012年12月

3) 小林重敬「社会関係資本としてのエリアマネジメント」（『ジュリスト』No.1429、2011年9月）

4) 国土交通省土地・水資源局『まちを育てる「エリアマネジメント」・マニュアル』2008年

5) 小林重敬編著『エリアマネジメント』学芸出版社、2005年

2節

アメリカにおけるエリアマネジメントの仕組みと活動

京都府立大学公共政策学部 教授　**青山公三**

1──アメリカの都心エリアマネジメント

アメリカでは 1980 年代から 2000 年代にかけて各地で都心におけるエリアマネジメントが急速な発展を遂げてきた。本稿ではその発展の経緯や具体的な活動内容、運営内容などについて紹介したい。

このエリアマネジメントも州によってさまざまな呼称がある。呼び名が異なるだけではなく、一部その目的や事業も異なっている場合もある。もっとも一般的、普遍的に知られているのが Business Improvement District（BID）である。その他にも Special Improvement District（SID：ニュージャージー州）、Public Improvement District（PID：テキサス州）、Downtown Improvement District（DID：ジョージア州アトランタ市）、Neighborhood Improvement District（NID：ペンシルバニア州）等々、多くの名称がある。また、このシステムをはじめて導入したカナダのトロント市では、Business Improvement Area（BIA）と呼んでいる。

本稿では、これらを総称するものとして、BID（Business Improvement District）を用い、以下、論を進めたい。

2──アメリカにおけるエリアマネジメントの歴史

■1 BID が生まれた背景

アメリカでは古くから公共事業・公共サービスを行う場合に、その便益を受けうるエリアが特定的な場合、そのエリアの資産所有者から公共事業・公共サービスの便益に応じた負担金を徴収する特別評価（Special Assessment）システムがある。公共事業などから受ける直接・間接の利益を評価し、資産所有者からの負担金で事業費を賄うシステムである。もっとも古くは 1691 年にニューヨーク市が実施した道路と排水路の建設の際、その利益を受けるエリアの資産保有者から負担金（Levy）を徴収したことから始まったと言われている[注1]。

この負担金はレヴィ（Levy）と呼ばれたり、タックス（Tax）と呼ばれたりする。その公共事業などのサービスの便益が及ぶエリアを特別評価地区（Special Assessment District：SAD）として指定し、その地区の資産所有者に対して、その公共事業などにかかった費用が完済されるまで負担金を課している。タックスの名が示すとおり、そのエリアの資産保有者は、その支払いが義務となる。

また、この特別評価地区（SAD）の設定に際しては、資産保有者（もしくはデベロッパー）の要請または同意にもとづいて行われる。ただし、この同意については州によっても同意の基準が大きく異なっている。

特別評価システムの活用例は広範多岐にわたっているが、以下のものがその主な対象となってきた[注2]。

①道路・歩道の新設、舗装、改善、維持管理
②公共交通機関の整備、運営、維持管理
③街路灯の整備、維持管理
④公園、遊歩道、公共空地などの整備、維持管理
⑤植栽、景観の保存
⑥上下水道、洪水防止施設などの整備、維持管理
⑦駐車場の整備、維持管理
⑧警察、消防、救急サービス
⑨その他公共事業、サービスで、その受益が一定の区域に提供されるもの

これらの内容は、日本なら行政によって整備される公共事業が大部分である。しかし、アメリカでは公共事業

1章　エリアマネジメントの仕組みと展望　19

においても、その直接的な受益を受ける人々が、その受益に応じて負担金を支払うことで、行政が都市基盤の整備費用を調達してきた。

上記で、このシステムが1691年からニューヨークで始まったと書いたが、実際にこのシステムが法制化されてアメリカ各地で活用されるようになったのは、1900年代初頭に入ってからである。たとえばニューヨーク州では1909年に特別評価に関わる基本的な法律が制定された。またカリフォルニア州では1911年以降に特別評価に関する法律が続々と制定され、上記のような個別の事業内容に関して各々の特別評価法が制定されてきた。

1930年代の大恐慌後の時代まではこの特別評価の手法は、アメリカの地方自治体における公共事業費調達法として多用されてきた。しかし、大恐慌で評価税を払えない人々が続出し、公共事業のために発行した債券を償還できないことが頻発した。そのため、40年代には、一部、地方自治体が特別評価地区を包摂して公共事業を行うようなケースも見られた。その場合は特別評価税の代わりに自治体全体の資産税を使うようになっていた。

しかし、第2次大戦が終息し、各都市で戦争からの帰還兵が急増した結果、とくに大都市周辺では急速な住宅開発が進み、50〜60年代に上水道や下水道、また街路灯、消防等々の特別評価地区が増大してきた。たとえばニューヨーク州では、40年時点では1500地区程度の特別評価地区数だったが、60年には4000近い地区が設置されていた[注3]。

このような特別評価地区増大の動きは、ある一定のエリアで公共事業を実施した場合、そのエリアの受益者たちがその費用を分担するという受益者負担の原則が浸透することにもつながり、都心のBID制度が受け入れられる背景ともなっていたと言えよう。

2 BIDの制度ができるまでの都心エリアマネジメント

アメリカにおける都心のエリアマネジメントの原型は1930〜40年代に遡る[注4]。この時代は第2次大戦を挟んで、とくに大都市の郊外化が進行しつつあった。このころ全米の大都市の都心部では、ビジネスリーダーが住宅や商業の郊外化に対抗するためにダウンタウンビジネスの組織化を図る動きが活発であった。

サンフランシスコでは1930年代後半に全米ではじめてサンフランシスコ・ダウンタウン協会（Down Town Association of San Francisco）が組織された。デトロイトではデトロイト・ビジネス資産所有者協会（Detroit Business Property Owners' Association）、シカゴでもシカゴ・ダウンタウン評議会（Downtown Council of Chicago）などが設立された。これらの団体は、都心の魅力を増し、都心の資産価値を高めるためのさまざまな試み、たとえばイベントやツアー、ウィンドウディスプレイ、駐車場の整備、荒廃地の改善等々を行ってきた。ただ、これら団体は基本的には会員団体であり、必ずしも都心部の関係者がすべて加入していたわけではなかった。

戦後、40年代後半から50〜60年代にかけては、都市郊外化はますます進展し、都心荒廃が進行した。この時期にも各都市のビジネスリーダーは彼らの都市の都心再生に腐心し、各地でダウンタウン活性化のための組織が生まれてきた。そのなかで特筆すべきものが二つある。

ピッツバーグでは主要企業の経営者たちが中心となり、行政のトップ、大学学長などを巻き込んでアレゲニー・コミュニティ開発会議（Allegheny Conference on Community Development）が組織された（1944年）。開発会議は「煙の町」のイメージを一新するための都心大再開発計画「ルネサンスプラン」を提言した（1946年）。行政はそれを実行するために都市再開発公団（Urban Redevelopment Authority）を設立し（1946年）、大規模な再開発を50〜60年代にかけ開発会議のメンバーたちの協力で実施し成功に導いた。

またボルティモアでも、まず民間で広域ボルティモア委員会（Greater Baltimore Committee）が設立され、1959年にダウンタウンのチャールズセンター再開発計画が提言され、実行に移された。さらに1964年に当時荒れ放題になっていたインナーハーバーの再開発が提案された。行政側はこれらの再開発を推進するために、官民協働のチャールズセンター内湾開発機構（Charles Center Inner Harbor Management: 後にボルティモア開発公 Baltimore Development Corporation）を設立し、大規模な再開発が官民協働で進められた。

この二つの事例は、民間が提言し役所が民間の協力のもとに大規模な再開発事業を推進するものであった。い

わゆる他のダウンタウンで見られるようなエリアマネジメントとは異なっている。しかし、この時代は連邦政府の補助金などもあって、大規模な都心再開発がすすめられた時代であり、関係者が官民共同で再活性化に向けて努力したという点で注目できる事例である。

❸ BID 制度の試み

ピッツバーグやボルティモアを除けば、多くの都市でダウンタウン・アソシエーションのような組織が都心の再生・活性化にむけて地道な努力を重ねてきていたが、これらの都心におけるビジネスリーダーの大きな悩みは、彼らが組織した団体への加入率が 100%ではなかったことである。民間の自発的な意思による加入制度であったために、ソフトやハードのさまざまな事業を、団体に加盟する企業のみで費用を分担し推進した。そのため、事業の恩恵にタダ乗りする企業も増え不公平感があった。

その問題解決に大きなヒントを与えたのが、カナダのトロントのブロア西通り（Bloor Street West）での試みであった。プチ・パリとも称された通りは、60 年代後半に郊外にできたショッピングモールの影響で、客足が減り、通りの魅力も薄れてきていた。そこで、通りを再生するために商店主たちが立ち上がり、民間の力で通りの美化や宣伝、プロモーションなどを行おうとした。しかし、こうした動きに同調しない商店主も多くいた。彼らはまさに事業の成果にタダ乗りするフリーライダーであった。

こうした状況を打開するために、フリーライダーからも強制的に負担金を徴収できるような制度が求められた。それが現在、世界各国に広がりつつある BID のモデルとなった BIA（Business Improvement Area）の制度である。通りの資産保有者から市が税金を徴収し、それを民間の商店主たちでつくるノンプロフィットの団体に還元し、通り再生のためにさまざまな事業を展開するというものであった。

多くの議論をへて、この制度を具現化する「ブロア西地区 BIA（The Bloor West Village BIA）」が提案された。これは 1970 年 5 月にトロント市議会を通過し、その後オンタリオ州の評議会でも承認された。これが事実上世界で最初の BID であった[5]。

アメリカ国内では、1974 年にルイジアナ州ニューオリンズでできた「ダウンタウン開発地区（The Downtown Development District：DDD）」が最初の BID である[6]。ここでは、後のほぼすべての BID が取り組んでいる清掃と警備はもちろんであるが、基盤整備と経済開発が重要な事業として取り組まれた。とりわけ、基盤整備については、1979 年以降、街路灯や歩行者のための歩行環境整備に要する費用を、債券によって調達できる権限を与えられ、都心の歩行環境整備が積極的に取り組まれた。

ニューヨークでは 1960 ～ 70 年代に都心の商業地区において商業者たちが現在の BID の動きに似た動きを見せていた。しかし、あくまでもこれらは商業者たちの自主的な動きであった。

1976 年、ニューヨーク市のブルックリンのフルトン通りがトランジットモール[7]として整備されるのをきっかけに、フルトン通り周辺の資産所有者の同意を得て、トランジットモールの維持管理を特別評価地区（Special Assessment District）として行うことが決まった。州の立法をへて、ニューヨーク州で最初の都心型エリアマネジメントがスタートした。主要な事業は清掃と警備、案内板の設置、フルトンモールのプロモーションなどであった。この時点ではニューヨーク州はまだ BID の法制度を構築していなかったために、実質的なニューヨーク市での BID の最初の試みとなった[8]。

ニューヨーク州とニューヨーク市は 1981 年に BID の制度を法制化した。それにともなって、1984 年にニューヨーク市ではじめての BID が 14 丁目-ユニオンスクウェア BID（The 14th Street-Union Square BID）としてスタートした。BID はもともとあったユニオンスクウェアパークを維持管理するとともに、14 丁目の BID のエリアの清掃、警備などを行っている。また、公園の修復改善、植栽、マーケティング・プロモーション等々を行っている[9]。

以上がアメリカで BID が具体的に制度化され、その活用が端緒につくまでのプロセスであった。フルトンモールの特別評価地区も、ユニオンスクウェアの BID も大きな成功を収め、今日にいたっている。

1 章　エリアマネジメントの仕組みと展望　21

3 ── アメリカにおける BID の発展

アメリカにおける BID の設立数は、2011 年に国際ダウンタウン協会（The International Downtown Association：以下 IDA）から出された BID センサスレポートによると、その時点でワイオミング州を除く 49 の州（ワシントン DC を含む）が BID の制度をもち、設立数は 1002 件を数えていたと報告されている注10。

このうち、もっとも設立数が多いのはカリフォルニア州で 232 件、次いでニューヨーク州が 115 件（うち 67 件はニューヨーク市）、ウィスコンシン州 82 件、ニュージャージー州 77 件という順である。

カリフォルニア州では実際の BID 法（資産・ビジネス改善地区法：Property & Business Improvement District Law）が成立したのは 1994 年であった。しかし 1965 年から特別評価地区制度にもとづいた駐車施設の共同整備ができる駐車・ビジネス改善地区法（Parking & Business Improvement Area Law）が成立していた。その後 79 年と 89 年の 2 度にわたって改正され、現在の BID 法に近い制度が構築されていたため、BID にも適応が早く、多くの BID が設立されたとみられる。

各州の BID 制度創設の時期を見ると、もっとも早いのがルイジアナ州で 1974 年、ニューヨーク州が 1981 年、カリフォルニア州は 1994 年であり、他の州もほとんどが 80 年代の後半もしくは 90 年代前半に制度を創設している。

2011 年の国際ダウンタウン協会の BID センサスレポートによれば、99 年の調査では全米で 246 件、07 年の調査では 739 件の BID があったと報告されている。このように、現在では 1000 件を超える BID もその多くは 90 年代から 2000 年代に設立されており、近年、急速に成長してきたことがわかる。この急速な成長のきっかけとなったと言われているのが、ニューヨークのグランドセントラル・パートナーシップ（グランドセントラル BID）の成功である。

グランドセントラル BID は 1985 年に設立され、実際に BID として認可され事業が始まったのは 88 年であった。設立後 3 年間はボランタリー組織として、BID 設立に向けてのビジョンづくりと運営計画の立案、そして、地区の清掃、プロモーション、経済振興などに取り組んでいた。88 年から正式に BID として地区内の警備や街路灯、歩道、ニュースボックスの整備、標識や新しくデザインされたゴミ箱の設置、街路樹やフラワーポットの整備等々が開始された。

こうした活動が始まる前には、グランドセントラル駅周辺地区は、ゴミが散乱し、ひったくりやすりなどが横行していた。さらには多くのホームレスがいて、空き店舗も荒れ放題になっていた。このような状況は、ニューヨーク市の財政が当時破産状態に陥っており、都心部の道路はゴミの清掃すら充分にできず、犯罪防止活動をする警官も充分でないということに起因していた。このような劣悪な環境のなかでは、地区内の建物の資産価値も下がり、空いた店舗やビジネス床があっても、なかなかテナントが埋まらないということが続いていた。

そうしたなかでビジネスオーナーが立ち上がり、グランドセントラル BID が結成された。地区のビジョンを策定

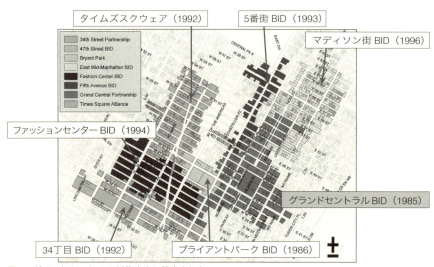

図1　グランドセントラル以後次々に設立された BID（出典：グランドセントラル BID ヒアリングにて入手したものを筆者加工：2013 年 6 月）

し、それにもとづいて運営計画を練り、BIDの活動が始まった。まず地区内の清掃が始まった。清掃人を雇い、新しいゴミ箱を設置した。警備の人材も雇い、市警察とも協力して地区内を巡回して犯罪の防止を推進した。街はみるみる美しくなり、犯罪も減少していった。2013年の年次報告によると、1990年と2013年の比較では、グランドセントラルBID周辺の犯罪は平均すると85％以上減少したと報告されている[注11]。

また、1992年には、3200万ドルに及ぶ債券を発行し、地区内の公共空間の改善・整備に着手した。具体的には486本に及ぶデザインされた街路灯の整備や、歩道への街路樹の植栽、歩道の段差解消、ニューススタンドの集約、等々の公共空間整備に活用された。この3200万ドルは将来に向けて投資するものであり、地区内のBID評価税の一部をその償還に充当している[注12]。

このような努力の結果、グランドセントラル駅周辺のエリアは、年間で5400万人もの観光客が訪れるようになり、オフィスもニューヨーク都市圏のトップ200社のうち15％が集積するにいたり、商業も900店舗以上と大きな集積となってきたことが報告されている[注13]。当然、ビルの資産価値も上昇してきた。

このようなグランドセントラルBIDの成功を見て、まず周辺で次々にBIDが設立された。ブライアントパークでは1986年、タイムズスクウェアでは1992年、34丁目が1992年、5番街では1993年、マディソン街では1996年にそれぞれBIDが設立された。結局ミッドタウンの繁華街のほぼ全域が90年代半ばまでにBIDでカバーされることになった。そしてさらにそれらの成功を見て、ダウンタウンの金融街やニューヨーク市内各地で、次々に

BIDが誕生することとなったのである。

そしてさらにこのBID導入の動きは米国内各地にも広がるとともに、世界にも飛び火してきた。イングランドやウェールズで2003年にBIDを規定する法律が成立し、2006年にはスコットランドでも法制化され、2012年までに100以上のBIDがイギリスに設立されている[注14]。またさらにドイツをはじめとする欧州各国やニュージーランド、南アフリカ、ジャマイカなどにおいても同様に導入され、日本も含め、世界中で一種の"BID運動（Movement）"が起きていると言っても過言ではない。

4 —— BIDが提供するサービス

BIDが提供するサービスは広範多岐にわたっている。ここでは国際ダウンタウン協会のBIDセンサスレポート2011の内容を紹介する。センサスレポートでは各BIDにE-mailによるアンケート調査を行い、その提供するサービスを聞いている。全米で1002団体の設立が確認されたなか、275団体が回答し、以下の回答を寄せている[注15]。

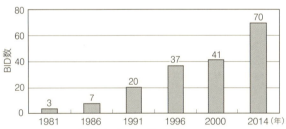

図2　ニューヨーク市におけるBID数の推移　(出典：NYC BID Directory より筆者作成)

ブライアントパーク（ニューヨークにて筆者撮影）

タイムズスクウェア（ニューヨークにて筆者撮影）

1章　エリアマネジメントの仕組みと展望　23

1 メンテナンス

BIDのメンテナンス事業の主なものは「植栽・花植」「街路灯・ベンチ」「ごみ収集」「歩道の洗浄」などであり、半数以上のBIDがこれらの事業を行っている。

2 セキュリティ

セキュリティ事業はBIDの諸事業のなかでももっとも重要な事業の一つである。BIDセンサスに回答を寄せたBIDのうち、約70％のBIDは何らかのかたちで警備の人材を配置している。大部分のBIDは武器をもたず、たんに警備だけでなく、案内人（Ambassador）の役割も果たしているところが多い（約37％）。また、コミュニティ・ポリス[注16]との連携（20％）や、警察との犯罪情報の共有プログラム（38％）をもっているところも多い。先にあげたグランドセントラルBIDもセキュリティのスタッフは逮捕権などをもっていないが、警察と書面での契約を取り交わし、犯罪への迅速な対応ができるようになっている。

このセキュリティ事業は、地区の安全・安心を守るためにも非常に重要な事業の一つであり、各BIDで大きな成果を上げている。ニューヨークでは、グランドセントラルが1990年から2013年の14年間で85％以上の犯罪件数減少に貢献してきた。また、タイムズスクウェアでも、1993年の設立以来2011年までに80％の減少、ハーレムの125丁目BIDでも1993年から2011年までに70％以上減少させている。

その結果、ニューヨークの人口10万人当たりの犯罪件数は、殺人などの重大犯罪を除けば、2010年に1675件[注17]となった。この値は、同じ2010年の日本の都市のデータと比較してみると、もっとも高い大阪市は1935件、名古屋市が1846件であり、ニューヨークよりも高い値を示している。ニューヨークは大阪や名古屋よりも安全な街なのである。このことはあまり知られていない。

3 駐車場・交通サービス

2011年BIDセンサスレポートによると、回答したBIDは以下のような交通サービスを提供している。

①駐車場整備とそのマネジメント　　　（14.9％）
②トランジットモールの維持管理　　　（13.4％）
③ダウンタウン・シャトルの運営　　　（10.0％）

①の駐車場整備とそのマネジメントについては、とくに地方都市のBIDで多くの例がみられる。たとえばウィスコンシン州のミルウォーキーでは、ダウンタウンの歴史的地区のBIDが、周辺に駐車場が少なかったために、歴史的地区を新たな商業・飲食地区として有効活用するため、ミルウォーキー市の開発公社に公社債を発行してもらい、その資金をBIDが借りて駐車場を建設した。この公社債は駐車場の収入から償還される収入債（レベニュー・ボンド）であり、その償還の責任をBIDがもっていた[注18]。

またミルウォーキーでは、ダウンタウンのBIDが都心部の河川に面していた。そのBIDと市が協力して1996年に河川沿いに歩けるリバーウォークを建設した。このリバーウォーク建設は、①〜③の範疇には含まれないが、歩行者交通へのサービス事業として位置づけられる。そのリバーウォーク建設の際、建設費は市が公債を発行して1200万ドルを調達したが、その公債のうち22％の

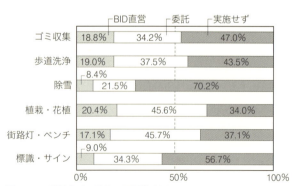

図3　BIDが行うメンテナンス事業　（出典：BIDセンサス2011）

都心BIDが22％を負担してできたリバーウォーク（ミルウォーキーにて筆者撮影）

*メトロテックのすぐ南側に位置する
*両側に歩道が広く取ってあり、モール全体がバスターミナルになっている。
*ニューヨークで初めてのBIDの前身 Special Assessment District（SAD）が1976年に発足

図4 フルトンモール（写真はニューヨークにて筆者撮影）

金額の償還を地元のBIDが分担することとなった。川に面するビルなどを所有する経営者は、当然リバーウォークの恩恵を受けるので、資産税に上乗せされるBIDの評価税（Assessment Tax）のなかには、このリバーウォークの公債の償還分が含まれることになる。市側の公債償還の考え方は、税収増加見込財務手法（Tax Increment Financing: TIF）[注19]によっている。

また、②のBIDによるトランジットモールの維持管理例は、ニューヨークのフルトンモールの特別評価地区のような例が多くある（図4）。歩道に屋根付きバス停を整備し、バスターミナルのように機能させることで、周辺の商業施設は恩恵を受ける。建物のオーナーたちは、その恩恵に対応する負担金をBIDの評価税として納めている。

さらに③のダウンタウン・シャトルについては、ニューヨークの金融街にあるBIDのダウンタウン・アライアンス（Alliance for Downtown New York: ADNY）が地区内に「ダウンタウン・コネクション」というシャトルバスを走らせている。このシャトルバスはBIDに隣接する地区も含めて、37カ所のバス停があり、無料となっている。また、バスには全地球測位システム（GPS）が装備され、コンピュータやスマートフォンで、次のバスの位置がいつでも確認できるようになっている。こうしたバスシステムを充実することで、地区内の流動が活発化し、観光客の誘引に寄与している[注20]。

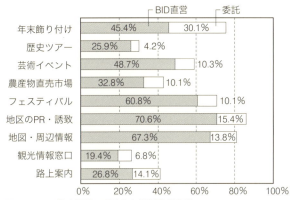

図5 BIDの集客促進・受け入れ体制整備事業（出典：2011 BIDセンサスレポート（国際ダウンタウン協会））

4 集客促進・受け入れ体制整備

BIDの多くは図5に見るようなさまざまな集客促進・受け入れ体制整備事業を行っている。地区内の情報を地図やパンフレットにしてPR・提供しているBIDは80%を超えている。その他フェスティバル（71%）や芸術イベント（49%）の開催も多い。また情報窓口を設けたり路上で警備と案内を兼ねて人員を配置している例もある。

5 公共空間のマネジメント

BIDは地区内にある公園や道路などの公共空間の管理運営を任されていることが多く、図6のような事業を行っている。BID自らが景観や都市計画のガイドラインを作成しているところも40%以上ある。また、公共空間では

1章 エリアマネジメントの仕組みと展望　25

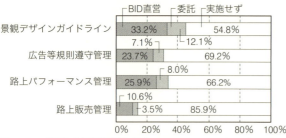

図6 BIDが行う公共空間管理 （出典：2011 BIDセンサスレポート（国際ダウンタウン協会））

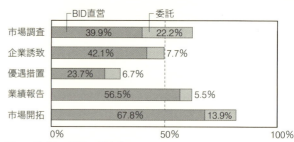

図7 ビジネス誘致・引き留め （出典：2011 BIDセンサスレポート（国際ダウンタウン協会））

広告も含め多くの規制があるが、それらを自主規制する体制もつくっているところも多い。

6 社会事業

BIDはたんに経済的な活動に留まらず、都心部に集まるホームレスのために事業を行っているところも16%ある。ニューヨークのタイムズスクウェアでは、地区内にいたホームレスをゴミ集めの清掃人として雇い、さらに彼らが住宅に住めるようにする住宅プログラムも行っている。

また地域内の若者向けのプログラムをもっているところも全米のBIDで10%程度あり、たとえばニューヨークのユニオンスクウェアBIDでは、地区内のIT企業が、地区に隣接する高校の高校生に対するコンピュータ技術の指導を行ったりすることもあった。

7 ビジネス誘致・維持

図7はBIDが行っているビジネス誘致や引き留め策である。80%以上のBIDはビジネスを呼び込むための市場開拓活動を行い、実際のビジネス誘致活動も60%以上のBIDが実施している。またそのために市場調査も行っている。これらの活動は、都心のBIDのエリアの空室率が高かったりした場合に積極的に行われる。

1994年に設立されたニューヨークのダウンタウン・アライアンスは、設立当初エリア全体の空室率が30%以上にも及び、その対応策が最重点課題であった。その際に行った対応策が、金融街の高い空室率のビルを対象にしたIT対応化であった。当時インサイダー取り引きでテナント会社が倒産し、空になっていたビルのオーナーを説得し、そのビルをモデルとして「ニューヨーク情報技術センター：NYITC」に衣替えするところから始まった[注21]。

NYITCは大成功し、中小のIT企業から大手の会計事務所まで、当時IT技術を提供する企業、必要とする企業によってすぐに借りられた。2000年ごろまでに周辺の空室率が高かった10以上のビルも次々にITビルへの衣替えを行い、その結果、ダウンタウンエリアには最大で800社以上のIT関連産業が集積し、当時西海岸のシリコンバレーに対抗して、シリコンアレーという名前がついたほどであった。

ダウンタウン・アライアンスはこの推進のために市やエネルギー会社のコン・エジソンと協働し、さまざまな優遇措置も用意し、新規企業の誘致に成功した。また、当時遅れていたニューヨークの金融・証券業界のIT対応化に大きく寄与した。ニューヨークの他にも、シアトルやサンフランシスコ、ポートランドなど、経済的に疲弊しかかっていたところにBIDを設定し、ビジネス誘致を推進することで都心の再生に成功した例は多い。

5 —— BIDの法的位置づけと組織

BIDの法的な位置づけと組織は、州が州法によって位置づけるため、州により違いがある。しかし基本的には、便益を受ける不動産所有者が地区内の公共施設の改善・維持管理や、地域の活性化に要する事業費を税として負担することで調達するのは共通している。本稿では、もっともBID設立数の多いカリフォルニア州とニューヨーク州について比較しながら、その制度的な検討を行う。

表1は両州の州法の内容を紹介している。大きな違い

の一つは、BID の組織名称である。ニューヨークの場合は、地区運営協議会（District Management Association: DMA）であり、カリフォルニア州の場合は資産所有者協議会（Owners Association: OA）となっている。これは名称が異なるだけで基本的な役割は違わないが、ともに理事会を構成し、BID 組織の運営に当たる。ニューヨーク州の場合はこの理事会構成についても規定がある（図8）。

この両協議会はノンプロフィットの民間団体であるが、ともに州法で特別地方公共団体として位置づけられている。ただ、直接的な税の徴収権はない。地方自治体が税を徴収し、両協議会が組織する BID 団体に還元するかたち

となっている。BID の存続期間は原則 5 年となっている場合が多いが、継続も認められる。実績のある BID になると、10 年以上の継続期間を認められている場合もある。

税の負担者は基本的に資産税の課税対象者で、住宅は除かれている場合が多い。しかしダウンタウン・アライアンスのように、1 戸あたり年間 1 ドルというように、低額の負担を徴収している場合もある。

税額の決め方は、BID の認可期間の事業計画にもとづき、毎年の事業費を算定し、その事業費を BID 内の建物床面積割合で分担する場合と（床面積割）、資産税評価額に応じて分担（評価額割）する場合がある。たとえば同

表1　ニューヨーク州とカリフォルニア州の BID の法的位置づけ

項目	主な法的規定	補足説明
①法の目的	○ CA 州法には法の冒頭に書いてあるが、NY 州法にはとくに書かれていない	○ CA 州法にはとくに公共施設の改善（Improvement）、メンテナンス（Maintenance）、地域活性化（Activities）に要する事業費を、これらの事業により便益を受ける民間事業者や不動産所有者からの税負担で調達することは、地域にとって特別な利益となるとの記載あり。NY 州法は記載なし
②BID 団体の名称・組織	○法定の名称があり、意思決定機関も法的に規定している場合あり（NY/BID）	○団体の法定名称：District Management Association（NY/BID）、Owners Association（CA/PBID）。NY/BID では、理事会の構成まで州法で定めている
③BID 団体の法的地位	○ BID 税負担者等で形成する非営利の民間団体に、特別地方公共団体というべき地位を法的に付与	○ BID に関わる地区条例を制定する市議会から、計画・条例に基づく事業等の執行権限が BID 団体に法的に付与されるという図式
④BID の設置期間	○各法とも基本的に 5 年間と規定＝税もこの期間の事業費を元に決定	○継続は OK だが、当初設立時と同じ手続き（合意形成含む） ○基本は 5 年間だが、継続する場合は延長・短縮可能としている所あり。近年では 10 年間というケースもあり
⑤BID 税の負担者	○既存税負担者が課税対象者 既存税は、不動産税（BID）、あるいは事業所税（CA 等の PBID）。ただし、BID 税は新税であって既存税の上乗せではない	○税負担者は、不動産税（Property Tax）の課税対象者（NY/BID、CA/PBID） ・CA の BID 類似の PBID の場合、事業税（Business License Tax、日本の事業所税類似）。
⑥税負担の決め方	○ BID 設置期間中の活動に要する費用を算出し、そのうち税で賄う金額を負担者に按分	○按分方法は、それぞれの地区で決定し、市や州の承認を得る ・既存税負担額で按分、延床面積で按分（規模による固定額含む）など、同一州内でもさまざま ○エリアや負担者の規模・業態等により、負担軽減ルールを採る場合もあり ・地区事例から見ると、事業所税ベース（CA/PBID）の方が柔軟性が高い
⑦税の徴収と交付	○ BID 税は、ベースの既存税徴収に当たっている地方行政団体が徴収し BID 団体に交付。BID 団体には BID 税の徴収権はない	○ BID 税は、徴収技術的には、ベースの既存税と同時徴収するのが一般的（我が国の固定資産税と都市計画税の徴収と同じ形） ・CA 州は、BID を直接所管する行政体（市）と税を徴収する行政体（県）が異なる
⑧地区運営計画書	○地区計画の構成（Content）は法で規定（NY/BID、CA/PBID とも）	○共通して、BID の目的、設定区域と現状、BID 設置期間、実施する事業の内容と期待される効果、理事会（Board）の構成、期間中の支出計画、財源計画（税によるもの、その他の収入）、BID 税の徴収ルールなどを定める
⑨設立の合意形成・承認手順	○設立の合意形成は地区計画書への賛否の形を採り、投票または賛成署名によって、多数決で決定	○過半数：地区内の課税評価額かつ課税対象者の過半数の賛成（NY/BID）、あるいは課税評価額の過半の賛成（CA/PBID） ○ CA は住民投票（Ballot）、NY は賛成署名
⑩活動内容の法的規定	○ BID の活動事項（できること）を法に列記（NY/BID、CA/PBID）	○列記の配列は、道路等の公共施設の整備・管理といった公共的権限に属する事項がまずあり、次にプロモーション、公共空間の活用などのソフト的な事項を記載（NY/BID） ・CA/PBID は、これらを、地区改善と活性化事業に、見出しレベルで明確に分離

注）本表は、ニューヨーク州、カリフォルニア州の BID 法の条文を参考に、㈱地域交通・計画研究所所長の斎藤道雄氏が作成した資料を引用

　　表中の略字　NY/BID：ニューヨーク州 BID 法（1981/82 年に NY 州法として BID 法 =New York Laws / General Municipal Law / Article 19-A Business Improvement Districts 制定）

　　　　　　　CA/PBID：カリフォルニア州 BID 法（1994 年に CA 州法として BID 法 =Streets and Highways Cod / Division 18 Parking / Part 7 Property & Business Improvement Districts Law 制定）

じニューヨークでも、グランドセントラルは床面積割、ダウンタウン・アライアンスは資産税割となっている。

図8はニューヨークの場合のBIDの構成と、BIDに関わる利害関係者の関係を示したものである。BIDのコア組織である地区運営協議会（DMA）は理事会を構成し、事務局を統括する。事務局は委託で運営会社などにその運営を委託する場合が多いが、小さなBIDの場合、直営で行っている場合もある。また事務局は運営会社に委託していても、セキュリティや清掃人などは、地区運営協議会自体が直接雇用している場合がある。これは地区運営協議会がセキュリティの関係で警察との契約を有していたり、ホームレスを清掃人に採用した場合などは地区運営協議会に福祉事業の補助が出る関係である。

6 ── BIDの資金・財政

BIDの資金、財政については、BIDの事業内容によっても大きな違いがある。ここではニューヨーク市の中小企業サービス局（Small Business Service）が出している『BID 2012年次報告：トレンド分析』と一部BIDの年次報告からBIDの資金と財政について検証する[注22]。

図9はニューヨーク市内のBIDの2012年年次報告から全体の収入内訳を見たものである。収入全体の80.4％はBID評価税であり、圧倒的な割合を占めている。他収入では助成・寄付（6.4％）、受託事業（4.3％）、プログラム収入（3.7％）、資金募集・特別行事（3.5％）である。

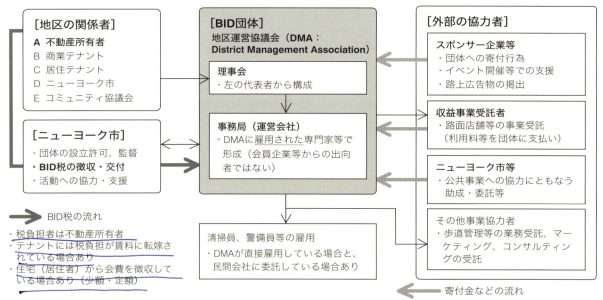

図8　BID団体の構成と利害関係者との関係（出典：大阪市計画調整局「第1回大阪版BID制度検討会（2013年8月9日）補足資料」p. 5）

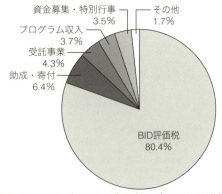

図9　ニューヨークのBIDの収入内訳（64 BIDの平均）（出典：BID 2012 Annual Report: Trend Analysis (NYC SBS)）

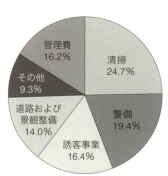

図10　ニューヨークのBIDの支出内訳（出典：BID 2012 Annual Report: Trend Analysis (NYC SBS)）

しかし、たとえばニューヨークのミッドタウンに隣接する三つのBID（グランドセントラル、タイムズスクウェア、ブライアントパーク）と、ダウンタウン・アライアンスを比べてみると、大きな違いがあることがわかる。

収入規模ではダウンタウン・アライアンスが1952万ドル（16.6億円：2012年の交換レート1ドル＝85円を使用、以下同じ）、タイムズスクウェアが1742万ドル（14.8億円）、グランドセントラルが1357万ドル（11.5億円）、ブライアントパークが884万ドル（7.5億円）で、これらはニューヨーク市内のBIDのトップ5団体のうちの4団体を占める。BID収入に占める評価税の割合がもっとも高いのはグランドセントラルで93.6％を占めている。次いで高いのはダウンタウン・アライアンスで80.8％となっている。しかしタイムズスクウェアでは67.1％、ブライアントパークは12.4％というように、大きな違いを見せている[注23]。

タイムズスクウェアが低いのは、もともとこのエリアがブロードウェイを含むエンターテイメントのエリアであり、多くの企業からの寄付が19.5％に達し、さらにエリア内で繰り広げられるさまざまなイベント収入が9.6％あることによっている。また、ブライアントパークの場合は極端に評価税の割合が低くなっている（12.4％）。これはここが市からブライアントパークの維持管理を任されており、市からの基盤整備プロジェクト費用を含む寄付や助成金（25.4％）、公園スペースの貸し出し料（28.5％）、レストランの賃貸料（20.1％）などが基本的な収入になっているためである。このように、BIDの収入構造は各地区の事情により大きく異なっていると言えよう。

支出構造は図10のとおりである。もっとも費用が大きいのが清掃活動であり（24.5％）、警備（19.4％）、誘客事業（16.4％）、道路および景観整備事業（14.0％）の順となっている。

収入と同様にニューヨークのマンハッタンにおける四つのBIDの支出内容を比較してみると、グランドセントラル、タイムズスクウェア、ダウンタウン・アライアンスの三つは、清掃が24.2％（ダウンタウン・アライアンス）、26.6％(グランドセントラル)、28.2%(タイムズスクウェア）で、警備は19.5％（ダウンタウン・アライアンス）、21.1％（グランドセントラル）、22.5％（タイムズ

スクウェア）と清掃と警備では大きな違いはなかったが、誘客事業ではタイムズスクウェアが30.8％、ダウンタウン・アライアンスが32.5％であったのに対し、グランドセントラルは7.8％であった。一方、道路や景観整備などの公共施設関連の支出では、グランドセントラルが30.1％、ダウンタウン・アライアンスは10.9％、タイムズスクウェアは7.8％と違いがある。ブライアントパークは他とは異なり、誘客事業関係が35.3％、公共施設投資プロジェクトが29.1％を占め、警備は9.7％、清掃は13.4％となっていた。

このように、支出もBIDによって特色があり、それぞれのニーズに応じた都心整備が行われていると言えよう。

7──アメリカにおけるBIDの展望

2013年に国際ダウンタウン協会（International Downtown Association: IDA）が『ダウンタウンの再生：21世紀の米国都市における住まいと仕事のダイナミズム（Downtown Rebirth: Documenting The Live-Work Dynamic in 21st Century U.S. Cities)』を公表した[注24]。このレポートは人口については2000年から2010年、雇用については、2002年から2011年にかけての雇用と通勤に関わるセンサスデータを使用し、都心人口、都心雇用がこの10年でどのような動きをしてきたかを分析している。

このレポートによると、アメリカの150の大都市は、全米の雇用の30％を提供しているとともに、それら都市の231の中心部は全米の14.4％にあたる1870万人の雇用を提供しているとのことである。

また過去10年間の人口、雇用の動向を見ると、この10年間でITバブル崩壊、リーマンショックを経験したにもかかわらず、多くの都市の都心部で人口が増加し、雇用も大きく増加していることがわかった。

たとえばニューヨークでは、2000年から2010年にかけ、都心部で31.5％の人口が増え、雇用も2002年から2011年までの9年間で22.1％増加している。さらにロサンジェルスでは、ダウンタウンの人口が71.9％、雇用も45.9％増加している。その他、シカゴでも人口が40.4％、雇用が11.2％、フィラデルフィアでは人口が12.8％、雇

用が 11.5％増加していることを示している。

　レポートはさらにいわゆる都心だけではなく、都心から 0.5 マイル（約 800 m）、1 マイル（約 1600 m）のエリアへの人口・雇用の動向も分析し、人口・雇用の都心回帰の動きがはっきり見てとれると指摘している。そのため、今後の都心での一層の都市再生（Downtown Rebirth）が必要不可欠であると提言している。

　米国の BID はまだまだ進化し続けている。これまでは清掃と警備が BID のメインストリームであったが、今後のアメリカの BID は経済開発や基盤整備による都心の魅力づくり、誘客イベントの開催等々より高いレベルのまちづくりに軸足を置いていくことが求められている。すでにいくつかの BID で部分的にはそうした試みが進められており、今後の動向が注目される。

　また、国際ダウンタウン協議会の BID センサス 2011 を見ると、調査時点で把握した BID のうち約半数の 500 団体は人口規模が 10 万人以下の都市で設立されている。また、ニューヨーク市の BID 2012 年次報告によると、本稿で紹介したグランドセントラルのような年間予算が 1000 万ドル（8.5 億円）を超える大規模な BID はほんの一握りで、市内の BID のうち約半数は予算規模で 50 万ドル（4250 万円）以下の中小 BID である。しかも近年そうした中小の BID が増大しているという実態がある。

　したがって、今後のアメリカの BID の展開は、大都市の大規模な都心部よりも、人口 10 万人以下の地方都市や、大都市のなかにあっても小規模な単位での BID 活動が重要な地位を占めてくるようになってくると言え、その動きにも注目していく必要があろう。

注
1) "A Planner's Guide to Financing Public Improvements", Chapter 3, Special Assessments
   http://ceres.ca.gov/planning/chap3.html
2) 注 1 に同じ
3) "Town Special Districts in New York: Background, Trends and Issues", Office of The New York State Comptroller
   http://www.osc.state.ny.us/localgov/pubs/research/townspecialdistricts.pdf
4) "The Business Improvement District Model: A Balanced Review of contemporary Debates"
   http://web.mit.edu/dusp/dusp_extension_unsec/people/faculty/lhoyt/Hoyt_Gopal-Agge_GECO.pdf

5) http://www.thestar.com/news/gta/2010/04/18/the_birthplace_of_bias_celebrates_40_years.html
6) http://www.neworleansdowntown.com/places/detail/880/Downtown-Development-District-of-New-Orleans
7) トランジットモールとは、商店街をバス・タクシーだけの通行に制限し、通りにバス停などを集中させることで、周辺に店舗等が立地し、交通と商業の拠点となったものである。
8) http://nycbidassociation.org/bid-history.html
9) http://unionsquarenyc.org/wp-content/uploads/2013/07/2014-USP-Annual-Report.pdf
10) "An Economic Benefit Study to Establish an Asheville Downtown Business Improvement District"
   "2011 BID Census Report", International Downtown Association 2011
   http://www.ashevillenc.gov/Portals/0/city-documents/economicdevelopment/AshevilleBIDEconomicBenefitsReportFINAL.pdf
11) "Grand Central Partnership 2013 Annual Report: Highlighting an Historic Year" http://www.grandcentralpartnership.org/wp-content/uploads/2014/05/gcp_annualreport_2014.pdf
12) "Grand Central Partnership 20 Years Working"
   http://www.grandcentralpartnership.org/wp-content/uploads/2010/11/GCP-20th-Anniversary-Retrospective.pdf
13) "Grand Central Partnership The Working Heart of Manhattan"
   http://www.grandcentralpartnership.org/wp-content/uploads/2011/08/Grand-Central-Partnership-The-Working-Heart-of-Manhattan.pdf
14) "Plymouth Waterfront BID Q&A"
   http://www.waterfrontbid.co.uk/wp-content/uploads/2012/01PWP-QA.pdf
15) "Business Improvement Districts: Census and National Survey"
   International Downtown Association, February 2011
16) 米国にはトレーニングを受けたコミュニティレベルの民間警察システムを構築しているところが多くある。これは州や自治体によっても大きな違いがあるが、逮捕権や武器の装備を除けば通常の警察官が行っていることと同様な活動を行っているところが多い。
17) FBI 犯罪統計
   http://www.fbi.gov/about-us/cjis/ucr/crime-in-the-u.s/2010/crime-in-the-u.s.-2010/tables/10tbl08.xls/view
18) 『アメリカにおける都市開発資金の調達手法に関する調査』2004 年 3 月、Institute of Public Administration, p. 20
19) TIF の考え方は、あるエリアに公的投資を行う際、その公的投資によって、そのエリアに民間の開発などを促進させたり、既存ビルでも未活用の床の活用を促すことが可能だと考えられる場合、それらの開発が進むと、当然将来的に市に入る資産税は増加することになる。その将来的に増加すると考えられる資産税を償還財源とし、市が公債を発行し開発を推進する手法のことである。
20) http://www.downtownny.com/getting-around/downtown-connection
21) 『マルチメディア都市の戦略』東洋経済新報社、1999 年、p. 163
22) "Business Improvement District 2012 Annual Report: Trend Analysis"
   http://www.nyc.gov/html/sbs/downloads/pdf/neighborhood_development/business_improvement_districts/FY_2012_BID_Trending.pdf
23) 各 BID ホームページの年次報告（Annual Report 2013）より
24) "Downtown Rebirth: Documenting the Live-Work Dynamic in 21st Century U.S. Cities"
   http://definingdowntown.org/wp-content/uploads/docs/Defining_DowntownReport.pdf

3節

イギリスにおけるエリアマネジメントの仕組みと展望

法政大学現代福祉学部 教授　保井美樹

1 ── 官民連携とエリア・アプローチの始まり

1 イギリスにおける官民連携の進化

1979年に始まったイギリスのサッチャー政権で、公共サービス・施設の民営化が急速に進んだことはよく知られる。地方自治体の財政難を背景に、公共部門も民間部門並みの効率性の追求が行われるべきという「ニューパブリックマネジメント」の考え方が採用され、公共交通や都市開発などが、PFIなどの民間企業との連携ツールを用いて次々に進められた。国が主導する都市開発公社やエンタープライズゾーン政策を通じて再開発が進められ、そこでは盛んに民間資本の誘発が行われた。

しかし、しだいにこうした政策が社会的分断や格差を拡大させた、行きすぎた「新自由主義」であるとして反省、批判する声が出始めた。その背景には、とくに都市部において貧困率が上昇し、荒廃が進んだことがある。サッチャー政権を引き継いで成立した同じ保守党のメージャー政権において、シティチャレンジ（City Challenge）政策（1991）が導入され、自治体がボランタリー・セクターや地域コミュニティ団体を含む、企業以外の「新たな」民間セクターとパートナーシップを形成し、再生のアイディアを考えて、包括的な補助金を国に申請できるようにしたことは、官民連携を進めた画期的な出来事と捉えられている。その結果、市民グループが資金を拠出して「開発トラスト（Development Trust）」と呼ばれるまちづくり会社を設立し、たとえば、空き店舗を使った失業者向けの就業支援サービス、子どもの居場所づくりなど、さまざまな取り組みを進めだした。

地域レベルの官民パートナーシップの流れを本格化させ、それにより多くの裁量を与える方向に舵を切ったのが、1997年に成立したブレア政権である。ブレア政権は、アンソニー・ギデンズによる「第三の道」を政策の基本理念に据え、政権全体でPPP（パブリック・プライベート・パートナーシップ）を基本理念とした。この「第三の道」とは、新自由主義と社会民主主義の考え方を乗り越え、市場重視を保ちつつも、すべての活動が社会正義によって拘束されるという政策形成やガバナンスに関する考え方である。戦後のイギリスにおいて、市場の失敗が明確で、政府による介入が受け入れられた伝統的な社会民主主義の時代（1979年まで）、政府による過度な介入の非効率性を踏まえ、民間の活動を重視する新自由主義（1979-1997年）をへて生まれたとされる[注1]。ロイドなどの文献[注2]によれば、「第三の道」は、新自由主義に欠けていた正義、社会的包摂、分権といった要素を取り込み、民間レベルでの社会問題への対応や地域の活性化を支援するもので、民間レベルで既存の計画、規制、サービスを「補完」するアプローチである。民間活力を行政サービスの安価な代替物と捉えるのではなく、一律的になりがちな行政サービスでは実現されにくい価値を取り込んだ事業を可能にするパートナーだと捉えている。これによって実現されるのは、たんなる物理的な都市再生ではなく、そのなかに営まれる生活、雇用、活動の場を含む地域社会・経済の再生である。

ブレア政権は、国が介入すべき地区を明確にした。介入すべき地区は、小選挙区ごとに整理された複合的な荒廃指標（Index of Deprivation）を元に選ばれ、政権はその地区に、包摂的・社会的な再生を実現させるためのパートナーシップの導入を促し、その実施計画に対して、単一再生予算（Single Regeneration Budget）を投入する政策を進めた。

この荒廃地区への支援は、1998年のコミュニティ・

1章　エリアマネジメントの仕組みと展望　31

ニューディール政策や2001年に始まる近隣再生政策などへと発展し、地域コミュニティに対する支援策が次々と打ち出された。こうした支援の受け皿となり、地域で包括的に将来ビジョンや具体的な事業計画のPDCAサイクルを回していく主体として導入されたのが「地域戦略パートナーシップ」と呼ばれる協働の仕組みである。この「地域戦略パートナーシップ」の運営組織には、自治体のほか、地域の経済・社会に関わる主要団体が参加して、地域の課題や対応につき協議を行うだけでなく、国の支援を受けた地域再生事業をコーディネートする。当初は、荒廃が進む地区を抱える88の地方自治体に導入されたが、2001年までにすべての自治体に導入が促されるようになり、ブレア政権下の地方分権施策としても大きな目玉となったのである[注3]。

② エリアごとの「プレイス・マネジメント」

こうしたパートナーシップ（協働）が進化するなかで、特定地区における再生のための包括的な取り組みとそれを支える組織や財源の仕組みに関心が集まるようになった。1999年にロンドン大学から出されたワーキング・ペーパーによれば、その背景・理由として、次の4点が指摘されている[注4]。

　①同じ都市圏においても、抱える課題は地区ごとに大きく異なり、都市全体の施策に加えて、それぞれの地区にプラスαの対応が必要である。

　②地域が抱える課題は相互に関連し、複雑化しているため、対応には複数の組織や部署間の連携が必須である。

　③都市圏の中の格差が拡大しており、その是正が求められている現状がある。

　④地区レベルで成功例が蓄積され、それが水平展開されることによって全体の取り組み水準が上がることが期待される。

　上記のうち、①や②のような状況は、日本にも見られる。都市部では、産業空洞化、雇用減少、空き家・空室問題、街並みやにぎわいの創出、都心居住を進めるための新たなかたちの住宅提供など、さまざまな課題が絡みあっており、それらに新しい考え方で対応することが求められている。住宅地でも、高齢者の見守りや子育て支援などの福祉的な課題、空き家の管理や街の安全・安心に関わる課題、街並みの維持向上など、やはり多種多様で複合的な課題を抱える現状がある。こうした特定地区のマネジメントを重視する視点は国際的に注目されつつあり、今日の都市再生においては、地区レベルで複雑化した課題に、包括的な視点から立ち向かう複合セクターによるチームが重要であることが共有されている。そして、「プレイス・マネジメント（Place Management）」という言葉のもとで、その技法や課題が共有されるようになっている。

イギリスにおけるプレイス・マネジメントの代表的な取り組みが、一つは、前述したような政策主導による荒廃地域でのパートナーシップ（協働）による近隣再生であるが、もう1カ所、都市部や中心市街地で進んでいる自治体と民間主体のパートナーシップ（協働）がある。それが、次項で述べるタウンセンター・マネジメントである。

2 ── 中心市街地の衰退とマネジメントの導入

都市の中心部におけるプレイス・マネジメントは、1980年代ごろから「タウンセンター・マネジメント（TCM: Town Centre Management）」と呼ばれ、その考え方は、今日まで独自の発展を遂げている。TCMは、アメリカの都市における集中的リテール・マネジメント（CRM: Centralized Retail Management）をモデルに考えられた概念とされ、いわば、中心市街地を一つのショッピングセンターのように総合的に管理運営しようとするものである。具体的には、街を安心・安全、清潔であり、必要な機能や店舗が揃っており、常に歩いて楽しい仕掛けがつくられている、そんな環境を創出しようとするものである。

アメリカのCRMが、中心市街地の環境改善のため、資産所有者などの利害関係者が事業計画を定め、自ら投資して美化・治安維持、テナントミックスなどを行うという、明確に民間主導のアプローチを採り、1980年代後半から、各地にそれを可能にするBID制度が導入されてきたのに対し、イギリスでは、都市中心部の位置づけについての政策的議論と連動しながら、活性化の事業を行う

官民のパートナーシップ（協働）が発展しており、その活動内容や財源、組織の構造も多岐にわたる。

イギリスでTCMの概念が最初に提示されたのは、1980年の「将来のタウンセンター」をテーマとした会議であったとされる。中心市街地に数多く出店しているマークス＆スペンサーを取り上げ、中心市街地における買物の便や質の向上を唱える概念として、TCMという考え方が打ち出された。しかし、これは中心市街地を買物の場所としか捉えていないとして、批判が相次いだ。TCMは、商業を超えた包括的なまちなかのマネジメントとして位置づけられるべきであり、そこには、資産所有者、テナント、事業者、住民などの利害関係者を直接的に巻き込んでいくことが重要だと唱えられた[注5]。

こうした議論のなかで1991年に生まれた全国団体が、ATCM（Association of Town and City Management）である。ATCMは中心市街地を単なる小売業の中心部としてだけでなく、土地利用、産業や住生活の適切なあり方、シビックプライド（市民意識）の形成など、さまざまな分野において重要な場所であり、国、広域、地方公共団体、民間セクターを含む、多くの主体にとって重要な場所だと位置づけた。

ATCMが支援してきたTCMのスキームは、表1のとおりである。地域の課題に対し何らかアクションを起こしていくことにある程度の合意形成を行うところから始まり、必要な基礎調査を行いながら、地権者や主要な事業者など、合意形成に鍵となる団体・個人を集めて将来ビジョンをつくり、互いの信頼関係と実践に向けた自信を深めていく。表1で言えばステップ3までとなる、この部分は萌芽期と言ってよい。ステップ4は、準備段階である。実践のための組織を固め、タウンマネジメント活動に専念するマネージャーを雇い、必要な財源の確保、事業計画の確立を行う。事業計画が、行政を含め外部からの支援を求めるロビーイング文書と位置づけられているのも興味深い。そして、ステップ6が実践段階である。事業計画に掲げられた活動が進められ、地域内外の関係者との関係や対外的な評価が確立されていく。必要に応じて見直しや改善も進められる。

図1に示すように、上記のスキームからTCMの二つの特徴が見える。第1に、TCMの活動は、長期的なビジョンと短期的に行うべき活動をつなぐ時間のマネジメントである。実際に行われるのは多くの地域で共通する美化や治安維持、インフラの維持管理事業などであるとしても、それが始まる前に地域のビジョンづくりやそのための各種調査が行われており、個別の活動が中長期的なビジョンに位置づけられている。

第2に、TCMは、多様な主体間の連携が重視される組織・体制のマネジメントでもある。萌芽・準備段階にお

表1　1993年にATCMが示したTCMスキーム

段階	実施テーマ	実施目的や詳細
ステップ1	課題の抽出・共有	・衰退や問題に関する現状把握 ・これまでの不協和への反省 ・「何かしなければならない」という意識の共有 ・関係者の洗い出しと接近
ステップ2	基礎調査と問題意識の醸成	・広くTCMに関心を有する人への接近と意識共有 ・ニーズおよび実施便益の調査（SWOT分析など） ・優先順位の高い課題の洗い出し ・中心市街地の利用者調査
ステップ3	キープレイヤーによる議論	・実践でキープレイヤーになる人・団体の明確化 ・互いの信頼や実行に向けての自信をつけるためのフォーラム開催 ・地域の強み・弱みの明確化、合意形成のためのセミナー実施
ステップ4	組織構築、マネージャー雇用、財源確保	・実行委員会とワーキンググループの設置（実行委員会は財源拠出者などによって、WGは官民の代表者によって構成され、実行委員会で用いる資料作成を行う） ・TCMメカニズムを動かすマネージャーの雇用
ステップ5	事業計画の確定	・地区内交通、商業、環境整備、プロモーションを含む短期的事業計画の策定 ・外部からの支援を得るためのロビーイング文書としても重要
ステップ6	実施・見直し	・事業成果の検討、公表 ・TCMスキームの有効性を提示するために実施した項目の明確化 ・プレス向けを含むTCMの外向け資料にもなる

出典：注5のPage他による文献(1996)より抜粋・編集。同論文はATCMの1993年資料を元にまとめている。

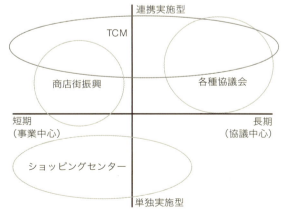

図1　タウンセンターマネジメント（TCM）モデルの位置づけ

いて、もっとも重視されているのは利害関係者を集め、その合意を確保することであり、それが達成されたときにはじめて組織が形成される。最初に組織が形成され、ビジョンや事業がその次になる日本の多くの取り組みと逆である。実際のTCMの組織・体制としては、多くの都市でアンカーとなるスーパーやドラッグストアなどの全国チェーンの小売企業が財政的、技術的な支援を行いながら、上記のプロセスを進めてきた。

　2000年代初めまで、しばしばTCMの先進事例として取り上げられたコベントリー市は、1985年と比較的早い時期からタウンマネジメントに取り組んでいる。当初は市役所の支援で進められたが、民間主導で自立してタウンマネジメントが進むように、1997年にまちづくり会社コベントリー・ワン（CV One）が設立された。筆者は2007年に同社を訪れインタビュー調査を行ったが、会員組織を運営するかたわら、歩道、駐車場や防犯カメラの管理、清掃、ゴミ処理など、地区内で個別に行われてきた事業を共同化したり、公共サービスの委託を受けたりして自主財源を開拓し、収益をまちなかの活性化に還元させる事業モデルを模索していた。これによって、イベント、ビジター向けの情報発信、街並み向上のための協定や個店向けの支援などが進んだのである。コベントリー市の事業に連動した会員組織の取り組みは全国的に注目されたが、そんな都市であっても、メンバーシップが任意であることによって、なかには負担をせずに恩恵を受ける、いわゆるフリーライダーが存在した。任意の会員組織で成り立つTCMが抱える最大の課題が、その体制の強化であり、会員が責任をもってコミットできる仕組みづくりであった。そこで参考にされたのが、1980年代から北米（カナダ、アメリカ）で活用されてきたBID（Business Improvement District）の仕組みである。

3 ── BIDの導入によるエリアマネジメントの進化

1 北米大陸から世界に広がるBID制度

　都市部の商業・業務地域において、地域の美化、治安維持、イベント、マーケティングなどを行い、集客力、にぎわい、資産価値の向上をめざすエリアマネジメントは、日本を含め、世界で取り組まれている。今日、その代表的なアプローチとなっているのが、BID（Business Improvement District）である。BIDとは、地方自治体が、地区レベルで追加的な税または負担金を資産所有者や事業者に課し、それを当該地区のエリアマネジメント団体に戻し入れることで、民間主導で地域活性化のためのさまざまな事業を行うことができるようにする制度である。カナダのトロント市で始まり、1980年代以降、アメリカ各都市に広がり、現在、全米に約1000のBIDがある。その後、イギリスを含めて世界各国に広がっている。

　アメリカでは、都市計画、政治学、社会学など、さまざまな分野でBIDの評価が行われてきた。2000年代はじめから調査を続ける都市計画学者のホイトは、財政状況が厳しいおり、BIDを通じて公共空

図2　ロンドン中心部で活動する16のBID（出典：Ordinance Survey 10003216 Greater London Authority（GLA）（注9の関連資料）

間の活用が民間の創意工夫で進んでいることを、基本的には積極的に捉える[注6]。政治学者のブリフォールトも、資産所有者が中心の民間組織が、公共サービスにかぎりなく近い活動を行うBIDには、排他性の懸念から批判的な視線も寄せられるが、これは民間と公共のハイブリッドシステムであると述べ、市の監督下にあるかぎり、都市活性化に寄与する仕組みと結論づけた[注7]。他方、社会学者のズーキンは、BIDを「不平等なパートナーシップ」と呼び、民間の「金持ち」（＝資産所有者）が都市空間をマネージすることで、結果として、労働者、外国人、若者などによるインフォーマルな活動を許容する力を都市が失っていくと懸念する[注8]。

イギリスは、こうしたBIDについてのさまざまな評価を吟味し、その限界も認識したうえで、2003年にイングランド地域を対象とするBID法の審議を始めた。翌2004年にこれが成立したのを最初に、2005年にはウェールズ、2007年にはスコットランド、2013年には北アイルランド地域で同様の法律が成立し、2013年5月までに130地区のBIDが生まれている。ロンドン市によれば、2014年6月現在、市内に37のBIDが設立されており、うち16が中心部にある（図2）。

2 イギリスのBID制度の特徴

1 民主的プロセスによって制度の信頼感を得る

イギリスにおけるBID制度の最大の意義は、それまで発展してきたTCMスキームの組織や財源を制度化し、公正で持続可能にしたことである。前述したように、事業者や地権者が集まり、一定の会費を集めながらも、多くの都市において、行政からの補助金や比較的大規模な事業者からの財政的・人的資源に依存してきた。チェーン店を中心にTCMに参加しない事業者も存在し、特定の事業者にしわ寄せがいく状況が見られた。こうした問題を解決する手段として期待されたのがBIDであった。BID制度の導入によって、あらかじめ定めた小規模事業者などを除くすべての事業者が、平等に負担金を支払い、活動に参加する権利を与えられるようになった。こうした強制的な負担金徴収に対しての信頼感を得るために、イギリスのBIDは、プロセスの民主性に一段とこだわる制度設計がされている。これが、特徴の第一である。

BIDのプロセスは提案者が主な事業や進め方を考え、実行委員会を形成していく萌芽期、すべての負担者に説明を行い、より詳細な事業計画と誰がいくら負担するのかを明確にする財政計画を策定し、あらかじめ一定程度の合意が形成されていることを確認する準備期をへて、BID設立への賛否を問う投票が行われる。そこまでに、おおよそ2年程度の期間が必要だと考えられている。投票の方法および賛否を定める基準は、法律で定められる。BIDの投票は、自治体が設置する選挙管理委員会の監督の下、一定期間内の郵送投票というかたちで実施される。そして、投票率および票数に占める賛成票の比率がともに50％を超えた場合に限って、5年間のBID導入が許可される。もし、さらにBIDを続けようと思えば、5年ごとに同様の投票を実施し、同じだけの投票率・賛成票を得なければならないのである。この点は、州によって基準が異なり、BID導入の協議過程を通じて、資産所有者の過半数（数または評価額）の賛成署名を集めればよいニューヨーク市の運用と異なり、イギリスが、BIDの導入を丁寧かつ慎重に進めていることの証左である。更新時期が近いBIDでは、理事や事務局が中心となって事業効果の検証やその説明に力を注ぐ。BIDは、たんなる民間団体とも、何もしなくても存在し続ける地方公共団体ともまったく異なる存在なのである。

2 BID負担金が地方分権を進める

また、イギリスのBIDは地方税法の改正によって実現しており、同国の地方分権改革の一環であることも大きな特徴である。イギリスのBIDの財源は、非居住用資産に入居する者—多くの場合は事業者—に、その資産評価額に応じて課される事業所税（Non Domestic RateまたはBusiness Rateと呼ばれる）への上乗せ課税による。この税金は、今日、地方公共団体の主要な収入源の一つとなっているが、実は、純粋な地方税ではない。地方レベルで徴収が行われた後、いったん国庫に納められ、その後、地方交付金として配分されるものである。2003年、地方自治体の判断で、これに上乗せしてBID税を徴収できるようになったことは大きな改革であり、その後、地方公共団体の権限で、追加的に事業所税を徴収し、地域の経済活性化に活かすことができる新たな税制改革につながった[注10]。さらに現政権は、この事業所税を地方税化す

1章　エリアマネジメントの仕組みと展望　35

ることを打ち出しており、BID にともなう財政改革は、イギリスが地方分権をより一層進めようとする姿勢を具体化した施策の一つだったことが分かる。もともと受益者負担型の地方税の仕組みを有するアメリカとは異なる状況である。

3 BID の実際と活動内容の進化

　表 2 は、2013 〜 14 年にかけて筆者が行った調査をもとに、イギリスで法律制定後すぐに BID が導入されたベター・バンクサイド（ロンドン・テムズ川南岸）、リバプール市中心部と、比較的最近になって導入されたカムデンタウン（ロンドン中心〜北部）の BID の運用状況を整理したものである。すべての BID が治安維持や美化といった公共サービスの上乗せ事業を行っている点では、アメリカと共通する。BID は、導入時に地方自治体と合意文書を結び、地方公共団体と BID の役割分担について取り決めを行う。ただ、とくに地方自治体のサービス水準が低いとか、BID が導入されたことで低下するということはなく、BID はあくまで自治体が行わない付加価値づけ、たとえば、積極的な緑化や美化を行っていくという考え方であり、合意文書はそれを明確化させるものである。

　アメリカの BID がどちらかというと資産所有者の視点から、公共空間の活用、社会サービスの提供など、いわば魅力的な投資環境づくりに力を入れているのに対し、事業者の負担によって成り立つイギリスの場合は、ショップモビリティ（高齢者や障がい者など、移動に困難を抱える人向けのサービスの総称）や共通カードの導入など、商業振興の側面が強いのも特徴である。ただし、これについては、2014 年の法改正によって資産所有者を負担者とした BID が設立可能になったため、変化が見込まれる。

表 2　イギリスの BID 事例（各 BID の HP、Nationwide BIDs survey およびインタビュー録を参照して筆者作成）

BID 名	設立年	年間予算*	組織携帯	職員数	主な活動内容
ベター・バンクサイド（ロンドン）	2004 年（2 期目）	約 2 億 1100 万円	非営利有限責任保障会社（CLG）	21 人（警備担当職員も含む）	公共空間管理（美化、治安維持、夜間のパブ見回りなど）、環境事業（貸し自転車、自転車整備、ウォーキングツアーなど）、研修・交流（ソーシャルイベント、CSR 事業との連携など）、データバンク、コンサルティング、政策提言など
カムデンタウン・アンリミテッド（ロンドン）	2011 年（1 期目）	約 1 億 2300 万円	有限責任事業組合（LLP）	5 人＋インターン（事務局）	治安維持（警備員導入実験、防犯カメラ設置、トランシーバー配布）、公共空間整備計画の策定・協議、ショップカード導入、各種イベント、空き店舗暫定利用
リバプール中心部	2005 年（3 期目）	約 3 億 100 万円	非営利有限責任保障会社（CLG）	8 人＋インターン（事務局）	治安維持活動（民間交番や防犯カメラの設置、トランシーバー配布事業など）、美化・メンテナンス活動、マーケティング＆プロモーション（イベント、無料バス、ショップモビリティ：移動に困難を抱える人向けの各種サービスの促進、公共空間における商業活動促進、クリスマスデコレーション、ハンギング・バスケット、バナーなど）

＊ 1 ポンド＝ 172 円換算で 100 万円以下を四捨五入したおおよその値である。年間予算は BID 税＋その他収入で構成されるが、その他収入については表 3 を参照。上記の表は、その他収入のうち、間接収入は含まない。

公共空間の活用は BID の大きなテーマになっている—ソリフル市 BID 地区で実施されているマルシェ

BID のアプローチは包摂して価値を生みだすことにある—Big Issue の販売を歓迎するリバプール市中心部の BID スタッフ

負担者が誰にせよ、BID制度は、道路や広場といった公共空間の管理・活用とつながっており、地域の魅力向上のためのさまざまな事業、たとえば、マルシェ、フェスティバル、コンサートなどを積極的に行っている。

さらに、近年のBIDは、個性的な取り組みを増やしている。たとえば、ロンドン橋の南岸のたもとに導入されているベター・バンクサイドBIDにおいては、地区内の企業の環境面のCSR活動などと連携し、地区内で働くオフィスワーカーや住民間の交流を進め、そのライフスタイルを環境配慮型に変化させるよう働きかける動きが活発である。自転車利用を促すために貸し自転車を備えるだけでなく、金曜日にはマイ自転車を預かって週末の間に整備して月曜日に返却する仕組みを導入したり、テムズ川沿いの早朝ウォーキングイベントを開催したりする。

ロンドン北部のカムデンタウン・アンリミテッドBIDでは、新たな若者文化や産業の創出に期待を寄せて、シェアオフィスや新しい価値を創造するためのさまざまな仕掛けを行うフューチャーセンターの機能を導入した。自由に利用できるオフィス空間には、BID事務所のインターンシップに参加する学生など、多くの若者が集う。

こうしたBID事業の広がりを、ロンドンのBIDについて調査し、自らもベター・バンクサイドBIDを率いるピーター・ウィリアムズ氏は、BID事業の3段階と呼ぶ。図3に示すように、その初期段階は、安心・安全と日々の維持管理である。これは、美化や治安維持など、市民が生活を営むために最低限の環境整備であり、1990年代、アメリカのBIDの多くが、この初期段階から始めてきた。第2段階は、緑が多く楽しいまちづくりであり、積極的な緑化やイベントなどを指す。第3段階は幸福でQOLの高いまちづくりであり、より積極的なコミュニティ形成を行うものである。ピーター・ウィリアムズ氏は、イギリスのBIDは第2段階、第3段階を最初から意識していると言う。ベター・バンクサイドBIDで行われるオフィスワーカーや住民の間の交流事業などは、この第3段階を意識して実施されている。

筆者は、上記の3段階の事業を支える将来ビジョンや戦略（図3下段部）のつくり方の違いにも注目する。すべてのBIDは地区単位で事業計画を策定するが、なかには、その事業計画が都市レベルの構想・戦略と連動する場合もある。リバプールにおいては、中心部のBIDが都市全体の官民連携組織であるリバプール・ビジョンと密

ベター・バンクサイドBIDのオフィスでは、さまざまな地域コミュニティの活動が展開されている

若者が集まるカムデンタウン・アンリミテッドBIDのオフィス

図3　BID活動の広がり（出典：Peter Williams氏の提供資料を元に筆者作成）

1章　エリアマネジメントの仕組みと展望　37

接に連携しながら、市を始めとする政府セクターとも協力体制を築いている。リバプール・ビジョンとは、リバプールへの投資誘引や引止めを行う官民連携型の経済開発組織であり、ビジョンとロードマップに沿って、自ら必要な箇所に開発誘導や事業参加を行うほか、都市の強みや課題を発見するための指標を開発し、それを使って定期的に現状を把握し、対策を講じる。また、必要なインフラや改善策について政府セクターに提案する活動も行っており、BIDは、そうした活動の一翼を担いながら都心部活性化の立役者として活躍している。

4 新たな事業と財源を創発するBID

イギリスのエリアマネジメントは、BID税という安定財源を得たことで、組織の強化と事業領域の拡大が進んだが、それは、翻って税以外の収入の多様化につながっている。British BIDsによって実施された2012年度の全英BID調査（National BIDs Survey）によれば、調査に回答のあった107のBIDの収入を合計すると、税とそれ以外の収入の比は約2：1に達し、税以外の収入が直接・間接含め、年間100万ポンド（約1億7200万円）を超えるBIDが、6地区生まれている。

こうした税以外の収入のうち、直接収入（BID組織に財源が入るもの）には、公共事業やサービスへの対価としての委託料、特定のプロジェクトに対する補助金、法律上は負担者に含まれない中小企業や地権者からの寄付金のほか、公共空間における広告事業、地区内の屋内外の空間を貸すことにともなう賃料や使用料、スポンサーシップなどのイベント関連収入、防犯や建物管理にともなう機材などを共同発注することによって生じる手数料などが含まれる。また、間接収入（BIDと共同して行われる事業で、直接、BIDの財源にならないもの）には、街並み形成など、行政と民間がともに取り組む公民連携型の事業が多い。

先に取り上げたベター・バンクサイドBIDは、税以外の収入が100万ポンドを超える6地区の一つで、間接収入を含めれば、税収入の2倍以上の新財源を有する。その内訳（表4）を見ると、ロンドン市

表4　ベター・バンクサイドBIDの税以外の収入内訳（2012年）

財源を生みだした事業名	収入（単位：万円*）
直）コミュニティスペース賃貸事業の売り上げ	452
直）ビジネスクラブ運営（会費収入）	90
直）CSR事業（企業からの委託費）	142
直）イベント、アカデミー（研修売り上げ）	162
直）アーバンフォレスト（緑化）プロジェクトへの補助金や寄付金	344
直）クロス・リバー・パートナーシップ（CRP）立ち上げ補助金（EUより）	335
直）エリア・プロモーション事業への寄付金	273
直）デベロッパー・住民間の関係構築コンサルティング料	310
直）自転車促進などの地域交通事業への補助金	243
直）利子、その他	44
直）前年度持ち越し分	1688
直接収入　合計	4083
間）道路改善事業（Great Suffolk st.）	517
間）緑化事業（GLA/CRPとの共同）	258
間）川辺改良事業	45580
間接収入　合計	46355
参考）BID税による収入	17049

＊1ポンド＝172円で計算し、千円以下を四捨五入した
出典：British BIDs, Nationwide BIDs Survey, 2012をベースに、Peter Williams氏へのインタビュー内容を追加した。

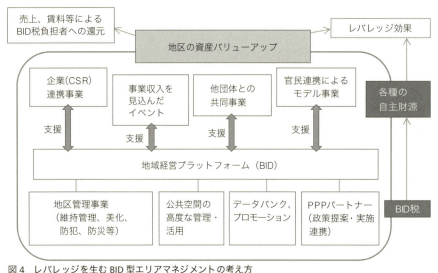

図4　レバレッジを生むBID型エリアマネジメントの考え方

や区の公的財源を用いた川辺や道路などの公共空間の改善事業が見られる一方で、民間で調達された財源を用いたCSRやエリア・プロモーション事業など幅広く、BIDが地区の価値向上のために、官民をつなぐ役割を担っていることがわかる。

こうした状況から、イギリスのBIDがたんなる維持管理やイベント事業だけでなく、さまざまな担い手と協力しながら新規事業を創発させる、いわば地域経営のプラットフォームとして機能し始めていることがうかがえる。図4のように、BID税を用いた活動（下段）を行うにつれて上段のような連携型事業が生まれ、税以外の収入も生まれているという状況である。BID税はその他の財源や投資へのレバレッジ効果をもたらし、それが総合することで地域のバリューアップにつながり、結果として負担者の満足度につながるというのが、BID関係者の考えである。

4 ── イギリスにおけるエリアマネジメントの展望

1 戦略的で力のある組織へ

英国のエリアマネジメントは、今後、どうなっていくだろうか。その方向を占う材料になるのが、2011年、キャメロン首相の諮問を受けて、小売業とブランド・マネジメントの専門家であるメアリー・ポルタス氏が政府に提出した、通称「メアリー・ポルタス提案」と、翌年に政府から出された検討結果の報告書[注11]である。提案のなかで、今後のエリアマネジメントの方向として、その戦略機能を強化させる「タウン・チーム」、エリアマネジメント団体の権限を強化する「スーパーBID」という考え方が示された。

タウン・チームは、BIDに参加しない住民、資産所有者、公共機関などの利害関係者も巻き込んで、将来ビジョンや戦略を策定し、それを強力に押し進めるBIDと連動した戦略組織で、すでに12の都市でパイロット事業が進んでいる。もともとイギリスのTCMは多様な主体による戦略的機能を有していたはずであるが、BID制度の導入後、事業実施に重点が移り、長期で多様な利害を調整する機能が弱まっていたのは否めない。こうした面を強化しようとする動きと捉えられる。

第2の「スーパーBID」は、成功しているBIDにより多くの権限委譲、たとえば強制収用権などを与えようという提案である。強制収用権をBIDに与えるという提案は政府として取り入れられないという結論が出されたものの、資産所有者によるBID、観光業による広域BID、自治体の境界線を挟むクロス・ボーダーBIDなどの、いわばBIDの応用形態を積極的に導入することが発表された[注12]。

2 ローカリズムの担い手として

こうしたBID強化の議論の背景には、現政権の「ローカリズム」政策がある。イギリスでは、エリアマネジメントに限らず、市民や民間団体が自主的に財源調達を行い、地域レベルで問題解決を行う取り組みが、この政策のもとで強力に支援されている。

そうした取り組みの一つが、イギリスの伝統的な地域団体であるパリッシュの強化である。パリッシュは、かつての教区であり、小地域レベルの互助組織としてイギリス社会に根ざし、なかには、道路や公園なども所有・管理するところもある。ただ、高齢化やコミュニティの希薄化を背景に、都市部を中心に吸引力を失いつつあるのが現状である。ブレア政権から、こうしたパリッシュを見直し、強化する動きが進んだ。2003年には、組織、意思決定、財政管理など、一定の条件を満たしたパリッシュをクオリティ・パリッシュと認定し、それに一定の役割と権限を与える改革が進んだ。現キャメロン政権では、都市部にもパリッシュを導入し、それが新たに取り入れられた「近隣計画（Neighborhood Planning）」を策定し、計画に定められたインフラの整備や管理を行うことが期待されており、そのための支援も行われている[注13]。

また、2011年のローカリズム法にもとづき、一定の基準を満たした市民グループは、売却されそうな公共施設や民間所有の建物（商店やパブなど）の所有に関心があることをあらかじめ登録でき、実際に売却される際には優先して情報が入るようになった。また、購入資金を集めるために一定期間売却を遅らせるモラトリアムの仕組みなどもある。

エリアマネジメントもこうした流れのなかで、一層多くの地域資源の所有・管理が期待されるとともに、地方

1章　エリアマネジメントの仕組みと展望　39

自治体をはじめとする関係者と連携・調整しながら、それらの活用について意思決定を行い、事業を進める役割が期待されている。それは、イギリスの一層の今後の地方自治の流れと符号している。

3 効率化か、コミュニティか

最後に、英国の経験を通じて、BIDのような民間主導のエリアマネジメントを、私たちはどのように捉えるべきか考えてみたい。これは、公共空間管理・活用を民営化することによって、効率的に集客や資産価値に向上が実現する空間を形成することなのか。それとも、地区レベルで意思決定や事業を行える仕組みを構築することで、弱体化したコミュニティを強化して、その自立を促すこととなのか。BIDはその運用によって、どちらに重点を置くこともできる。

実は、このことは、イギリスのBID関係者が自問自答するテーマの一つである。前者に重点を置くあまり、BIDが弱者を排除するとの批判も出るアメリカの都市を反面教師とすれば、イギリスのBIDのなかに、たんなる効率性だけでなく、QOLやコミュニティ強化にも目配りしたエリアマネジメントを目ざす地区が出るのも理解できる。

政策面でも、イギリスには、サッチャー政権時代における限られた民活への反省から、特定地区で官民が連携するまちづくりを進めてきた。そこでの行政支援は、たんに受け皿となる民間団体に補助事業を行わせるのではなく、多様な利害関係者が集まって地区の課題や解決策を検討し、それに自ら取り組んでいくものへのインセンティブであった。そのような時代に導入されたイギリスのBIDも、たんに公共空間で事業を行う仕組みというよりは、地区で求められる将来像を描き、それに向けて必要事業を自ら資金も拠出して進める、責任あるコミュニティの形成が目ざされるものである。そして今日では、BIDがまちづくりのパートナーとなり、行政とともに事業を進めるようになっている。エリアマネジメントの組織、財源、活動の範囲を検討する日本は、こうしたイギリスの経緯を理解する必要がある。

注：

1) Anthony Giddens, *The Third Way*: *The Renewal of Social Democracy*, Cambridge: Polity Press, 1998

2) M.G.Llyoyd, John Maccarthy, Stanley McGreal and Jim Berry, "Business Improvement Districts, Planning and Urban Regeneration", *International Planning Studies*, vol. 8, No. 4, 2003

3) 白石克孝編、的場信敬監訳『英国における地域戦略パートナーシップへの挑戦』公人の友社、2008、pp.19-20

4) Gillian R. Smith, "Area-Based Initiatives: The Rationale and Options for Area Targeting", CASE paper No. 25, Centre for Analysis of Social Exclusion, London School of Economics, 1999, pp.4-5 に、特定地区をターゲットとして政策を考えることの意義が述べられている。

5) Stephan J Page and Rachel Hardyman, "Place Marketing and Town Centre Management: A new took for urban revitalization", *Cities*, Vol. 13, No. 3, pp.153-164, 1996

6) Hoyt, L. "Collecting Private Funds for safer public spaces: An Empirical examination of the business improvement district concept", *Environment and Planning*, B, 31(3), 2004

7) Richard Briffault, "A Government for Our Time? Business Improvement Districts and Urban Governanc", *Columbia Law Review*, 1999

8) Sharon Zukin, *Naked City*: *The Death and Life of Authentic Urban Places*, Oxford University Press, 2010, 邦訳は、内田奈芳美・真野洋介訳『都市はなぜ魂を失ったのか』講談社、2013年。

9) 地図は、Greater London Authority (GLA) 発行のレポート。*London's Business Improvement Districts*: *A report prepared for the GLA by Shared Intelligence and the Association of Town & City Management*, の関連資料として、2013年12年に作成されたものである。

10) 2009年の Business Rate Supplements Act により、一部の自治体が、その区域の経済開発のために非居住者税の付加税を課すことができるようになった。2010年、ロンドン市は、この制度を用いて、郊外列車（クロスレール）建設のための付加税を導入した。

11) Mary Portas, *The Portas Review*: *An independent review into the future of our high streets*, 2011、および、Department for Communities and Local Government, *High Streets at the Heart of our Communities*: *the Government's Respponse to the Mary Portas Review*, 2012

12) こうした形態は、アメリカの取り組みをモデルにしている。ツーリズムBIDはカリフォルニア州に約40カ所あり、負担者を観光業に限定してプロモーションなどの事業を行う。

13) 近隣計画はパリッシュまたはタウンが主導するものとされ、コミュニティ施設の立地などを定める開発計画を策定できるほか、計画に沿う開発許可の権限や、コミュニティ団体による小規模な開発の権限が与えられている。

2章
大都市拠点駅を中心とする活動事例

丸の内仲通りの公道で実施されたオープンカフェ（提供：(一社)大手町・丸の内・有楽町地区まちづくり協議会）

事例1　大手町・丸の内・有楽町

さまざまなソフト面でのまちづくり

NPO法人 大丸有エリアマネジメント協会（リガーレ）

大手町・丸の内・有楽町地区（以下「大丸有地区」という）では、1988年に地区内の地権者による協議会が設立された。その後、1996年にはPPP（パブリック・プライベート・パートナーシップ：公民連携）の理念のもと、東京都、千代田区、JR東日本、協議会の4者からなる大丸有地区懇談会が作られ、2000年には大丸有地区まちづくりガイドライン（以後「ガイドライン」という）が策定された。以降、ガイドラインの考え方に従い、機能別・目的別に組成された複数の団体によるエリアマネジメントが推進されている。

ここでは、それら複数のエリアマネジメント団体のうち、主としてエリアの活性化を担っている大丸有エリアマネジメント協会について詳述する。なお、他のエリアマネジメント団体については、本書4章3節・事例18を参照されたい。

1 大丸有地区の概要

我々が「大丸有地区」と称するエリアは、主としてJR東京駅の西側に広がる東京都千代田区大手町・丸の内・有楽町（ただし晴海通り以南を除く）の約120haの地域をいい、町名の頭文字をとって「大丸有」としている。この大丸有地区は、約100棟のビルが建ち並び、約4000の企業と約23万人の就業者人口を擁する日本を代表するビジネス街であるが、一方で定住型の居住施設はなく、夜間人口はきわめて少ない。

かつては業務系中心の街で、街を南北に走る仲通り沿いの路面店には金融店舗が多く立ち並び、15時以降はシャッター通りとなったり、土日には人が歩かない街であったりしたが、近年では大型商業ゾーンやカンファレンスセンター、美術館などがオープンするなど、来街者も含めて買物や飲食、文化・芸術が楽しめる多様性のある街へと変わってきている。

2 組織化の経緯

前述のとおり、大丸有地区では1988年に協議会、1996年に懇談会をつくりまちづくりについて議論をしてきたが、当地区の変化を強く印象づけた新しい丸ビルの開業と同じ2002年9月に、NPO法人大丸有エリアマネジメント協会（以下では通称の「リガーレ」とする）は設立された。

それまでのまちづくりは、ともすると建物の建設やインフラの整備といったハードなまちづくりが重視されてきたが、ガイドラインには施設の維持管理や文化活動などのソフトなまちづくり（まちを育てる）にも取り組み、幅広いまちづくり活動を推進すべきであることが示されており、これを担う組織としてリガー

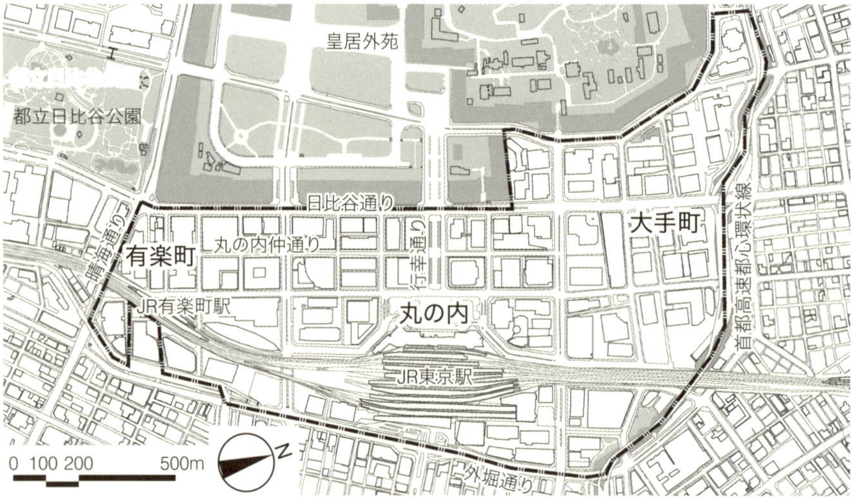

図1　大手町・丸の内・有楽町地区（太線のエリア）

レは設立された。

3 組織体制

　リガーレの組織形態は特定非営利活動法人（NPO法人）である。これは、「さまざまな活動をするために法人格を取得する」「一般の方々にも気軽に参加してもらい、ともに活動できるような組織にする」「行政が応援・支援しやすい組織形態にする」といった理由から選択したものである。

　体制としては、会員からなる総会を頂点に、理事会と事務局から構成される。総会は年に1度開催され、前年度の決算と次年度の予算および活動方針が決議される。理事会はほぼ2カ月ごとに開催され、活動内容の報告とそのつど必要な議事が審議・決議される。事務局は事務局長である私のほかに、現在は常駐のスタッフが3名おり、次項で紹介するさまざまな活動のすべてを担っている。

　会員は、個人会員と法人会員とからなり、それぞれ正会員と賛助会員の区分があるほか、個人会員には学生会員の区分が、法人会員には公益法人の区分がある。会員数については、個人会員が約150、法人会員が約60である（2014年4月時点）。

4 活動方針、活動状況

　大丸有地区の活性化を担うリガーレでは、「環境」「交流」「活性化」という三つを柱としてさまざまな活動をしているが、主なものについて以下に述べる。

1 環境

● 丸の内シャトルの支援

　大丸有地区では地元地権者を中心とした協賛者によって、地区を巡回する無料巡回バスが2003年8月から運行されている。

　このシャトルバスは当地区を訪れるすべての人が利用可能で、最近では年間60万人を超える利用者を数えており、地区内の足として定着している。このように多くの方がシャトルバスのような公共交通を利用することで環境負荷が軽減されるが、車両にはタービン電気バスやハイブリッドバスを使用しており、さらなる環境負荷の軽減に寄与している。

　リガーレでは運行当初よりこれに協賛するとともに運行委員会のメンバーとして協力している。

● 公開空地の活用、フラッグ掲出

　再開発が進む大丸有地区には、都市開発諸制度の利用により生まれた多くの公開空地があるが、公開空地の活用にあたっては活動内容や日数に制限がある。東京都では「東京のしゃれた街並みづくり推進条例」を制定して、活用の幅や日数の拡大、申請手続きの簡素化を図っているが、リガーレではこの制度にのっとり、大丸有地区におけるまちづくり団体として登録することで、大丸有地区の公開空地の積極的な活用に寄与している。

　また、大丸有地区は多くのエリアで第三者広告の掲出が禁止されているが、東京都ではこの規制を緩和するモデル事業の仕組みを整えた。リガーレでは大丸有地区におけるモデル事業の担い手となり、仲通りなどに設置されている街路灯へのバナーフラッグの掲出などを行うことで、景観形成にも取り組んでいる。

2 交流

● 丸の内軟式野球大会

　リガーレでは、テナント同士の交流を図る場として軟式野球大会を運営している。もともとは建て替え前の旧

丸の内シャトルバス

バナーフラッグの掲出

2章　大都市拠点駅を中心とする活動事例　43

丸ビルのテナントにより1946年から始まったものであるが、1953年からは丸の内の大会として開催されてきた。第1回以来運営を行っていた丸ビルクラブが2003年に解散したことから、翌年よりリガーレが運営主体となっている。

丸の内の大会と書いたが、かつて大丸有地区にいた企業の出場枠や大丸有地区以外の企業の出場枠もあり、毎年夏になると約60チームによる熱戦が繰り広げられている。

● リガーレセミナー、ママカフェ

大丸有地区あるいは周辺のオフィスワーカーに気軽に参加してもらえるよう、月に1〜2回のペースで、いわゆるカルチャーセミナーを開催している。

講座の内容は、浴衣の着付けやフラワーアレンジメントといった実用的あるいは趣味的なセミナーのほか、救急救命や護身術といった防災、防犯のセミナーも開催している。

セミナーの実施にあたっては、講座内容に関連した店舗店員や専門家（口腔ケアの際の歯科衛生士など）、救急救命では消防署、護身術では警察署の協力を得て、質の維持に努めている。

③ 活性化

● 丸の内ウォークガイド

大丸有地区はビジネス街という印象が強いが、実は街のいたる所にアート作品が置かれていたり、居心地のよい広場があったりする。そんな意外な一面を見ていただくために、ボランティアガイドによる丸の内ウォークガイドを実施している。火、木、金、三つの定期コースを

丸の内ウォークガイドの様子

用意しているほか、希望にあわせたアレンジコースも実施している。また、次に説明する丸の内検定に絡めた特別編や、大丸有地区を南北に走る仲通りというメインストリートに展示された彫刻を学芸員の説明を聞きながら散策する特別編なども実施している。

● 丸の内検定

大丸有地区のさまざまな魅力（歴史、建築物、美術作品、環境への取り組みなど）について理解を深めてもらい、多くの方にファンになってもらいたいという願いを込めて、丸の内検定というご当地検定を2008年から実施している。

検定は100問の四択で行われ、70点以上で3級、80点以上で2級、90点以上で1級と認定される。なお、検定のためのガイドブックもリガーレで発行しており、分野別に計100問が掲載されている。検定の問題はガイドブックからの70問と毎年オリジナルに作成される30問とから構成されているので、ガイドブックをしっかり理解することで3級取得は比較的容易となっている。

5 活動財源

① リガーレの収支状況

リガーレでは、いわゆる特定非営利活動とともにその他事業（収益事業）として、後述の広告事業を行っている。まずは、前者の収支状況について述べる。

リガーレの活動は2012年に10年目を迎え、ここ数年は活動規模が安定してきているが、1600万円前後の規模で収支がほぼバランスしている。

ちなみに収入の内訳であるが、会員からの会費収入が3割弱、各種活動における参加費収入が6割程度、残りの1割前後が協賛金収入である。なお、会費収入が比較的高い割合となっているが、地権者の集まりである協議会による部分が大きい。また、収支がほぼバランスしていると書いたが、支出金額には事務局スタッフの人件費や事務所費は含まれておらず、さまざまな活動に係る経費や協賛金、通信費・手数料などの管理費のみを合計した金額となっている。

② 広告事業

エリマネ団体にとって財源の確保は重要な課題であることは言うまでもない。リガーレでは自主財源として屋

外広告物事業に取り組んでいるが、これについて少し詳しく説明する。

大丸有地区は旧美観地区に該当することから、一部に除外地域はあるものの、自家用広告物などを除いて広告物の掲出が禁止されている。これに対し、2008年には社会実験として、仲通りの街路灯にバナーフラッグを掲出する取り組みを行った。これは、東京都から特例許可を取得して実施したものであるが、アンケート調査を行ったところ、景観形成に資すること、あるいは収益をまちづくりに還元することに対し、非常に高い評価を得た。

その後、広告掲出のための自主ルールや審査体制などを整備し、条例などの範囲内で景観形成のためのバナーフラッグの掲出を続けていたが、2010年に東京都が屋外広告物モデル事業という仕組みをつくり、千代田区を通じて大丸有地区にも呼びかけがあった。

これは、景観の形成を目的とし、自主的なルールの制定とそれにもとづく自主的な審査を行うことと、収益をまちづくりに還元することとを条件に、屋外広告物の掲出を認める制度である。大丸有地区では本制度への参加を表明し、その後の諸調整をへて、2012年1月よりモデル事業を開始した。

使用する媒体としては、街路灯に掲出するバナーフラッグを中心に、街区案内サイン用のシリンダーや工事中の仮囲いなどへのポスター掲出である。また、バナーフラッグなどを掲出するエリアは、開始当初は仲通りと、それに直行する東西通りと呼ばれる道路沿いであったが、再開発の進展にともなって整備された仲通り機能の延伸部分（民地同士が接する建物の背割り部分に空間を設けることで、仲通りのような歩行空間としたもの）や、大丸有地区の北端に沿って流れる日本橋川沿いに設けられた歩行者専用道にも広がってきている。

2012年1月以降、18件のバナーフラッグを掲出（2014年6月現在）しているが、主として大丸有地区における催事の告知フラッグが多く、企業や商品をアピールする純粋な商用広告は非常に少ない。今後は商用広告の掲出が課題である。

⑥ 活動上の課題

リガーレに限った話ではないが、活動上の課題として

大きなものは財源の確保である。リガーレの収支の項で説明したとおり、ここ数年は活動規模が安定し、特定非営利活動の収支はバランスしているほか、収益事業である屋外広告物事業による収入も得られるようになってきているが、私を含めた事務局スタッフの人件費や事務所費などは法人の経費には含まれておらず、民間企業が負担している状況にある。

今後は道路などの公的空間を活用し、これを財源とすることに取り組んでいきたいと考えているが、まちづくり活動を公共性のある活動ととらえていただき、税制面での支援が行われるようになることにも期待したい。

財源と同様に重要な課題としては人材がある。現在は主としてまちの活性化につながるアクティビティ（イベント、セミナー、ガイドなど）が中心であるが、今後は都市観光やMICE、防災などへの取り組みが期待されており、より専門性を備えた人材の確保が必要となる。ここでいう専門性とは、単にそれぞれの分野に詳しいというだけではなく、エリアマネジメントとしてこれらに取り組む以上、そこにある施設やそこにいる人々をコーディネートすることも求められる。たとえば各施設にはオーナーなり管理会社なりに防災担当者がいて自助を担っているが、担当者の横のつながりをつくって平時から情報交換や防災訓練に取り組むことで、防災能力の平準化や向上が図られるとともに、それぞれの施設に属さない道路や地下通路といった公共空間にあふれる帰宅困難者への対応（共助）にもつながっていく。

都市観光やMICEといった点でいうと、都心部でこれらを促進するには道路や公開空地など公共空間の積極的活用や、美術館や博物館などを利用したユニークベニューの実現が求められるが、そのためには道路管理者や交通管理者との協議・折衝や、各施設との連携・情報共有も必要となってくる。

かように、各分野の専門性を有するだけでなく、施設や人を連携させたり、許認可権者などと折衝して可能性を広げたりする能力をあわせもった人材が必要とされるが、どこにでもいるというわけではない。そのような人材の発掘や育成が課題である。

NPO法人 大丸有エリアマネジメント協会 事務局長
三菱地所㈱ 開発推進部 副長 都市計画室　中村修和

事例2　名古屋駅地区

リニア開業に向けた街づくり　「ターミナルシティ」を目ざして

名古屋駅地区街づくり協議会

　2027年、リニア新幹線が東京～名古屋間で開通し、40分で二つの巨大都市圏を結ぶことになれば、中京圏や名古屋のビジネス、商業、観光に大きなインパクトと変化をもたらす。とりわけビジネスや商業の中心地を目ざす当地区には、ストロー現象によって東京圏へ吸い込まれてしまうという危機感がある。そこで東京圏に負けない名古屋独自の魅力あふれる街「ターミナルシティ」を目ざし、さらに国際都市間競争にも立ち向かうことを念頭に街づくり活動を展開している。

1　地区の概要

　名古屋駅地区は、1886年の旧国鉄駅舎の開業に始まり、1899年に関西線、1900年に中央西線、1941年に名鉄本線、1959年に地下鉄、1964年に新幹線が開通し日本屈指のターミナルとして発展してきた。しかし限られたエリア内開発のため都市機能として多くの課題を抱え、さらに都市間競争の激化とともに新たな街づくりへの機運が高まった。

1 地区の諸元と街づくりエリア

　協議会対象エリアは、図1で示した駅前ロータリーを中心に東西1km、南北1.5km、面積約120haである。就業人口15万人に対して、夜間人口は3千人と少なく、ビジネス、商業中心の街となっている。

　鉄道駅の1日の乗降者数は110万人で、全国で6番目の規模を誇っている。またこの地区には、1957年に始まる全国初の大規模地下街があり、今日の店舗面積は2万m²を超えている。

2 中部地区、名古屋における位置づけ

　この地区は名古屋の玄関口であり、ものづくりや観光の盛んな中部地区の玄関でもある。よって、名古屋市では、この地区と栄を中心に歴史・文化の名古屋城周辺、庶民的な文化の大須など、相互に補完したかたちで街づくりを進めている。リニア開通にともないさらに玄関口

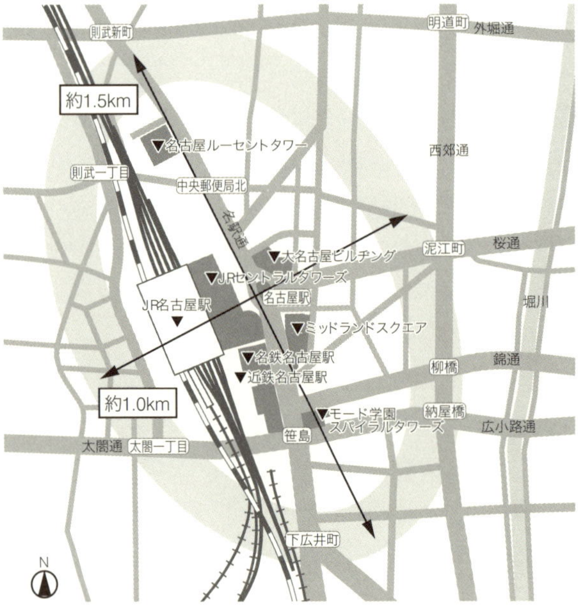

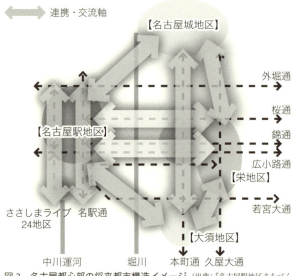

図1　名古屋駅地区と街づくりエリア（出典：『名古屋駅地区まちづくりガイドライン2014』）

図2　名古屋都心部の将来都市構造イメージ（出典：『名古屋駅地区まちづくりガイドライン2014』）

としての機能が拡大していくことになる。

2 組織化の経緯

この地区を代表する組織としては、1982年に商業振興を目的として設立された「名古屋駅地区振興会」があるが、近年になり、いくつかの地権者で商業振興だけではない街づくりの必要性が議論されだした。

1 協議会組織の立ち上げ

2006年より名古屋駅地区振興会内で、街づくり組織の設立が検討されたが2007年3月に断念した。そこで9月より、後に発起人となる数社で新たな組織の検討がなされ、2008年3月、29社の地権者によって名古屋駅地区街づくり協議会が発足した。

2 設立趣意と活動

設立趣意は、ターミナル拠点として歩行者空間や交通、安全、環境など多くの課題を抱えていることを共通認識としたうえで、計画的な街づくりの重要性や国際交流、中部圏における地域間連携を視野に入れつつ、「名古屋駅地区を多くの方が訪れ・働き・学び・住みたい街にするために、魅力向上を共に考え、提言し、活動する」とした。

最初の活動は街を綺麗にすることから始めた。毎月1回の歩道清掃により、軽トラックに満載するほどのゴミが、回を追うごとに減少していった。

3 現在の組織体制

活動の広がりによって街づくりへの理解が深まり、会員数も徐々に増えていった。地権者を中心とする正会員は設立時の29法人から、2014年9月末現在51法人へ。2010年からは賛助会員を設定し、55法人まで拡大し、あわせて106法人となった。

1 組織体制と活動

決議機関として総会、執行機関として幹事会を置いた。また活動の広がりに応じ、専門委員会やWGを組織していった。

最初に設置した事業企画委員会では、地道に汗を流す清掃活動や、街歩き、マップ作成などを行っている。当委員会のサポーターとして位置づけている企画調査サポーターは、会員企業の若手が集まる勉強会だが、街づくりへの企画提言などもお願いしている。次に設置した都市再生委員会では、街の将来像やガイドラインの作成を行っている。そして運営委員会では、組織強化や組織体制について検討している。安心・安全街づくりWGは、2012年に設置し、地震や水害への対応を検討している。また、道路利活用の社会実験を開始するに当たり道路利活用WGを発足させた。2014年からは、公開空地の利活

図3 名古屋駅地区街づくり協議会会員の推移 (出典:『名古屋駅地区街づくり協議会概要2014年9月版』)

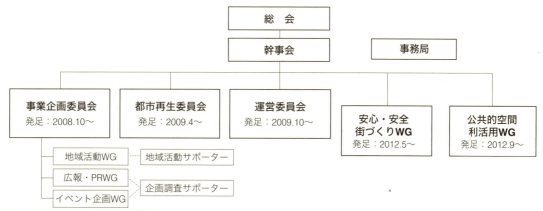

図4 名古屋駅地区街づくり協議会組織図 (出典:『名古屋駅地区街づくり協議会概要2014年9月版』)

用に活動を拡大し、公共的空間利活用WGと改称した。

② 行政・周辺組織との連携

当協議会発足当初から名古屋市住宅都市局の街づくり担当部署にオブザーバーとして参加いただき、市の都市計画に関する情報提供をいただくとともに、街の課題や方向性を共有した。活動の広がりにともない、消防局、緑政土木局、中部地方整備局なども積極的に連携いただけるようになった。さらに、リニア開通に向けた街づくりでは、中部経済連合会や名古屋商工会議所とも意見調整する場を設け、積極的に意見交換を行った。

4 活動方針・内容・活動状況

まずは、身近な街の清掃活動を行いながら一体感の醸成を図りつつ、街づくりの必要性を共有していった。あわせて、街の将来像を共有し、その実現に向けたガイドラインを作成するために、課題整理や他都市の協議会視察を行い、多くの議論を重ねた。

① 街づくりガイドラインと展開

2009年4月に都市再生委員会を設置し、街の課題調査、他都市の視察、ワークショップなどをへて、2025年のあるべき街の姿として将来像をまとめ、それを実現するための六つの戦略をガイドライン2011に定めた。さらに、その後の改訂作業で、ターミナルシティ形成戦略、名駅地区交通戦略、景観形成戦略については、包括的な議論になっていき、ガイドライン2014で空間形成戦略とした（図5）。

当地区は、新幹線、在来線、私鉄、地下鉄、バス、タクシーに加え、将来は、リニア新幹線や次世代自動車などの行き交う多様な交通機関の一大結節点・スーパーターミナルとなる。だが、駅だけをよくしたり、駅周辺施設で完結した立体都市をつくるだけでは魅力ある街にならない。そこで戦略として、街と駅がお互いによい影響を及ぼし合いながら、人々を駅から街に積極的に迎え入れ、魅力と活力のある街とすることをめざすこととした。そのための施策は、駅と街の連続性を強化すること、歩きやすい空間を創出し回遊性を高めること、賑わいの風景を面的に広げ街の魅力を積極的に発信することである。

これらの考え方は、2012年から名古屋市主催で開始された「名古屋駅周辺まちづくり構想懇談会」でも提言し、構想（2014年9月名古屋市策定）に反映された。こうして官民が連携し2027年のリニア新幹線開通までに、魅力あふれる「世界に冠たるスーパーターミナル・ナゴヤ」をめざすことになった。

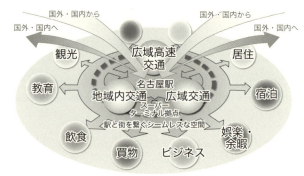

図6 ターミナルシティのイメージ（出典：『名古屋駅地区まちづくりガイドライン2014』）

② 安心安全街づくり活動

戦略の二つ目として「街の安全性向上戦略」を盛り込んだ。2000年東海豪雨の教訓や南海トラフ巨大地震の被害想定を見据え、都市価値の重要なファクターである街の安

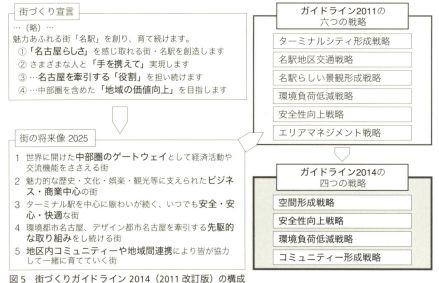

図5 街づくりガイドライン2014（2011改訂版）の構成

工事仮囲い広告事例・おもてなし花だん

全を追及することとした。そしてこの認識は、東日本大震災以降さらに高まった。

そこで、2012年5月「安心・安全街づくりWG」を発足し、名古屋市と防災・減災街づくりに向けた協力・連携協定を結ぶとともに、大震災に対する「名古屋駅周辺地区都市再生安全確保計画」の策定に参画し、2014年2月に1次計画をまとめた。また水害対策では、庄内川河川事務所と連携して行った破堤時における浸水シミュレーションをもとに、さまざまな検討をしてきた。詳細については、5章2節・事例22に記載しているのでご参照いただきたい。

③ 道路および公共的空間の利活用社会実験

2008年ごろより、市が花壇や樹木などの維持費用を大幅に削減したため、駅周辺でも地被類と雑草が繁殖したいへん寂しい状態となった。そこで事業企画委員会が中心となり歩道植栽帯の花植えの検討を開始した。当初は、枯れかけた地被類を抜くことにも規制、制限をかけられていたが、この活動が定着、拡大したことによって、市と協働・協調して進めることができるようになった。

その後、清掃や花植えの財源を検討するため、国や市の協力を得て、道路および公共的空間の利活用社会実験を展開した。

具体的には、バナー広告、工事用仮囲い広告、協賛企業名看板を設置したおもてなし花だんを実施し、規制緩和や継続的な広告掲出を行っている。

5 活動財源
① 会費

当協議会は基本的に年会費（正会員10万円、賛助会員5万円）のみで運営しているため、年間予算は800万円弱であり、協議会の主要な活動はこの予算の範囲で行っている。しかし行政と協働して行う活動については、行政側の費用拠出や事業受託などもある。

② 新たな財源の検討

2011年には新たな財源としての日本版BIDなどの可能性について勉強を開始したが、名古屋ではなかなか理解が進まないこともあり、道路および公共的空間利活用社会実験を通して収益事業の検討に注力した。バナー広告、仮囲い広告、公共的空間の利活用など、本格運用への実験を続けている。

6 活動の課題
① これからの組織体制

当協議会の事業拡大を受け、2012年より運営委員会にて収益事業を踏まえた組織、体制の検討を開始した。

全国の街づくり組織を訪問し、設立時の組織から現状の体制までの変遷や組織運営上の課題、収益構造などについてヒアリング、意見交換を行った。組織形態としては、任意団体、NPO法人、一般社団法人、株式会社など、同じような目的でありながらさまざまな形態が存在した。今後事業を拡大していくなかでは、一般社団法人化が望ましいとの見解も示されたが、収益の柱となる事業が現時点ではないことから、名古屋駅周辺まちづくり構想の具体化とあわせて継続的に検討することとしている。

② 行政との連携

当協議会の活動が、名古屋市の評価をいただけるようになってきたことで、今後ますます名古屋駅地区の関連行政施策に協力、対応していくことになる。たんに行政へ要望を行うのではなく、民間がやるべきことを確実に展開しながら行政には行政のやるべきことをお願いしていく。

名古屋駅周辺まちづくり構想やなごや交通街づくりプラン（2014年9月名古屋市策定）は、当協議会が行政と連携しながら推進すべき重要テーマと認識している。

名古屋駅地区街づくり協議会 前事務局長　鈴村晴美
事務局長　藤井　修

参考文献：
1) 『名古屋駅地区街づくりガイドライン2014』
2) 『名古屋駅地区街づくり協議会　概要　2014年9月版』

事例3　大阪駅周辺

並列の協調関係によるエリアマネジメント活動

梅田地区エリアマネジメント実践連絡会

梅田地区エリアマネジメント実践連絡会（以下、実践連絡会）は、西日本最大のターミナルである大阪・梅田地区において、エリアマネジメント活動に取り組んでいる。本稿では、実践連絡会の概要や活動内容について紹介する。

1 梅田地区の概要

梅田地区は図1に示すとおり、JR大阪駅を中心として主に五つのエリアで構成されている。2011年5月にはJR大阪駅に大阪ステーションシティが誕生し、その東側、阪急梅田・茶屋町エリアにおいては、2012年11月に阪急百貨店うめだ本店がグランドオープンした。JR大阪駅の南側、西梅田エリア・大阪駅南エリアは、ザ・リッツ・カールトン大阪が入居するハービスOSAKAをはじめ、大阪駅前ビルや地下のディアモール大阪など、阪神電気鉄道㈱が主導してまちづくりに関わってきた地区である。JR大阪駅北側のうめきたエリアは約24 haあり、そのうち2013年4月にまちびらきをしたグランフロント大阪が約7 ha、その西側には約17 haのうめきた2期開発用地が広がる。これら、我々が活動範囲とする梅田地区の五つのエリアは、全体で約100 haに及ぶ。

2 実践連絡会の成り立ちと組織構成

1 成り立ち

各エリアにおける大型プロジェクトがまだ開発途中であった2009年当時、個々の施設がにぎわうだけではなく、梅田地区全体としての競争力、集客力、地域力を高め、持続的な発展をめざすため、実践連絡会を設立することとし、西日本旅客鉄道㈱、阪急電鉄㈱、阪神電気鉄道㈱、一般社団法人グランフロント大阪TMOの4社で2009年11月に設立趣意書を締結した。

2 組織構成

実践連絡会では、図1のエリアをおおよその活動範囲としているが、明確な線引きはしていない。組織としては、図2に示すとおり、年に1回の総会があり、それ以外に定期的に幹事会を行っている。実践連絡会各社は並列の協調関係にあり、事務局は4社の内1社が毎年持ち回りで担当し、事務局以外の会社も各ワーキングの主担当を担っている。各社とも専従者がいるわけではなく、兼務で活動を行っているのが実践連絡会の現状である。

事務局会議は事務局が担当し、実践連絡会の中長期的取り組み方針などを議論している。スノーマンワーキング・ゆかた祭ワーキングは後述するエリアイベント「梅田スノーマンフェスティバル」「梅田ゆかた祭」の実施に取り組み、WEBサイトワーキングでは、WEBサイトを通して梅田地区に関わる情報の発信を行っている。

また、2014年度から新設した大阪・梅田ビジョンワーキングでは、2011年に実践連絡会4社で共通認識をもって活動を進めていくために作成した「コンセプトブッ

図1　梅田地区のエリア構成

ク」注1の更新検討や各種調査などを行っている。

3 実践連絡会の活動実績
1 コンセプトブックに沿った活動の推進
2の2で述べたコンセプトブックでは、梅田の現状と課題および今後の方向性について整理している。たとえば、梅田は鉄道ネットワークが集積しており利便性の高いターミナル機能を備えているという強みがある一方、地上の回遊性が弱く地下街も複雑で、慣れていない方にとってはどこに何があるのかわかりにくいという弱みもある。そのようななか、「駅から広がるまちづくり」「歩いて楽しいまちづくり」「新しい時代のまちづくり」という三つのコンセプトを掲げ、八つの戦略と28の具体活動案を4社で共有しながら、短期、中期、長期それぞれの目標を達成すべく具体的に活動を進めている。

2 まちインフォメーション連携
実践連絡会では、梅田地区の「まちが複雑」という弱みの改善に向けた取り組みを行っている。これまでは各社それぞれのデザインで作成していたマップを実践連絡会で共通化し、「大阪・梅田駅周辺マップ」を作成した。この共通マップは地上と地下の両方の案内図を掲載するとともに、梅田の各インフォメーションなどに配架しているため、"まち歩き"を楽しむ来街者にとって便利なツールとなっている。

コンセプトブックで紹介している「まちインフォメーション連携」は、実践連絡会の設立以前からの活動であるが、同活動は、梅田にある23施設（2014年5月現在）のインフォメーション担当者が、施設の垣根を越えて集まり、来街者に対してより効果的なまち案内を目ざし、情報・意見交換をおこなっているものである。前述の共通マップは約半年に一回、情報の更新を行っているが、更新の際にはインフォメーション担当者の意見も取り入れ、より案内しやすいツールとなるよう改善を図っている。

3 梅田ゆかた祭の開催
実践連絡会では、梅田地区全体を対象に、夏には「梅田ゆかた祭」、冬には「梅田スノーマンフェスティバル」というエリアイベントを開催している。

梅田ゆかた祭は、梅田の夏の風物詩となることを目ざして2012年度に初開催し、2014年度で3回目の開催となる。本イベントは日本文化の発信の意味も込め、梅田のまちをゆかたで埋めつくそうという趣旨でスタートし、ゆかたをテーマとしたさまざまなコンテンツを実施している。特設4会場でゆかたを着た演奏者による音楽ライブのほか、夏らしい縁日やワークショップも出展。ゆかたで来店するとお得なサービスを受けられる「ゆかた de おとく」には梅田地区内の施設や店舗が参加した。ゆかたの着付けに不慣れな方々に対しては、着付け・着くずれ直しスポットを複数カ所設けることで、安心して梅田の"まち歩き"をしてもらえるよう環境づくりを行っている。

2013年度からは新しいコンテンツとして、JR大阪駅に直近のグランフロント大阪うめきた広場において、大きなやぐらを建て「ゆかた de 盆踊り」を実施している。都心で盆踊りという新しい試みがたいへん好評で、2014年度には北区地域女性団体協議会の皆さんにも協力いただき、多数の外国人も含め約5500人の参加があった。

図2　実践連絡会組織図

さらに、本イベントは環境・エコもテーマとしており、特設4会場で同時開催する「梅田打ち水大作戦」には、約2100人の参加があった（2014年度実績）。

④ 梅田スノーマンフェスティバルの開催

梅田スノーマンフェスティバルは2010年冬からスタートし、2013年度で4回目となる。実践連絡会4社が中心となり、その他に大阪ターミナルビル、大阪地下街、阪急阪神百貨店、大阪市も主催に入り、より規模を拡大して実行委員会形式でイベントを開催している。本イベントではスノーマンをテーマとしたさまざまなコンテンツを実施しており、スノーマンのクリスマス装飾で街を彩る「街中がスノーマン！」には57の施設が参加し、まちの回遊を促す「スノーマンラリー（スタンプラリー）」にも48の施設が参加している（2013年度実績）。また、スノーマンラリーには百貨店の商品券をはじめ多数の豪華な賞品が並んでいるが、これも梅田の各施設・企業に協賛いただいているものである。街中で音楽ライブやワークショップを行う「スノーマンパーク～ミュージック＆ワークショップ～」はオープンスペースを中心とした全12会場で展開し、NPO法人や個人パフォーマー、企業団体や学校など、多数の大阪の団体に出演・出展いただいた。また、2013年には新しく大阪市北消防署の連携イベントで防災ワークショップも実施しており、今後重要なテーマとなる防災まちづくりに向けた新たな一歩を踏み出すことができた。

なお、協力・協賛をいただく施設や団体については、実行委員会メンバーが個別に協力依頼をして回っているなど、地道な活動をへてイベントを開催している。

4 今後の展開

これまでの活動実績から、さまざまな課題も見えてきている。現在は全国のエリアマネジメント団体との連携・交流も進んでおり、NPO法人大丸有エリアマネジメント協会が主催する「まちづくりサロン」での意見交換や、大阪・梅田で開催された「まちづくりフォーラム2014」などをへて、公共空間でのにぎわい創出に向けた規制緩和の獲得や、エリアマネジメント活動の財源確保、活動の評価方法の構築などは、全国のエリアマネジメント団体共通の重要課題として認識している。

梅田地区においては、大阪市による全国初のエリアマネジメント条例「大阪市エリアマネジメント活動促進条例」が制定され、一般社団法人グランフロント大阪TMOでは本条例の適用条件の一つである都市再生整備推進法人の認可を受け、本条例適用に向けた検討を進めている。また、うめきた2期区域開発における民間提案募集など、まちづくりに関する具体的かつ新たな動きが今後展開されていく。そのなかで、梅田地区全体のエリアマネジメントを担う実践連絡会としても各エリアにおけるエリアマネジメント活動と歩調をあわせ、行政とも協力しながら、梅田地区におけるさまざまな活動連鎖を引き起こすよう、今後より一層検討していかなければならない。

梅田地区エリアマネジメント実践連絡会
阪急電鉄㈱ 不動産事業本部 不動産開発部 課長補佐　大谷文人

注：
1)「コンセプトブック」（実践連絡会 WEB サイト：梅田コネクト http://umeda-connect.jp/ 内で掲載）

ゆかた de 盆踊り実施風景（うめきた広場）

スノーマンパーク実施風景（茶屋町エリア内道路上での早稲田摂陵高校によるマーチング）

事例4　グランフロント大阪

新しい「公共」への挑戦

一般社団法人 グランフロント大阪 TMO

1 グランフロント大阪の概要

2013年4月26日、JR大阪駅北側に直結する「うめきた」約24 haのうち先行開発プロジェクトとして、約7 haの敷地に「グランフロント大阪」が開業した。

本プロジェクトは、大阪・関西の都市再生を牽引すべく、産官学の総力を結集した「まちづくり」として進められてきた。知的創造拠点「ナレッジキャピタル」を核として国際水準の業務・商業・宿泊・居住などの都市機能を複合的に導入することで、「多様な人々や感動との出会いが、新しいアイディアを育むまち」の創出を目指した。

2 エリアマネジメント組織の設立
1 上位計画における位置づけ

当地区の上位計画である「大阪駅北地区まちづくり基本計画」（2004年7月、大阪市）では、まちの魅力向上と効率的な運営・管理のためにエリアマネジメント組織を設置することが定められた。開発事業者募集において、エリアマネジメントへの取り組みが条件化され、評価項目とされた。

上記の経緯を踏まえ、選定された開発事業者12社では、計画の初期段階からエリアマネジメントに関するワーキンググループを設置し、開業後のエリアマネジメントを見据えた設計、事業計画、組織体制の構築に取り組んだ。

2 エリアマネジメント組織「グランフロント大阪TMO」

開業約1年前となる2012年5月、当地区のエリアマネジメント組織「一般社団法人グランフロント大阪TMO（以下、TMO）」が開発事業者12社により設立された。

TMOは、公民連携ならびに地域連携による一体的なまちの運営を担う「まちづくり推進部」、まち全体の公開スペースを活用し、一体的なまちプロモーション活動を展開する「プロモーション部」の2部門で構成されている（図1）。

3 TMOの活動内容～「新しい公共」への挑戦～
1 公民連携による都市空間マネジメント

当地区では、民間敷地内の公共的空間と、いわゆる公共施設としての駅前広場や歩道空間との間で、デザインや仕様を統一した高質な都市空間整備を実現した。運営段階においては、行政との維持管理協定などの締結により、歩道空間の日常管理、駅前広場および歩道空間の利活用をTMOが一元的に担うことを可能とし、敷地の所

工事着手時の航空写真

グランフロント大阪全景（敷地西側より撮影）

有区分に制約されない一体的な都市空間マネジメントを実現した。

また、まちの自主ルール「グランフロント大阪・街並み景観ガイドライン」（詳細は4章2節・事例16）を公民それぞれのメンバーにより構成された委員会（座長：小林重敬 東京都市大学教授）で策定し、屋外広告物などのTMOによる自主審査の枠組みを構築した。これにより、統一感のあるデザインとにぎわいのある街並みを形成するとともに、広告収入をTMOの活動財源に充当する持続的なエリアマネジメントの仕組みを実現した。

このような公民連携の仕組みにより、TMOによるまち全体を活用したイベント・プロモーションの実施、屋外広告物の掲出、特例道路占用許可制度を活用したオープンカフェなどの取り組みが可能となり、まちのにぎわい創出や良好な景観形成を実現している。

② まちを舞台にしたコミュニティ形成

TMOでは、このまちを舞台にした新しいコミュニティ形成に向けた取り組みとして、ICTを活用した「コンパスサービス」、まちのサークル活動「ソシオ制度」という二つの事業を展開している。

「コンパスサービス」は、まち全体に設置した36基のタッチパネル式サイネージ「コンパスタッチ」とスマートフォン専用アプリ「コンパスアプリ」の連動により、個人属性や来街履歴などにもとづいたまちからの情報提供、来街者相互のコミュニケーションを媒介する、革新的な情報プラットフォームである。

「ソシオ制度」は、このまちを舞台にした地域サークル活動をTMOが様々なかたちで支援する取り組みである。自己実現・地域貢献・社会貢献の"三方よし"をテーマ

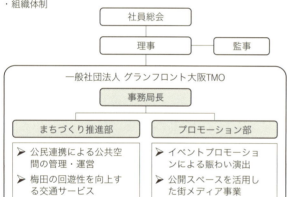

図1　TMO組織体制図

オープンカフェの様子

タッチ式デジタルサイネージ「コンパスタッチ」

ソシオによる開業1周年記念イベントの様子

にした活動を「ソシオ」に認定し、TMO による企画支援、イベントスペースの利用優遇などを行う。すでに 15 の「ソシオ」が設立され（2014 年 7 月末時点）、自律的・継続的に活動を行っている。

これらの取り組みは、グランフロント大阪の開発理念である「参加型のまちづくり」の実践であるとともに、まちを舞台にした新しい「交流」「つながり」の創出に向けた実験的な取り組みでもある。

③ 周辺に広がり・つながるエリアマネジメント

TMO では、地区内の一体的なエリアマネジメントとともに、2 章・事例 3 で取り上げている「梅田地区エリアマンジメント実践連絡会」への参画など、当地区が立地する梅田エリア全体の活性化に資する広域的なエリアマネジメントにも積極的に取り組んでいる。

その具体的な取り組みの一つが、梅田地区の新たな交通サービス「UMEGLE（うめぐる）」である。"うめだ、ぐるっと、めぐる＝うめぐる"をコンセプトとして、エリア巡回バスの運行、レンタサイクルの営業、既存周辺駐車場との連携による自動車流入抑制に取り組んでいる。このような交通サービスは、通常は行政や交通事業者が実施する公共性の高い事業であるが、TMO による広域的なエリアマネジメントの取り組みとして実施している。

④「新しい公共」への挑戦

TMO の取り組むエリアマネジメントでは、新たな仕組みや規制緩和の導入により、「新しい公共」の実現に向けた民間主体による先進的、実験的な取り組みを実現している。

今後はさらなる「新しい公共」の実現に向け、2014 年 4 月に施行された「大阪市エリアマネジメント活動促進条例」の適用を目指して担当行政と協議を行っている。

本条例は「エリアマネジメント活動に関する計画の認定、当該計画の実施に要する費用の交付等に関する計画の認定、当該計画の実施に要する費用の交付等に関する事項を定めることにより、市民等の発意と創意工夫を活かした質の高い公共的空間の創出及び維持発展を促進し、もって都市の魅力向上に資することを目的」（大阪市エリアマネジメント活動促進条例第 1 条抜粋）としている。

TMO は本条例の適用団体となるための条件の一つである都市再生整備推進法人の認可を 2014 年 7 月 29 日付けで受けており、今後は地区運営計画の認定などに向けた諸手続きを進めていくこととなる。

この条例を活用することにより、公共空間の利活用や広告掲出に関する規制緩和などをより一層拡充し、「新しい公共」の実現に向けたフロントランナーとして、さらなる挑戦を続けていきたい。

一般社団法人 グランフロント大阪 TMO 事務局長　廣野 研一
まちづくり推進部係長　木村 美樹雄

梅田地区のエリア巡回バス「うめぐるバス」

レンタサイクル「うめぐるチャリ」

事例 5　横浜駅周辺

既存組織が主役のエリアマネジメントを目ざして

エキサイトよこはまエリアマネジメント協議会

　横浜の中心に位置する横浜都心は、開港の地であり、古くからの都心であった関内、多くの鉄道が乗り入れるターミナルとしてその後急速に発展してきた横浜駅周辺と、この二つの都心をつなぎ、港の特性を活かしながら新たな都心空間として形成されたみなとみらい21の整備進展により、この三つのエリアの一体化が進み、商業、業務、文化機能が集積する首都圏有数のエリアとして新たなまちづくりの段階を迎えている。2012年1月に特定都市再生緊急整備地域「横浜都心・臨海地域」に指定されたほか、2014年5月には横浜駅周辺地区を含む東京圏が国家戦略特区にも指定され、横浜駅周辺地区のさらなる発展に向けてまちづくりの機運が高まっている。

　このような状況のなか当地区のエリアマネジメントについては、地元組織を中心に、地域や民間が主導する活動が活発化してきている。

1 地区の概要
① 横浜駅周辺地区について

　横浜都心に位置し、6社9路線の鉄道が乗り入れ、1日に延べ約200万人の乗降客数がある首都圏有数のターミナルである横浜駅周辺は、横浜都心の核であるとともに、首都圏のなかでも東海道軸における重要な拠点である。しかし、まちとして自然災害に対する脆弱性を抱えていることや、都市活動に必要となる道路などの基盤が不足していることなどから、その機能を充分に発揮できていないとともに、災害時には首都圏全体へ大きな影響を与える可能性を抱えている。

② エキサイトよこはま22（横浜駅周辺大改造計画）について

　本計画は、国際化への対応・環境問題・駅としての魅力向上・災害時の安全性確保などの課題を解消し、「国際都市の玄関口としてふさわしいまちづくり」を進めるための指針となる計画で、おおむね20年後のあるべき姿を探りながら2009年12月に策定された。

　「まちの将来像」とその実現に向けた戦略およびまちづくりの進め方などのまちづくりの考え方を示した「まちづくりビジョン」、基盤施設の整備を進めていくための基本方針である「基盤整備の方針」、民間と行政が連携協働して地区の魅力向上を図るための再開発などを行う際のルールである「まちづくりガイドライン」の三つで構成されている。

2 エキサイトよこはまエリアマネジメント協議会
① 組織化の経緯

　「エキサイトよこはま22」では、まちづくり戦略の一つとして「協働共創戦略」が位置づけられている。「協働共創戦略」は、まちづくり推進組織の設立、まちづくりに関する議論の場の形成および地元が主体になったエリアマネジメントの推進を図るものであり、これらを推進する組織として、2007年9月に「エリアマネジメント分科会」が設立された。その後、2009年度に開催された「分科会」において、まちづくり活動の早期実施とまちづくり関係者の組織化を目ざすことが確認されたことから、

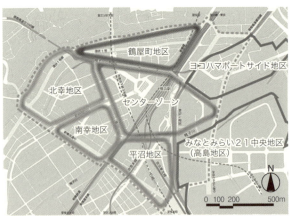

図1　エキサイトよこはま22（横浜駅周辺大改造計画）対象エリア

2010年9月、「まちづくり活動組織準備会」が設立された。「準備会」では、まちづくり活動組織として取り組む意義のある活動と、これらを支える組織体制について議論が進められ、2011年度には、新たに設立されたワーキンググループのもとで活動が行われた。

このように、現場での第一歩を踏み出したことを契機とし、今後も「協働共創戦略」の実現に向けて、組織を継続・発展させていくことを目的として、運営指針を定め、2012年9月に「準備会」の名称を『エキサイトよこはまエリアマネジメント協議会』（以下、「はまマネ協議会」という）へと改称した。

② 中心となる組織

● 横浜駅西口振興協議会

この協議会は、横浜駅西口周辺地区の事業の発展振興を図るとともに、関係者、関係団体による協力態勢を確立し、横浜市の経済ならびに観光の進展に寄与することを目的とし、1963年に設立された。当初の会員は8団体で、横浜駅西口の発展のため各種事業を創設達成し、横浜駅西口の発展に大きく寄与した。

結成から30年をへた1992年、周辺に進出した事業者・商業者の参画により、さらなる発展を目ざし、新たな横浜駅西口振興協議会として活動を実施しており、2014年現在22団体が加盟している。

● 横浜駅東口振興協議会

横浜駅東口地域の事業者が一体となり必要な共同活動を行うことにより地域の発展振興を図ることを目的とし、1988年に設立された。2014年現在18団体が加盟し、各種活動に取り組んでいる。

● 鉄道事業者

横浜駅に乗り入れている鉄道事業者のうち、4社（東日本旅客鉄道㈱、東京急行電鉄㈱、京浜急行電鉄㈱、相鉄ホールディングス㈱）が参画している。

● 行政

横浜市都市整備局都心再生課、西区・神奈川区区政推進課が参画している。

3 はまマネ協議会の現在の組織体制

① エキサイトよこはま22における位置づけ

エキサイトよこはま22懇談会を筆頭に、下部組織としてまちづくり戦略調整会議、基盤整備検討会、ガイド

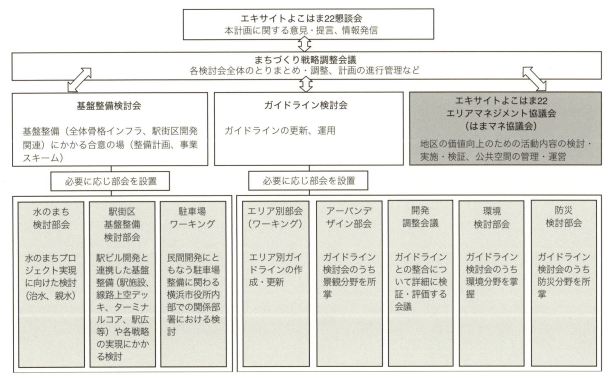

図2 エキサイトよこはま22検討体制と検討内容（2014年8月現在）

ライン検討会、「はまマネ協議会」が設置されており、さらに各種部会を設置している（図2）。

② 「はまマネ協議会」の組織体制

● 調整会議

横浜駅周辺地区のまちづくりに関わる情報共有や意見交換を行うとともに、「はまマネ協議会」の活動のあり方や方向性・テーマなどを議論し、決定する。

● 実務者会議

実務者会議では、調整会議の前に議題の事前調整などを行う。また、まちづくり活動の企画に際して、ワーキンググループの枠組みを超える事項について検討する。

● ワーキンググループ

ワーキンググループでは、調整会議、実務者会議で定められたテーマなどにもとづき、具体的なまちづくり活動を企画し、実施する。

4 「はまマネ協議会」の主な役割

主に以下の役割を果たしている。

- 横浜駅周辺地区における、まちの価値向上、都市間競争への対応、災害安全性の実現、国際交流都市の実現および国際競争力の強化などに向けた活動の検討
- 民間と行政が連携して取り組むまちづくり活動の企画、実施と検証、および社会実験などの実施
- 「はまマネ協議会」の経済的な自立と持続可能な活動を支える財源確保に向けた検討、およびそれに向けた取り組みの実施
- 横浜駅周辺の基盤整備、ガイドラインに関する事項について、まちづくり活動の視点から、エキサイトよこはま22の各検討組織へ提案・調整
- そのほか「はまマネ協議会」が必要と認める事項の検討

5 活動状況

① 「はまマネ協議会」

主に①安全・治安、②街の情報発信、③街の魅力創出、④街のルールづくり、⑤実態分析、ニーズ把握の五つを活動テーマに掲げ、それらにもとづく活動を行っている。2013年度は地元組織、町内会・商店会、行政が連携した広域的な防災・防犯パトロールのほか、普通救命講習の開催、水難救助訓練などを実施している。

また、はまマネ協議会の後援などの名義を使用することで、横浜駅きた・みなみ通路の列柱に各種活動の広告ポスターの掲出や、公開空地での一部収益をともなう活動が可能になるなど、名義貸しにより、既存組織、民間企業のまちづくり活動の活性化に寄与している。

② 既存組織の活動

● 横浜駅西口振興協議会

協議会内に総務委員会、宣伝観光委員会、街づくり管理委員会、公衆衛生委員会の四つの専門委員会を設け、各種事業を実施している。主な活動としてイベントなど

図3　「はまマネ協議会」組織体制

TICAD V（第5回アフリカ開発会議）安全・安心パトロール

水難救助訓練・活動風景

による西口への集客策の実施、防犯パトロールの実施、イルミネーション装飾などを行っている。

● 横浜駅西口周辺地区整備協議会

1981年に設立され、横浜駅南口・西口広場および関連道路の路面清掃や横浜駅西口駅前広場（JR鉄道用地部分）の路面の維持管理・補修、整備協議会で設置した植栽枡の保守管理などを恒常的に実施しており、現在38団体が加盟している。

● 横浜駅東口振興協議会

理事会を開催し事業計画の決定等を行うとともに、懇談会を開催し、関係機関や団体との意見交換会を実施している。また、総務委員会、営業委員会、管理委員会を設置し、各種事業を実施している。主な活動として、共同イベントの実施、地域PR活動、地域清掃活動、地域行政活動への参加などを行っている。

● 横浜駅東口はまテラス有効活用委員会

横浜駅東口の民間企業4社で構成される委員会で、公開空地を活用した各種活動を実施している。主な活動としては、地産地消をテーマにした横浜・地恵地楽マルシェや、フリーマーケット、音楽イベントの実施などがあげられ、にぎわいの創出に関する活動を実施・検討している。2014年度には、社会実験を通じて、公開空地を活用する際の規約や、収益などを地域に還元していく方策を検討していく予定である。

● 横浜西口元気プロジェクト実行委員会

2014年6月に地元企業、商店会、自治会、行政が連携して立ち上げ、公共空間などを活用し、来街者促進、街のにぎわいの創出、発展、活性化を目的とした活動の検討が進んでいる。

6 活動上の課題

1 組織体制

現在の「はまマネ協議会」は任意団体であり、また、協議会の代表者が不在で、責任の所在などが不明確であるという問題がある。また、行政の声掛けにより立ち上げた組織であるという経緯があり、他都市のエリアマネジメント組織と比較すると、行政主導の色が濃いエリアマネジメント組織であると言える。しかし、横浜駅周辺には、まちづくり活動を行っている既存組織が多数存在

しており、昨今では、今まで以上に既存組織や民間企業の連携が強くなり、活動も活発化してきたことから、「はまマネ協議会」においては、既存組織や民間企業が主役である民間主導型のエリアマネジメント組織としてのあり方を検討している。

2 活動財源

「はまマネ協議会」は、現在会費や事業などによる収入はなく、活動財源がないため、既存組織と連携した活動などを中心に、活動資金を必要としない範囲で活動を実施している。

3 公共空間の不足

横浜駅周辺は既成市街地であり、駅前広場や公開空地などの公共空間が非常に少なく、活動を実施するためのスペースが不足していることが特徴であると言える。

7 今後の展望

組織体制については、今後、個別民間企業の参画や、NPO法人との連携などを通して、組織体制や、活動内容、既存組織の活動への支援方法などを模索しながら、横浜駅周辺地区のエリアマネジメント組織としてのプラットフォーム機能を拡充すべく、組織のあり方について検討を進めていく。

活動財源については、今後、組織や活動の充実化を図っていくために、活動資金の確保策の検討を進めていく段階である。

公共空間の不足については、道路空間の使用における規制緩和などの検討を進めていくことが必要になり、また、将来的にエリアマネジメント活動を実施していくことを勘案して、再開発にあわせて公共空間を確保していく必要があると言える。

横浜駅周辺の開発とあわせ、既存組織が主役のエリアマネジメントを目ざして、ハード・ソフト両面から横浜駅周辺を活性化していくことが急務である。

エキサイトよこはまエリアマネジメント協議会　事務局

参考文献：
横浜駅周辺大改造計画づくり委員会『エキサイトよこはま22』2009年

事例6　博多駅周辺

駅からまちへ、まちから駅へ、歩いて楽しいまちを目ざして

博多まちづくり推進協議会

　博多駅周辺地区は、九州最大の交通結節点である博多駅を中心に、九州の玄関口として発展してきた。博多まちづくり推進協議会は、博多駅のもつ高い集客力を活かした「駅を拠点とした、歩いて楽しいまちづくり」を展開している。

1 博多駅周辺地区の概要

　博多駅は、1889年に現在の博多駅より北西約650mに位置する出来町公園付近に、九州ではじめての鉄道駅として開業。その後、福岡市が九州の経済、文化の中心として急激に発展していくなか、狭い駅前広場の混雑、鉄道線路と道路の平面交差による踏切での交通障害の発生など、経済活動への支障がみられるようになった。
　このため、駅の移転と拡張に必要な鉄道用地を確保し、福岡市の中心にふさわしい市街地を形成することを目的として、1957年から1978年にかけて博多駅地区土地区画整理事業が行われ、1963年に博多駅が現在の場所に移転した。また、1975年には山陽新幹線が博多まで延伸され、博多駅周辺はビルやホテルが林立する、九州・西日本におけるビジネスの拠点へと成長した。
　さらに2011年には、九州新幹線全線と新博多駅ビルが開業し、博多駅周辺地区は高い集客力とにぎわいをもつまちへと発展を遂げた。今後も博多駅周辺地区では博多駅中央街南西街区開発（2016年予定）や地下鉄七隈線の博多までの延伸（2022年度予定）が予定されており、「交通結節点」「まちのにぎわい拠点」としてますます期待が高まっている。

2 組織化の経緯

　博多駅周辺地区では、地元の企業や福岡市などにより発足した「博多駅地区まちづくり研究会」（2003年）や「新・福岡都心構想」（2006年）により、福岡市都心部および博多駅周辺の継続的な発展のためのエリアマネジメントの必要性が提言された。これを受けて2007年に九州旅客鉄道㈱（以下「JR九州」という）をはじめとする博多駅周辺の企業や団体からなる「博多駅地区まちづくり推進組織準備会」が発足。その翌年（2008年）には、「博多駅地区まちづくり推進組織準備会」が博多駅周辺地区で活動していた「はかた駅周辺および駅前通

図1　博多まちづくり推進協議会活動エリア図（博多駅を中心に東西約1.5 km、南北約1.0 kmの範囲）

り発展協議会」と統合し、現在の「博多まちづくり推進協議会」が設立された。

3 現在の組織体制
1 組織形態
博多まちづくり推進協議会は、2008年の発足当時から現在まで、一般社団法人などの法人ではなく、任意団体として活動している。これは、福岡市から支援を受けているエリアマネジメント負担金が法人に対しては認められていないことも一因である。

2 会員構成
会員は、「正会員」「一般会員」「特別会員」「賛助会員（個人）」から構成される。「正会員」「一般会員」は、年会費や事業協賛金を負担しながら、部会などの活動に参加している。「特別会員」は、公的、専門的立場から、活動を推進するものであり、行政や大学、学識経験者などから協議会の会長が指名している。なお、「賛助会員」は、当協議会の活動を支援する個人の会員である。

3 会員数
2008年に109会員からスタートし、2014年12月現在では156会員まで増加している。

4 各組織の役割
● 総会
総会は、正会員から構成され、協議会の重要な事項について審議される。年1回、4月に通常総会を開催し、当年度の事業計画などを決定している。

● 理事会
理事会は、会長、理事から構成され、会員の入会、総会で議決した事業の執行、部会の設置などについて審議される。通常年4回開催され、各部会などの事業の執行状況および課題などについて審議を行っている。

● 部会長会議
月に1回、事務局長、部会長およびプロジェクトリーダーが出席し、事業の進捗と情報共有を図っている。部会やプロジェクト間の連携を図り、効果的に事業を実施する意味でも重要な会議である。

● 事務局
事務局は、協議会の事務および会計などの処理を行っており、協議会運営の中核を担っている。協議会発足以降は、JR九州の博多まちづくり推進室に置かれている。

● 部会およびプロジェクト
2014年4月より「開発部会」「交通部会」「事業部会」の3部会、「はかた駅前通りPJ」「はかた学びPJ」「どんたくPJ」の3プロジェクトで構成されている（図2参照）。部会、プロジェクトのいずれも、事業計画に沿って具体的な事業の準備、実施、結果の分析を行っている。なお、プロジェクトは部会に準ずる組織であるが、部会の事業と比較して限定的または時限的なものである。

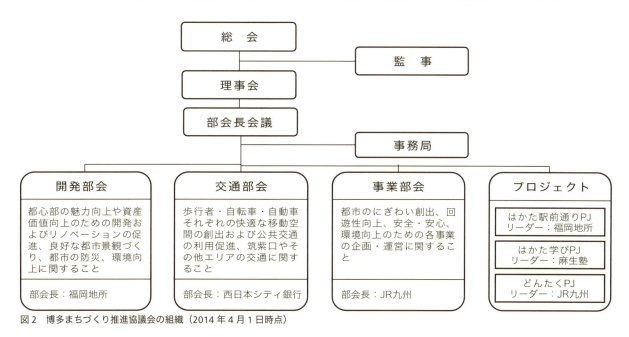

図2　博多まちづくり推進協議会の組織（2014年4月1日時点）

4 活動方針・内容

1 活動方針

博多まちづくり推進協議会では、協議会の関係者だけでなく、博多のまちに関わるさまざまな関係者で共有すべき「まちの将来像」と、その実現に向けて進めるべき取り組みの「方針と方策」をまとめた『博多まちづくりガイドライン』を策定（2009年）し、博多のまちのエリアマネジメントを総合的かつ一体的に進めてきた。

また、そのガイドラインも、九州新幹線全線と新博多駅ビルの開業という大きなまちの変化を受け、改訂を行い、2014年に『博多まちづくりガイドライン2014』を策定した。改訂にあたっては、地下鉄七隈線の博多までの延伸（2022年度予定）や博多駅中央街南西街区の開発（2016年予定）など、今後予定されているまちの変化、これまでの協議会の活動実績、福岡市の各種計画との整合性などを踏まえた。

「博多まち歩きマップ」表紙

2 主な活動内容

● 社会実験

「駅からまちへ、まちから駅へ、歩いて楽しいまち」を目ざすため、2008年に「博多駅地区と天神地区を結ぶにぎわい・回遊軸」の形成と「安心・快適に通行できる歩行者空間の確保」の二つを目的に、社会実験「はかたんウォーク」を実施した。主な内容は「オープンカフェ」「歩行者と自転車の分離」「レンタサイクル」「灯明イベント」など13メニューであり、博多駅周辺のまちづくりの方向性を探った。

● はかたんウォーク

2009年以降は、社会実験で培ったノウハウを活かして「オープンカフェ」や「灯明イベント」などの事業を継続して展開。また、「はかたんウォーク」は、誰もが参加できる「まち歩き」を核としたイベントとして実施。とくに同事業において作成する「博多まち歩きマップ」は、博多の魅力を再発見していただくツールとして春・秋の年2回、合計20万部以上を発行し、好評を得ている。

● 冬のファンタジー・はかた

冬のまちのにぎわい創出と回遊性を高める取り組みとして、毎年11月中旬から翌年1月中旬までの期間、JR博多シティおよびキャナルシティ博多とも連携し、「はかた駅前通り」をはじめ、「大博通り」「住吉通り」などの通りの街路樹などを100万球を超えるイルミネーションで彩る「冬のファンタジー・はかた」を実施している。また、We Love天神協議会と連携し、共同リーフレット「福岡　光のコンチェルト」を発行。九州全域、中国・関西地区などからの広域集客と天神・博多という福岡市の2大拠点の回遊を促す取り組みを推進している。

冬のファンタジー・はかた'14

はかた駅前"どんたく"ストリート

● はかた駅前"どんたく"ストリート

九州新幹線全線開業以降、新たなまちのにぎわいを創出するために毎年5月3日、4日の両日に「博多どんたく港まつり」の主要行事の一つとして「はかた駅前"どんたく"ストリート」を開催している。「はかた駅前通り」を150mにわたり「路上ステージ」として活用し、国内外の都市を招いた特別参加どんたく隊や、マーチングやダンスを披露するどんたく隊など、計30団体以上、約2千人が参加。沿道も多くの観光客でにぎわっている。また、メイン会場であるどんたく広場と開催時間をずらすことで、福岡市都心部全体の回遊性の向上に努めている。

③ 今後の活動

「博多まちづくりガイドライン2014」の実効性を高めるため、「歩いて楽しいまちづくり」と「美しく安心なまちづくり」を基本方針に、3カ年の「アクションプラン」を策定した。今後はとくに公園や駅前広場などの公共空間を活用した新たなにぎわい創出に努めるほか、博多駅中央街南西街区の開発を見据えた事業の検討を進めていく。

また、福岡市都心部全体の回遊性をさらに高めるため、博多と天神を結ぶ主軸である「はかた駅前通り」について歩行者空間の拡大や自転車専用レーンの整備などの道路空間の再配分を検討していくほか、自動車の渋滞や歩行者との交錯が問題となっている博多駅筑紫口駅前広場の再整備の検討など、長期的な課題についても地域と一体となって進めていきたいと考えている。そのほか、朝や夜の時間帯を活用した「学び」などの新規事業も積極的に展開していく。

5 活動財源

協議会の主な活動財源は、「年会費」「事業協賛金」「自主財源収入」「福岡市負担金」からなる。財源の大半を「年会費」および「事業協賛金」が占めており、「福岡市負担金」とあわせると9割以上を占める。

① 年会費

「年会費（賛助会員は「活動支援費」）」は、正会員、一般会員および賛助会員に負担していただいている。

② 事業協賛金および特別事業協賛金

「事業協賛金」は、協議会の各事業を実施するために正会員および一般会員にご負担をお願いしている。また、

「冬のファンタジー・はかた」および「はかた駅前"どんたく"ストリート」を実施するために会員内外から「特別事業協賛金」など広く募っている。

③ 自主財源収入

「自主財源収入」は、「街路灯バナー広告」の料金および「まちづくり支援自動販売機」の売上金の一部を収入として収納しているが、主たる財源にまではいたっておらず、自主財源の拡大が今後の課題である。

6 活動上の課題

① 福岡市との関係

博多区にエリアマネジメント推進担当2名が配置されており、各種の会議、部会、プロジェクトにも出席して事業の運営に協力をいただいているほか、負担金を拠出いただくなど、協議会の運営について大きな支援を受けている。将来にわたって官民協働によるまちづくりをさらに推進するためには、今後も継続的に人的および経済的な支援をエリアマネジメント団体が受けられるような仕組みが必要である。

② 博多のまちづくりにおける課題

「駅を拠点とした、歩いて楽しいまちづくり」の重要な課題の一つとして、「安全で快適な歩行者空間の確保」があげられる。福岡市の人口は2013年に150万人を突破し、今なお増加している。とくに九州新幹線全線開業以降、博多駅周辺の歩行者交通量、自転車交通量は飛躍的に増加しており、安心してまち歩きを楽しむための歩行者空間の確保が求められている。協議会としても、まちの骨格を形成する主軸の将来像を定めた「博多まちづくりガイドライン2014」を中心に関係者で整備方針などの共有を進め、できるだけ早期に将来像の実現を図りたいと考えている。

また、エリア内には、JR博多シティおよびキャナルシティ博多という拠点となる商業施設のほか、長い歴史を誇る寺社仏閣などの歴史・文化施設を抱えており、それらを多くの方が楽しみながら回遊できるよう、にぎわいの面的な広がりをいかにして生みだしていくかも重要な課題である。

博多まちづくり推進協議会 事務局長
九州旅客鉄道㈱ 事業開発本部 博多まちづくり推進室　原槙義之

3章
大都市既成市街地における活動事例

名古屋栄ミナミ音楽祭（提供：栄ミナミ地域活性化協議会）

事例7　福岡天神

三つの目標像と10の戦略

We Love 天神協議会

　九州を代表する商業・業務地区を形成している福岡・天神地区では、社会課題の解決を目的とした2004年の社会実験「天神ピクニック」を契機にエリアマネジメント活動を始めた。戦後、間もなく発足した「都心界」などの枠組みを超えた活動を土壌に、多くの商業施設やオフィスビルと連携しながらまちづくりを進めるWe Love 天神協議会は、「既成市街地型」のエリアマネジメント団体である。美化、整備、安全・安心への活動のみならず、イルミネーションや子ども向けアトラクションなど商業施設が集積した街の特色を反映し、集客施策にも力を入れている。

1 地区の概要

　天神地区は福岡市中央区に位置し、西鉄天神大牟田線、福岡市営地下鉄の空港線・七隈線、および本州・九州各地からの高速バスといった交通機関のターミナル機能が集積するエリアである。エリア内には福岡市役所や中央区役所があり行政の拠点であるほか、南北の幹線道路である渡辺通りを中心に16もの商業施設が立ち並んでいる。また、東西の明治通り沿いには金融業やその他サービス業などのオフィス機能が集積しており、天神地区は九州における商業・業務の中心拠点を形成している。個性的な路面店などが多い大名地区・今泉地区といった界隈性のある隣接地も含め、全体が西鉄福岡（天神）駅を中心に徒歩圏内の半径約500から800m内に収まり、多様な魅力が集まるコンパクトな街であると言える。

　中世までの福岡は、商人の街「博多」と黒田藩の城下町「福岡」という二つの異なる地域によって構成されていたが、明治期以降、この二つの地域の統合が始まり、近代都市として発展するなかで誕生したのが天神地区である。1910年に天神で開催された「第13回九州沖縄八県連合共進会」を機に、近代都市に必要な公共施設や業務施設が集中して立地していき、都市核・天神を形成していった。終戦後は「新天町商店街」（46年）が誕生し、また新しい街の発展を考えていこうと、のちに「都心界」となる商店街や百貨店で構成した「都心連盟」（49年）が結成されるなど、枠組みを超えた活動が早くから芽生えていたのが天神地区の特徴である。1970年代前半には、ショッパーズダイエー（71年）、マツヤレディス（73年）、博多大丸（75年）など商業集積が進み、「第1次流通戦争」と呼ばれる激しい商戦が繰り広げられた。以降も交通体系の整備が行われ、商業施設の設立がさらに進み、数度の「流通戦争」を繰り広げながら、現在の天神地区を形成していった。

図1　重点取り組みエリア（※天神明治通り街づくり協議会については事例17参照）

2 組織設立
1 組織化の背景

　集積する都市機能により、自転車の走行や違法駐輪、ゴミの増加、落書きなどモラルやマナーの低下や、街頭犯罪の増加や交通渋滞の慢性化といった社会的な課題が顕在化してきた。また、2011年に控えた九州新幹線全線開通と新博多駅の開業など、都市構造の変化への対応も必要になってきた。2000年に入ると、それらの課題を自主的に解決しようと自治組織やNPO団体によりボランティア活動なども生まれ始めた。そうした状況のなか、天神に関わるさまざまな人々が一体となりまちづくりを考えようと、実施したのが、2004年の社会実験「天神ピクニック」である。

2 天神ピクニックからWLT設立まで

　「天神ピクニック」は、九州大学（当時）の出口敦氏、天神地区を事業基盤とする西日本鉄道㈱（以下、「西鉄」という）および福岡市役所を中心に、都心界や天神発展会といった民間事業者団体や、NPO法人グリーンバードなど多様なメンバーの協力のもと実施した。歩行者天国など来街者に対するアメニティ再生や、違法駐輪対策による安全快適環境の創出、フリンジパーキングなどの交通施策を行った。その結果、まちづくりの継続的な活動と、その活動を運営する自治組織の体制整備が求められることになった。2005年に「We Love 天神協議会（以下、「WLT」という）準備会」を設立し、組織化の準備を始めた。同時にシンポジウムの開催などにより、まちづくりに対する地域の理解や、各団体への啓蒙に取り組み、2006年に当協議会を設立することになった。

3 組織体制
1 基本構成

　WLTの会員は、「地区会員」「一般会員」「特別会員」の三つの種別があり、現在合計109会員で構成している。地権者や大規模な賃貸者、商業事業者など天神地区に深く関わりのある会員を「地区会員」、行政・警察・学校などの公的機関を「特別会員」と位置づけており、それ以外を「一般会員」としている。体制として、年に1回の

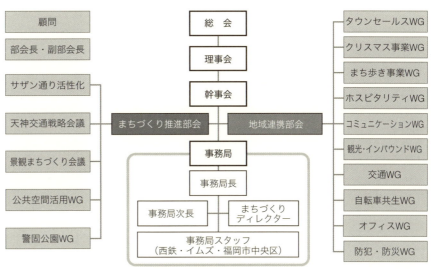

図2　We Love 天神協議会（WLT）組織体制（～2012年）

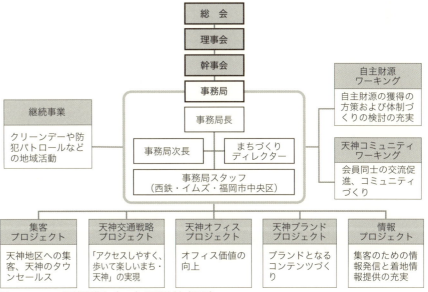

図3　We Love 天神協議会（WLT）組織体制（現行）

総会と、総会で任命された役員によって構成される理事会、および毎月開催する幹事会で構成している。

2 運営体制

設立当時からガイドライン作成などまちづくりの全体計画・長期的な計画を行う「まちづくり推進部会」と、具体的なまちづくり活動やイベントを企画・実行する「地域連携部会」の2区分に分けた体制をとった。部会のもとには、各活動を実施する主体としてワーキンググループ（以下、WG）を設けた。必要に応じ活動の幅を増やし、2012年時点では15ものWGが存在した（図2）。その後、継続的な活動へと移行したものは、事務局による事業とし、また各WGは新たな取り組みを検討・実施する機能に注力するプロジェクトチームとして、役割を変え、全体の集約・再配置を行った（図3）。

3 組織形態（任意団体と一般社団法人）

各施策を実行していくうえで、責任の有限性の確保といった法人格を有する必要性が生まれ、2010年に「一般社団法人 We Love 天神」を設立した。現在は、任意団体の We Love 天神協議会と、一般社団法人の二つの団体を運営しているかたちとなっている（詳細は4章3節・事例1にて説明）。

4 活動方針・活動内容

WLTでは活動の大原則となる『「天神」まちづくり憲章』を定めている。その原則のもと、エリアマネジメントを一体的・効果的に推進していくために、5～10年後を想定した「天神まちづくりガイドライン」を2008年に制定した。

1 活動方針「天神まちづくりガイドライン」

魅力の向上、課題改善、社会情勢への対応という視点から、将来の目標像を「歩いて楽しいまち」「心地よく快適に過ごせる」「持続的に発展するまち」の三つに定めた。目標像を実現するための戦略として、おのおの三つから四つのユニークな戦略を設けている（図4）。たとえば、公共空間での賑わいプロデュースや来街者へのサービス向上を図る「毎日がフェスティバル戦略」や、就業者などの地域活動への参加促進や、地域主体の防犯活動を図る「大人のまなざし戦略」といった戦略である。

2 具体的施策

● 天神こどもまるごとワンダーランド

夏休み期間を活用し、ファミリー層の来街促進や、未来の天神地区へのファンづくりを目ざし、2012年から開始したイベント。街の中心地である福岡市役所前広場で、ミストなど涼を感じながら遊べるアトラクション「天神涼園地」（入場無料）を開催。そのほか、子どもたちが天神地区のテレビ局や商業施設のインフォメーション、ドーナツ・ラーメン店といった飲食店舗など実際の職場で体験を行う「天神ワーク体験」を実施。あわせて、各商業施設などの独自イベントなども情報発信し、街全体として子どもが楽しめる街としてPRしている。

● ベビーカー無料貸し出しサービス

子育て世代を支援し、楽しく快適に天神を回遊してもらうため、天神地区一帯で利用可能なベビーカーの無料貸し出しサービスを行っている。商業施設のインフォメーションや、観光案内所、西鉄福岡（天神）駅など6カ所でベビーカーを無料で貸し出している。

● 天神交通戦略

賑わいのある都市活動を支えるうえで欠かせない、交通体系の整備に特化した「天神交通戦略」を2013年3月に福岡市と協働策定。歩行者・公

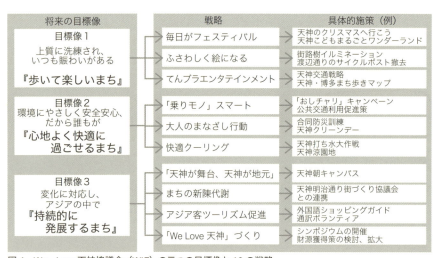

図4　We Love 天神協議会（WLT）の三つの目標像と10の戦略

共交通・自転車・自動車の四つのモード毎に、アクセスしやすく、歩いて楽しいまちを目ざした交通施策を実施。歩行者占用道路化に向けた取り組みや、集客イベントと連携した公共交通利用促進策などに取り組んでいる。

● 「おしチャリ」キャンペーン

　天神地区の課題の一つである自転車問題についての取り組みで、歩行者が安心して歩いていただけるよう、渡辺通りを中心に自転車の押し歩きを呼びかけるキャンペーンを定期的に実施。そうした取り組みなどの結果、2013年4月には福岡市の条例として「押し歩き区間」として認定された。

5 活動財源

① 一般財源

　「年会費」「自治活動費」および福岡市からの「行政負担金」の三つの財源をあわせて一般財源と位置づけており、活動のベースとしている。「年会費」は地区会員が5万円、一般会員が3万円で一律の徴収を行っている。WLTの特徴的な仕組みが「自治活動費」で、これは建物の登記簿面積に応じたランクを定め、それに応じた金額を年会費とは別途徴収しているものであり、BID制度を参考にしている。

② 特定事業負担金

　活動のうち、とくに「天神のクリスマスへ行こう」や「天神こどもまるごとワンダーランド」といった集客施策など受益者が特定される事業については、関係する会員・事業者からの負担金を徴収し、実施している。

③ 自主財源

　「街路灯バナー広告」「オープンカフェ事業」「まちづくり活動支援自動販売機」「公開空地の利活用」といった複数の事業を行い、まちづくり活動の財源に充てている。また、2013年度からは市役所前広場の運営に民間企業と協働して参画するなど、新たな財源確保に向けた取り組みも行っている。

6 活動を進めるうえでの課題

　現在の自主財源は、2013年度の一般財源としての収入総額に対し実質約7%で、イベント実施のための特定事業負担金も含めた総額に対しては約1%程度であり、充分な規模とは言えない。かつ、自主財源は広告収入に頼る割合が高く、安定的なものではない。また、一般財源のうち約3分の1が福岡市からの行政負担金によって賄われており、完全に自立した財源構成とはなっておらず、今後の継続的な拠出についても確約されているものではない。これらの現状を踏まえ、今後も継続した活動を行っていくためには活動資金の確保が必要であり、安定的な自主財源の獲得が重要である。

　また、設立から9年目に入り、多くの活動を行ってきたが、それを実行していくための組織づくりが追いついていない。今後、財源獲得などの事業を検討・実施していくうえでも、スタッフ体制の強化が課題と言える。その他、まちづくり活動を進めていくうえで、公的機関を含めた会員の協力が必須である。そのためにもWLTの活動について、一層の啓発活動に取り組んでいくことも重要である。

We Love 天神協議会 事務局次長
西日本鉄道㈱ 天神委員会　山口 幸

天神涼園地

「おしチャリ」キャンペーン

事例8　銀座

町会・通り会を中心にしたエリアマネジメント

銀座街づくり会議・銀座デザイン協議会

銀座は明治以来、日本を代表する商業地として発展してきた。銀座には歴史的経緯にそって数多くの町会・通り会が存在するが、2001年、それらと業界団体などを取りまとめた「全銀座会」が設立されたことは大きな転機となった。銀座のまちづくり課題を取り上げ合意形成をはかり行政との協議をすすめる銀座街づくり会議と、区の要綱にもとづき新築建築物や工作物の事前デザイン協議を行う銀座デザイン協議会は、その下部組織である。

全銀座会は、銀座全域の情報交換の場であるばかりでなく地域の意思決定機関とされ、行政もそれを認めている。銀座では大半が中小企業である商店主たち、ビルオーナーたちを成員とする全銀座会が主体となり、一開発あるいは通り、街区単位ではなく、「銀座」という地名のついた全エリアを捉えていることが特徴である。

1 地区の概要

1 成り立ちと構造

銀座は、江戸時代には町人地として整備され、1872年

■ 高度利用地区＋街並み誘導型地区計画の区域
■ 用途別容積型地区計画＋街並み誘導型地区計画の区域

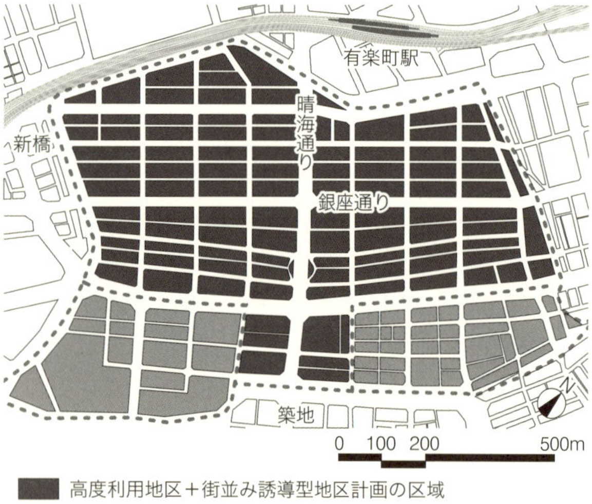

図1　銀座の高度利用地区および地区計画

（明治5年）の大火で焼き尽された後は煉瓦街が整備された。現在、銀座地区の面積は約84 ha。かつては堀、今は高速道路に取り囲まれ、エリアが明確であることが特徴である。

エリア内はほぼ東西を晴海通り（都道）が貫き、ほぼ南北に外堀通り（都道）、銀座通り（国道）、昭和通り（都道）が横切っている。それら幹線道路の間をグリッド上に区道がゆきわたり、さらに地図上には現れてこない路地（私道）が区道をつないでいる。東京都中央区に属し、西は千代田区、南は港区と接する区境でもある。

そのような行政区分としての現在の「銀座」1～8丁目が誕生したのは1969年のことである。町名変遷の詳細は省くが、重要なことは、1951年に旧「木挽町」が「銀座東」となり、69年に銀座となったことである。旧木挽町地区は、戦後まで三十間堀によって隔てられていたばかりでなく、江戸期には武家地として整備され、旧銀座地区とはまったく違う街の成り立ちと歴史をもち、祭祀神社も違っている。その結果、街並みの様子、土地利用も異なり、地区計画などの都市計画にも影響を及ぼしている。

2 周辺地域の人口増加

銀座の人口は約3500人である。地区計画によって旧木挽町地区を中心に、住宅を誘導する施策がとられたことにより、エリア内人口は微増傾向にある。

定住人口の増加は1970～90年代にかけて中央区最大の課題であったが、98年を境に中央区の人口は増加に転じ、昨今は晴海地区など、周辺地域の急激な人口増加が銀座にも多大な影響をもたらしている。

2 組織化の経緯

1 全銀座会の設立

銀座地区では、1919年に銀座通り沿道店舗を中心とし

た京新聯合会が設立され、1930年に銀座通連合会へと再編された。銀座通連合会は関東大震災・戦災の復興に重要な役割を果たし、戦後は晴海通り沿道店舗も参加して商業振興活動、地域の安全を守り清潔を保つための活動、行政対応などを行ってきた。また1968年より大銀座まつりを主催し、銀座の活性化に努めた。さらに1984年には「銀座憲章」、1999年には「銀座まちづくりヴィジョン」を策定するなど、銀座まちづくりの方向性について議論を深めてきた。

一方、銀座地区の他の通り会・町会も、各エリアや通りごとの特徴を活かし、独自に活動を行っていたが、2001年銀座内の通り会・町会ならびに業界団体他を統合する全銀座会を設立し、2005年には「全銀座会を銀座地区の意思決定機関とする」ことを総会で議決した。

2 銀座街づくり会議と銀座デザイン協議会

ところで90年代後半、1963年以前に建てられた建物の多くは、利用容積率が指定容積率を超えた、いわゆる既存不適格建築物となり、建て替えても現状よりも少ない容積率しか得られないため、結果として建て替えられない状態が続いていた。そこで1998年、中央区は銀座に、機能更新型高度利用地区ならびに街並み誘導型地区計画を導入し、このことによって既存不適格建築物の更新が可能となった。具体的な数値策定にあたっては、銀座通連合会が中心となって中央区と協議を進め、通りごとに建築物の最高高さ、壁面後退値、誘導用途による容積率の緩和値を決定した。その結果、銀座における建物の最高高さは56mとなった（「地区計画・銀座ルール」）。

ところが、特定街区と総合設計の例外規定があったため、2003年、都市再生特別措置法を利用した大規模超高層ビル提案が起こった。このことをきっかけとして、全銀座会は「銀座街づくり会議」を設立し、銀座に超高層ビルがふさわしいかどうかを議論するための活動を開始した。

銀座街づくり会議は専門家を雇い、調査やワークショップを進めるとともに、数多くのシンポジウムや勉強会を開催して銀座内外の議論を巻き起こした。その結果、中央区も地区計画を改正するための地元との協議に乗り出した。

銀座街づくり会議の粘り強い活動と中央区との協議に

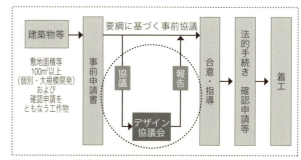

図2　デザイン協議会の仕組み（中央区市街地開発事業指導要綱）

より、2006年11月、地区計画は改正にいたり、銀座では特定街区と総合設計の例外なく、最高高さは56m（屋上工作物を含め66m）と定められた。（ただし、昭和通り沿道以東については「文化などの維持・継承に寄与する大規模開発」に限り、高さの例外を認める）。

地区計画改正協議にあたり、銀座街づくり会議は中央区に対し、地区計画の数値だけで決められない「景観デザイン」について、銀座らしいかどうか地元の目で判断する機関の設立を要望した。協議の結果、中央区は、中央区市街地開発事業指導要綱に「デザイン協議会」制度を位置づけた（図2）。銀座街づくり会議は、ただちに「銀座デザイン協議会」の設立を申請し、中央区長は「デザイン協議会設置基準」に従って、「銀座デザイン協議会」を指名した。

3 銀座の組織

1 町会

銀座には23の町会が存在する。明治初期にあった銀座、昭和初期に拡張された範囲の銀座、戦後、西銀座と呼ばれるようになった地域、銀座東と呼ばれるようになった木挽町。そのような地域が歴史的に積み重なって、23の町会となり、それぞれに活動している。各町会の組織体制や活動の活発さの度合いなどはまちまちである。

2 通り会

銀座にはさまざまな通りがあり、そのうち18は通り会を結成している。通り会の主目的は、商店街振興である。1ブロックだけの会もあるし、通り会のない通りもある。各通り会は独自のイベントや街路整備事業などを行っている。

なかでももっとも歴史が長く財政的にも力をもつ通り

会が、銀座通りと晴海通り沿道の商店をまとめる「銀座通連合会」(2011年に一般社団法人化)である。銀座のあらゆる活動の核となっており、全銀座会幹部も銀座通連合会幹部が兼任している。

3 全銀座会

これらの町会、通り会、そして業界団体を束ねた全銀座会(図4)は、任意団体ではあるが月1度の幹事会、定例会を行い、全銀座の意思決定機関としてさまざまな課題を話し合う組織である。行政への申し入れなども全銀座会を通じて行う。全銀座会の名のもとに、催事委員会などの各委員会があり日常の清掃活動・イベント主催なども行っている。

町会、通り会、業界団体にすべての地権者やテナントが入会しているわけではない。しかしながら、銀座エリア全域を網羅する組織をつくりあげ、地域の意思決定機関と位置づけて、ものごとを決める手続きをつくったことが重要である。

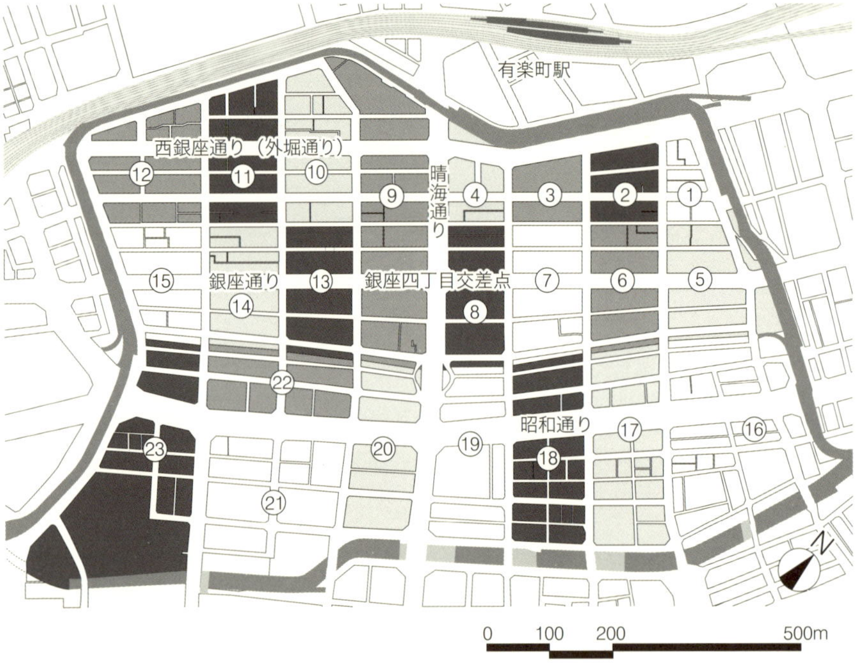
有楽町駅
西銀座通り(外堀通り)
晴海通り
銀座通り
銀座四丁目交差点
昭和通り
1
2
3
4
5
6
7
8
9
10
11
12
13
14
15
16
17
18
19
20
21
22
23
N
0 100 200 500m

図3 銀座の町会(全23町会)

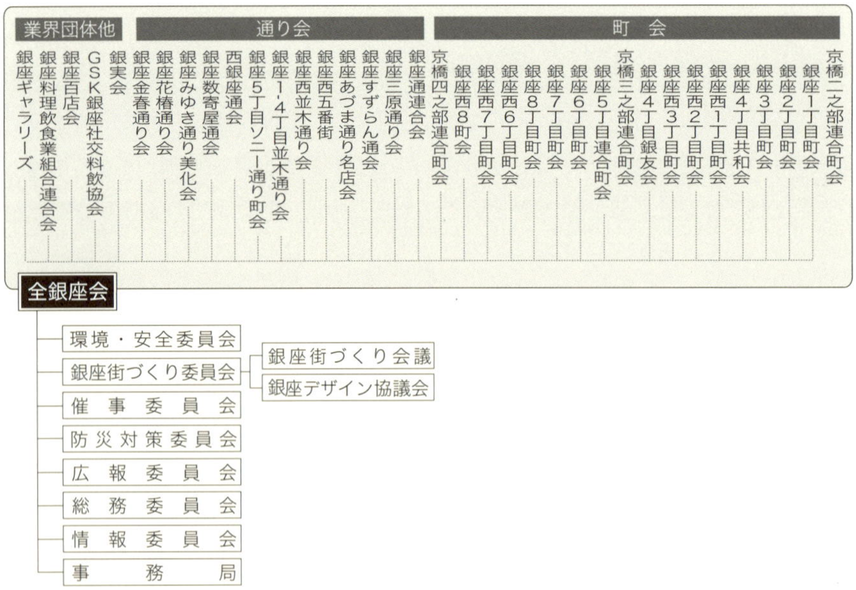
業界団体他
通り会
町会
銀座ギャラリーズ
銀座料理飲食業組合連合会
銀座百店会
GSK銀座社交料飲協会
銀実会
銀座金春通り会
銀座花椿通り会
銀座みゆき通り美化会
銀座数寄屋通会
西銀座通会
銀座5丁目ソニー通り町会
銀座1・4丁目並木通り会
銀座西並木通り会
銀座西五番街
銀座あづま通り名店会
銀座すずらん通会
銀座三原通り会
銀座通連合会
京橋四之部連合町会
銀座西8町会
銀座西7丁目町会
銀座西6丁目町会
銀座8丁目町会
銀座7丁目町会
銀座6丁目町会
銀座5丁目連合町会
京橋三之部連合町会
銀座4丁目銀友会
銀座西3丁目町会
銀座西2丁目町会
銀座西1丁目町会
銀座4丁目共和会
銀座3丁目町会
銀座2丁目町会
銀座1丁目町会
京橋二之部連合町会
全銀座会
環境・安全委員会
銀座街づくり委員会
銀座街づくり会議
銀座デザイン協議会
催事委員会
防災対策委員会
広報委員会
総務委員会
情報委員会
事務局

図4 全銀座会組織図

4 銀座街づくり会議・銀座デザイン協議会の活動

1 まちづくり啓発活動と、合意形成の場の成立

銀座街づくり会議・銀座デザイン協議会は、全銀座会の下部組織と位置づけられている。銀座街づくり会議で議論されたことは全銀座会に報告され、そこで意思決定される。銀座街づくり会議・銀座デザイン協議会では、行政や専門家の力を借りながらも、それに依存することなく、自ら学びとる姿勢をもって数多くのシンポジウムを開催し、地域の人たちへの啓発活動の場とするとともに、オープンな議論の場と合意形成の場をつくりあげ、地域の活動として定着させている。一方、銀座街づくり会議評議会で議論されたことは全銀座会に報告され、そこで意思決定されるという合意形成の手続きができあがっている。「課題の発見→

啓発活動→議論の巻き起こし→地域の合意形成→行政との連携」というプロセスは、恒常的に持続している。

② 地域主体によるデザイン協議の実践

銀座デザイン協議会による協議の根拠は、区の要綱であって法的な拘束力はない。銀座デザイン協議会は、行政からの人的・経済的支援は受けず、専門家の手を借りながらも地元組織が主体となって、地域らしい街並みデザインと空間の質を、数値などの基準ではなく、一件審査の積み重ねによってコントロールしようとしているところに特徴がある。

2006年の設立以来、受けつけてきた約1200件の案件のうち協議不調に終わったものは数例のみである。このように数多くの案件を扱っているばかりでなく、協議は実効的な仕組みとして機能している。

③ 銀座デザインルール」の策定と更新

銀座デザイン協議会発足から1年半後、協議の指針として「銀座デザインルール」を発行した。このルールは、言葉や数値による明示的な規制ではなく、銀座都市デザインの考え方、街づくりの経緯を明文化し外部に発信・共有するためのツールであり、地域内部の意識を高め共有化するツールともなっている。「協議の経験と事例の積み重ねによって熟成させていくべきものであると同時に、ルール自体を新しい案件の提案に即して、常に見直していくべきもの」と位置づけ、初版から2年後、大幅に改稿して第二版を刊行した。デザイン協議における課題は常にフィードバックされ、デザインルールを進化・成熟させていく。全銀座会に関わるまちづくりの担い手たちが、新陳代謝する街の変化、時代の変化にあわせ、街を成熟させていくプロセスをつくりあげている。

④ 行政・専門家との連携

銀座街づくり会議・銀座デザイン協議会では当初より、専門家の方にご協力をあおいでいる。あくまで地域の人たちが意思決定し、専門家は行政や事業者と地域の間を戦略的につないで合意形成の道筋へと導く役割を果たし、新たな課題にアドバイスを重ねるという、地域と専門家の良好な関係が生まれている。

一方、行政に対しても銀座街づくり会議・銀座デザイン協議会は「陳情型ではなく対等に議論する」という姿勢をもっており、行政―地域―専門家の連携が生みださ

れている。

⑤ 財源

全銀座会の主たる財源は、会員からの会費収入、すなわち町会会費、通り会会費である。事務局経費、銀座街づくり会議・銀座デザイン協議会の経費も、これらでまかなわれている。ただし町会・通り会の財源には区からの補助金も含まれるので、広い意味では財源に補助金も含まれるであろう。イベント実施にあたっては企業協賛を集める。案内冊子に広告をとることも始まっている。

⑥ 課題

① 財源の確保

組織としての最大の課題は、財源の確保である。町会や通り会に入会する意識をもたない事業者も少なくないなかで、会費収入のみでは事務局の活動の幅を広げることはむずかしく、イベント開催ごとの資金集めの負担も大きい。たとえば街で広告事業を行うこと、銀座版BIDの研究なども検討され始めた。

さらに、銀座デザイン協議会の活動などは、中央区の要綱に位置づけられ、行政の下請けとしての意味あいももつ。街の景観をよくするため、要綱に定められた以外の案件に対しても、地元として意見を伝え協議をしたいという地域の意図が広く伝わり、事業者も協力すればするほど、地元の負担のみが増していく構造を、行政が看過してよいものかと思わざるをえないが、行政も「補助金」や「調査費」以外の枠をもたないのが現状である。

② 新しいヴィジョンづくり

二つめは「ルール化」の問題である。規制ルールを決めることなく、1件ずつ協議して「銀座らしさ」を理解してもらい共有し、時間をかけて事例を積み重ねることで「銀座らしい」街並みを維持していこうとするやり方に対し、技術の進歩や外部資本参入のスピードはゆるやかな変化を待ってはいない。だからといって固いルールをつくる方向ではなく、新たな将来ヴィジョンを皆で話し合って描き、やわらかなルールとしていこうとする方向へと銀座は向かっている。

銀座街づくり会議・銀座デザイン協議会 事務局長　竹沢えり子

事例 9　日本橋地域

地域全体の活性化、賑わい創出を目ざした活動

日本橋地域ルネッサンス 100 年計画委員会

江戸開府以来、五街道の起点が置かれた東京都中央区の日本橋地域は、日本の経済・金融・商業・物流・文化の中心地として、今日まで発展を遂げてきた。「日本橋地域ルネッサンス 100 年計画委員会」(以下：「ルネサンス委員会」という)では、これら日本橋地域のアイデンティティーとも言える「歴史」「産業」「文化」を継承し、将来に向かって進行する新しいまちづくりと調和させることにより、日本橋地域を「日本の顔」として再生(ルネッサンス)させることを目的に 1999 年に設立され、現在まで活動を展開している。

日本橋地域には、長年培われてきたまちの文化、地域のコミュニティ、歴史的な建築物など、数多くの資産が"残"されている。ルネサンス委員会は、これらの個性ある地域の資産を次の時代に継承し、経済の発展とともに失われた自然や環境を"蘇"らせ、将来に向けた新しいまちづくりのなかで活かしながら、次世代に向けたまちを"創"ることを、まちづくりのコンセプトとしている。

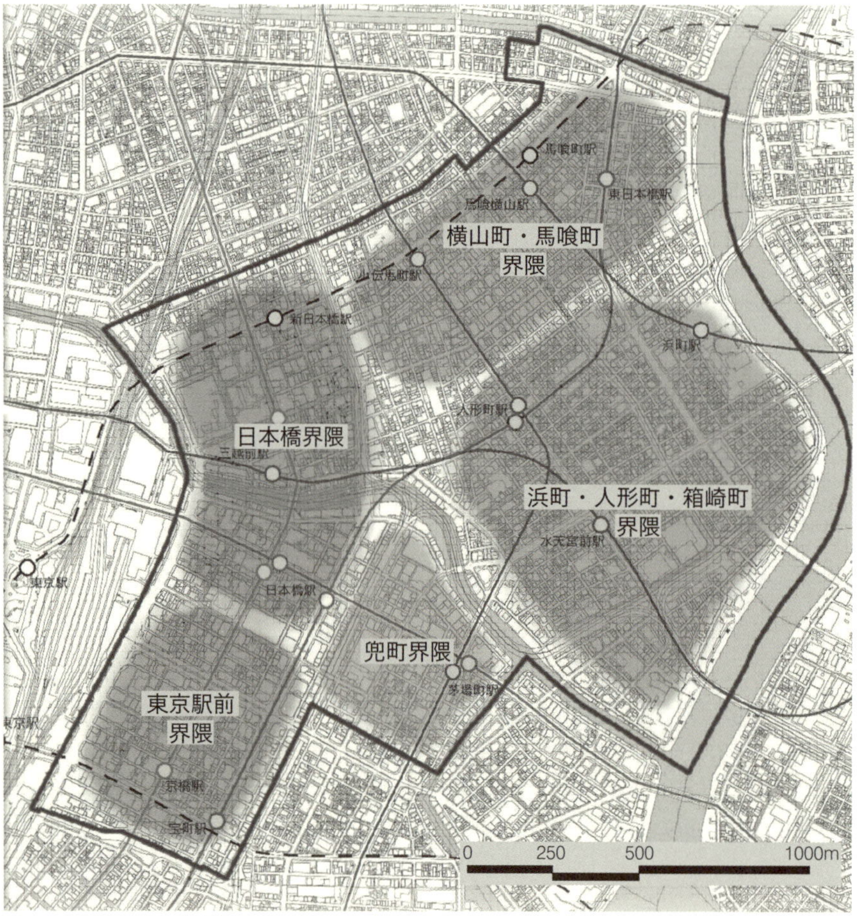

1 地域の概要

1 活動エリア

東京都中央区の日本橋地域(旧日本橋区：町名に「日本橋」がつく所と八重洲一丁目)が活動の対象エリアである。当地域を中心に、周辺の京橋エリア、神田エリア、大手町・丸の内・有楽町エリアなどと連携しながら活動を行っている。日本橋地域は、68 町会と七つの連合町会から構成されている(図 1 参照)。

2 地域の諸元

区域面積：約 270 ha

区域内人口：

夜間人口約 4 万 2000 人

就業人口約 33 万 5000 人

(事業所数約 1 万 6000)

3 地域の機能特性

当地域は江戸から続く文化、歴史、個性の溢れるまちの集積があり、地域の機能特性は、

図 1　ルネサンス委員会活動エリア図 (出典：同委員会作成資料)

おおむね五つのエリア（界隈）に分類することができる（図1参照）。

- 日本橋界隈―歴史と先進性をあわせもつまち
  - 日本橋を中心に業務商業地としての歴史を有する
  - 江戸時代からの老舗店舗や企業が多く立地し、江戸の町人街としての名残を有する
  - 薬問屋街の名残で製薬会社が集積する
  - 三越日本橋本店、日本橋高島屋、コレド日本橋、コレド室町などの大型商業施設が立地する
- 東京駅前界隈―東京の玄関口としての業務商業地
  - 業務商業地として戦後いち早く復興を遂げたまち
  - 低層部に商業店舗が入る業務ビルが面的に広がる骨董通り沿いには、戦後から美術商、骨董商が集積している
- 兜町界隈―日本の証券金融ビジネス発祥の地
  - 日本のウォール街と言われる証券金融の中心地。郵便事業発祥の地でもある
- 横山町・馬喰町界隈―繊維や服飾関係の問屋街
  - 江戸時代に旅籠屋の町として栄えた馬喰町と、旅人への小間物問屋町であった横山町は、現在繊維問屋街として特徴あるまちを形成している
  - 鉄道3駅が近接して立地し、交通利便性が高いことから近年、都心居住の人気が高まり住宅が急増している
- 浜町・人形町・箱崎界隈―下町情緒が息づく住商混在のまち
  - 人形町は戦災の被害が比較的少なかったまちの一つで、甘酒横丁など昔ながらの趣ある商店の街並みが今も残る
  - 明治座を中心として芝居などの町人文化が花開いたまちでもある

2 組織化の経緯

1990年代後半、バブル経済崩壊から金融不況が日本を襲い、当地区においても証券金融業の衰退、大型百貨店の閉店などで閉塞感が高まるなか、「日本橋地域に賑わいを取り戻し、豊かな潤いのあるまちに再生を図ろう」という気運が高まり、地域を代表する複数の有力者が発起人となり、1999年10月の第1回総会をもってルネサンス委員会が設立された。

3 ルネサンス委員会の現在の組織体制

1 会員構成

現在、約300者の会員からなる任意団体である。個人、法人の比率は約半々である。その他、町会や各種業界団体の代表者で構成される。

2 組織・体制

ルネサンス委員会では、2013年11月から幹事会の体制と部会活動の内容を現状の課題に則して見直し、新たな体制により活動を展開している。

ルネサンス委員会の組織は、総会／理事会／幹事会／六つの部会で構成される（図2参照）。

現会長は、日本橋料理飲食業組合元組合長の橋本敬氏である。副会長と理事は、日本橋一の部から七の部の連合町会長をはじめ、地域の有力者が務める。幹事会は日本橋一の部から七の部の連合町会長、東京中央大通り会、日本橋北詰商店会、日本橋ホテル旅館組合、日本橋料理飲食業組合、人形町商店街協同組合、東日本橋やげん堀商店会、久松料理飲食業組合、横山町奉仕会の各代表が務める。事務局は日本橋プラザ㈱内に設置されている。

4 活動方針・内容・活動状況

1 活動方針

日本橋地域全体のまちの活性化や賑わい創出を目ざして地域一丸となって活動を推進させることがルネサンス委員会の設立当初からの大きな活動方針である。

2 幹事会と六つの部会活動

活動方針に沿って、テーマごとに六つの部会が設置されている。各部会には10名前後の若手会員が参加し、課題解決に向けて具体的な活動を展開している。幹事会

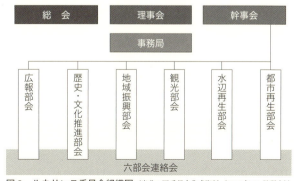

図2　ルネサンス委員会組織図（出典：同委員会作成資料（2013年11月現在））

は月例で開催され、各部会の活動内容を掌握し、最終決定している。

● 都市再生部会

日本橋地域の将来に向けたまちのあり方を検討・提案する活動を推進している。具体的な内容としては、首都高速道路の再構築を前提としたまちの将来ビジョンの検討、大伝馬本町通りやみゆき通りの活性化検討・提案など。

● 水辺再生部会

日本橋地域の水辺空間再生、賑わいの創出を目ざし、長期的計画のもと各種施策を提案推進している。具体的な内容としては、日本橋川・亀島川・隅田川・神田川の水辺活用施策の検討、舟運活性化に向けた施策の検討、日本橋川清掃活動の企画実施、水質改善の検討、日本橋再生推進協議会「水辺再生研究会」の運営など。

● 観光部会

日本橋地域の観光振興を目ざす。全国および世界から観光客を誘致する仕掛けづくりや機能の整備を提案推進している。具体的な内容としては、地域の観光資源を再検証し、観光商品化する検討、2020東京オリンピック・パラリンピックに対応する関連施策の検討、「日本橋船着場」を活用した舟運観光推進、隅田川流域舟運観光連絡会との広域連携など。

● 地域振興部会

日本橋地域の賑わいづくりや地域振興のための諸施策を企画・提案・推進する。具体的な内容としては、地域の東西をバスでつなぐ企画（メトロリンク日本橋の延伸計画）、自転車を活用したまち巡り企画、NPO法人はな街道との連携、スポーツイベント企画など。

● 歴史・文化推進部会

日本橋地域の歴史や文化の掘り起こしを行い、勉強会、セミナー、各種イベントなどを企画・推進している。具体的な内容としては、「日本橋かるた」を活用したイベント、小中学生向け将棋イベント、歴史・文化に関する勉強会セミナー開催、食文化推進など。

● 広報部会

会員向け広報や外部向け情報発信関係の諸施策を企

日本橋将来イメージ（出典：ルネサンス委員会作成CG）

日本橋船着場　2011年3月完成

日本橋川清掃活動

東西連携バス企画

画・実施している。具体的な内容としては、会員向け広報資料作成、オリジナルホームページの企画メンテナンス、各種メディア対応など。

③関係諸団体との連携

ルネサンス委員会の活動を推進するにあたり、関係する諸団体との連携協力はきわめて重要な施策である。主な関係団体は、表1のとおり。

5 活動財源
① 主な活動財源

ルネサンス委員会の主要な財源は、会員から徴収する年会費によるものである。

② 独立したプロジェクト

ルネサンス委員会が過去に推進した施策で、恒常的プロジェクトとして現在も継続実施されている「はな街道」の活動（写真参照）や、地域巡回無料バス「メトロリンク日本橋」などは、ルネサンス委員会から独立した組織で、それぞれの事業会計で運営されている。

6 活動上の課題
① 会員増強・人材確保

ルネサンス委員会は活動範囲が広域であるため、活動内容を対象地域全体に浸透させるのに労力を要する。地域の課題を地域全体で共有し、多くの関係者に活動に参加していただくことが活動の根幹を支える。コミュニケーションを強化し、地域に根ざした活動を展開していくことが重要である。

② 活動財源の確保・新制度導入

ルネサンス委員会の活動諸施策を進めていくうえで、活動財源の確保は常に問題となる。会員や行政からの支援はもとより、組織形態の見直しやBID制度の導入などにより、公民間および地域内における公平な資金負担の仕組みを構築することが大きな課題である。

③ 行政・所轄官庁との連携強化

ルネサンス委員会の活動を推進するうえで、地元の中央区、東京都、国などの行政機関、所轄官庁との緊密な連携・協力がきわめて重要であることは論をまたない。

日本橋地域ルネッサンス100年計画委員会 事務局次長　篠生政士

表1　関係団体一覧

ルネサンス委員会が関係する主な団体	ルネサンス委員会の立場
日本橋再生推進協議会	委員
日本橋「水辺再生研究会」	委員および事務局
日本橋船着場利用者協議会	会員および幹事
隅田川流域舟運観光連絡会	会員
常盤橋フォーラム	会員
NPO法人東京中央ネット	相談役
WPNR（日本橋OLクラブ）	連携協力
日本橋かるた大会実行委員会	連携協力
日本橋みゆき通り街づくり委員会	連携協力
NPO法人はな街道	連携協力
メトロリンク日本橋	連携協力

出典：ルネサンス委員会作成資料（2013年11月現在）

地域の小学生が参加する「日本橋かるた大会」

NPO法人はな街道による中央通りの花植え活動

事例 10　神田淡路町

ワテラスを拠点に情緒ある地域コミュニティ形成を目ざす

一般社団法人 淡路エリアマネジメント

図1　淡路町二丁目西部地区市街地再開発事業施行区域（出典：淡路町二丁目西部地区市街地再開発組合資料）

図2　淡路町二丁目西部地区市街地再開発事業（北街区）の施設概要（出典：淡路町二丁目西部地区市街地再開発組合資料）

1 地区の概要

2013年2月、東京都千代田区神田淡路町に「淡路町二丁目西部地区第一種市街地再開発事業」（施行区域は図1参照）によって、複合施設「ワテラス」（地上41階建て・高さ165mのワテラスタワー、地上15階建て・高さ70mのワテラスアネックス）が竣工した（図2）。そしてこの再開発ビルの誕生にあわせて、地域の継続的なまちづくりを担う「一般社団法人淡路エリアマネジメント（以下、淡路エリアマネジメント）」が設立された。

当事業は旧淡路小学校の跡地を中心とした再開発であり、1993年の同校の統廃合を発端とするものである。しかしその背景には、地域の深刻な人口減少と少子高齢化というコミュニティの問題、および区域内の建物の老朽化というハードの課題があり、その課題を一挙に解決するためのプロジェクトでもあった。再開発に関する議論のテーブルが公式にできたのは小学校の統廃合以後のことで、「新施設協議会」が設置され、そこでの議論の結果、小学校跡地を再開発の種地とすることが1997年3月に決定された。同年7月からは、新施設協議会を吸収するかたちで設立された「淡路地域街づくり計画推進協議会」において再開発を含めたまちづくりについて具体的に話し合われ、2007年4月に当事業は都市計画決定された。

地権者は全部で70人程度であり、借家人などを含めるとすべての権利者は200人弱にのぼる。地権者のうち、もっとも多くの土地を所有するのは、この一帯に土地、貸しビル

などを所有している安田不動産㈱（以下、「安田不動産」という）、それに次ぐのが千代田区と東京地下鉄㈱であった。千代田区は旧淡路小学校跡地などの地権者であり、東京地下鉄㈱は、再開発事業施行区域の真下を丸ノ内線が通っていることから、地下鉄の隧道に関わる土地の所有権や区分地上権を有している地権者である。

② 組織化の経緯

当事業は新しい住民や就労者を迎え入れることによるコミュニティの活性化と防災機能の強化などを大きな目標として掲げて進められてきた。しかし世代も価値観も生活習慣も異なる人々が、ただ同じ建物に集まっただけでコミュニティの活性化が簡単に実現するというものではない。再開発に関する議論のなかで、ここに暮らす多様な属性の人々を積極的につなぐ工夫が自然に求められるようになり、その役割を担っていく組織として淡路エリアマネジメントが構想された。淡路エリアマネジメントの設置については、都市計画決定の半年後の2007年10月に「検討会」が設置され、ここで活動内容や組織のスキームなどについて議論が重ねられてきた。淡路エリアマネジメントはワテラスのオープンと同時に本格始動した。

淡路エリアマネジメントは、「人情・情緒を引き継ぎ、大きなコミュニティをはぐくむ―新・旧住民、就労者、学生を交えたコミュニティづくり」を基本理念として、人々の交流のきっかけをつくることを目的に、主にイベントと情報発信を行っている。

ワテラスタワー1～3階には、ホール、コミュニティカフェ、ギャラリーなどを擁する約1000 m²のコミュニティ施設「ワテラスコモン」が設けられている。また千代田区立淡路公園が、再開発ビルの広場と一体的に整備されている。淡路エリアマネジメントは、ワテラスコモンの所有者兼運営者である安田不動産や、公園の所有者である区と協定を結んでおり、地域交流に資する活動であればそれぞれの空間を淡路エリアマネジメントが柔軟に使用することができる（図3）。これらを舞台に淡路エリアマネジメントは、さまざまなイベントを行い、住民、就労者、学生などのさまざまな主体の交流促進・支援を図っている。

③ 現在の組織体制
① 組織構成と資金

図4は淡路エリアマネジメントの組織構成を示す。淡路エリアマネジメントは一般社団法人として2012年12月に設立された。いわゆる構成員を意味する「一般社団法人及び一般財団法人に関する法律」でいうところの「社員」は、設立時は淡路町二丁目西部地区市街地再開発組合と安田不動産の2者であったが、再開発組合はその役目を終えて解散したため、現在は安田不動産1者となっ

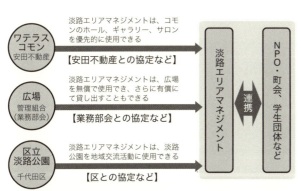

図3　淡路エリアマネジメントの活動場所（出典：淡路町二丁目西部地区市街地再開発組合資料）

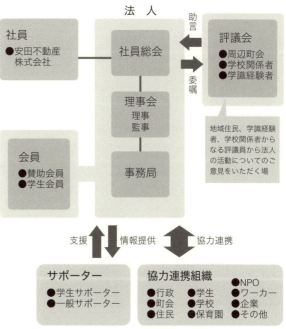

図4　淡路エリアマネジメントの組織構成（出典：一般社団法人 淡路エリアマネジメント資料）

3章　大都市既成市街地における活動事例　79

ている。

当事業は、事業で新たに生みだされる床である「保留床」を処分して事業費を賄う「第一種市街地再開発事業」にあたる。この事業において、安田不動産は従前からもっとも多くの土地を所有する「権利者」であると同時に、新たに生みだされる保留床を取得する「参加組合員」、さらには再開発組合事務局を運営し、事業を推進する「事業協力者」という立場にあった。また当事業においては、都市再生特別地区や再開発地区計画などの制度を利用して、建築物の容積率や高さについて規制緩和を受けることに成功している。この規制緩和との交換条件である都市計画提案にある地域貢献メニューには、竣工をもってまちづくりのゴールとみなすのではなく、新たにまちづくり組織を立ち上げ、その組織を中心に竣工後もさまざまな取り組みを展開・継続させていくことが含まれている。

このように、まちづくり組織の設立は地域および行政に対する公約、そして当事業の成立要件の一つとなっている。よって、その組成と活動の継続性の担保に関する責任は少なからず事業主体である再開発組合にあり、ひいては事業を推進する立場の安田不動産もそれを負うことになる。

そのような背景から、淡路エリアマネジメントの活動は全面的に再開発組合と安田不動産がバックアップすることとなった。活動の財源は、淡路町二丁目西部地区市街地再開発組合が残す「活動拠出金」を充当した。また、安田不動産は淡路エリアマネジメント事務局のスタッフの人材、および事務所を提供する。このほかにも、安田不動産は活動拠点となるワテラスコモンの提供、淡路エリアマネジメントの展開する活動において大きな役割を担う学生会員が居住する学生マンションの運営など、ハードとソフトの両面から淡路エリアマネジメントを支える体制を築いている。

ちなみに学識経験者、地元住民、周辺学校関係者、行政関係者などで構成され、2007年から淡路エリアマネジメントの発足に向けた検討を行ってきた「検討会」は、法人の外側に設置された「評議会」に発展・継承され、現在も引き続き運営や活動に助言をしている。

② まちづくりの担い手としての学生

淡路エリアマネジメントの取り組みのなかでも特徴的なのが、学生の力の活用である。昨今、かつての「ニュータウン」が「オールドタウン」化し、高齢化が進んだ団地において、学生の力を取り入れてまちづくりを行っている事例は少なくないが、淡路エリアマネジメントにおいては事業の計画当初から学生の力を一つの地域資源とみなし、まちづくりに巻き込んでいく仕組みを導入している。

そもそも淡路エリアマネジメントの活動エリアである神田界隈は、古くから周辺に多くの学校を抱え、学生街として知られている。また前述のとおり従前の淡路地域は、千代田区内でもとくに高齢化が進んだ地域であった。そこで若年層が地域に関与することで、地域が活発化することを期待し、まちづくりに学生を巻き込んでいくこととなった。ここでは、学生はこの地域に集うさまざまな属性の人々をつなぐ媒介となりつつ地域の魅力向上に貢献し、一方、地域は学生に学校では体験できない多様な機会を提供して彼らが豊かな学生生活を送れるようバックアップするという互恵的な関係を築くことを目標にしている。その際の結節点となるのは淡路エリアマネジメントである。

淡路エリアマネジメントは学生メンバーを募り、彼らにさまざまな機会を提供していく。たとえば、再開発で整備される広場を使ったイベントなどの企画運営に彼らのアイディアを取り入れ、その実現のために必要となる人材や資金を拠出する。また、神田祭に代表される地域行事への参加も積極的に促していく。しかも、より深く地域に入り込んで活動をしたいと考える学生のために、ワテラスアネックス14階・15階には賃貸マンション「ワテラススチューデントハウス」を36戸用意しており、大学・専門学校・大学院に通う18～25歳の学生が、ここに居住しながら地域活動を展開していくことが可能となっている。

4 淡路エリアマネジメントの目ざすもの

人々が地域の魅力を知り、味わう機会をつくること、そして人々が交流するきっかけをつくることで、にぎわいとコミュニティを創造しながら地域の価値を向上させていくことが淡路エリアマネジメントのミッションである。そしてその手段となるのが固有の地域資源を活かし

たイベントや情報発信である。具体的には、マルシェや子ども向けイベントなどの広場イベントのほか、地元のNPOや学校、ワテラス内店舗などと連携してのワークショップ、トークイベントなど多様なイベントを行っている。また、年に4回地域情報誌『FREE AWAJI BOOK 8890』を1万部発行し、地域の魅力を発信している。

イベントにしても、情報発信にしても、キーワードとなるのは「地域資源」である。幸い神田は地域資源にたいへん恵まれた場所である。各種専門店街（古書、スポーツ用品、楽器、電器など）の集積、独特の食文化（カレー、そば、喫茶店など）、歴史ある数多くの老舗、名建築、神田明神やニコライ堂などの宗教施設とそれにまつわる習わしなど、枚挙にいとまがない。また周辺の学校や学生、ユニークな活動をしている人や組織なども貴重な地域資源である。淡路エリアマネジメントは、地域資源を活かしたイベントや情報発信をしていくのはもちろんのこと、埋もれた地域資源に光をあてたり、これまでにない切り口で編集したり、違う要素と組み合わせたりすることで、新たな価値を生みだしていく。

われわれの描くシナリオは以下のとおりである。固有の地域資源を磨き、活かしながら、イベントと情報発信を行っていくことで、にぎわいが生まれ、人々の交流が活発になる。そうなればなるほど、域外の人は「来訪したい」「住みたい」とこの地域に注目するようになる。そして彼らが実際にこの地域を訪れれば、さらににぎわいとコミュニティは大きくなっていく。同時に、域内の人たちの場所に対する興味と関与が増えれば、愛着と当事者意識が醸成される。おのずとこの取り組みに対する賛同者が増えていく。そして面白い人、面白いコンテンツが集まりやすくなり、活動はさらに魅力的になっていく。そういった好循環が生まれていくなかで、ワテラスを中心とする淡路・神田エリアのブランドが構築され、「選ばれる街」「望まれる街」として台頭し、直接的に不動産の価値が上がる可能性も充分にある。

当面の課題は活動を支える資金や人手である。先述のとおり、淡路エリアマネジメントの活動資金は再開発組合の残した活動拠出金に、人手は完全に安田不動産に頼る状態であり、継続的かつ安定的な運営が可能な状況とは言いがたい。淡路エリアマネジメントは、今後活動をするなかでにぎわいと交流だけでなく収益も同時に生んでいくような仕組みを築いていかなければならない。まちづくりと収益事業は決して相反するものではない。淡路エリアマネジメントは、その二つを同時に満たすような取り組みを行い、そして多様な主体を巻き込みながら、組織として自立を果たす必要がある。

一般社団法人 淡路エリアマネジメント 事務局マネージャー
安田不動産㈱ 資産営業事業本部 資産営業第一部 第三課副長
松本久美

ワテラスマルシェの様子 （出典：一般社団法人 淡路エリアマネジメント資料）

地域情報誌「FREE AWAJI BOOK 8890」
（出典：一般社団法人 淡路エリアマネジメント資料）

事例 11　大阪御堂筋

御堂筋を軸としたビジネス街のエリアマネジメント

御堂筋まちづくりネットワーク

　御堂筋は大阪市内を南北に貫く全長約 4 km のメインストリートである。約 44 m の幅で大阪駅（梅田）と難波の 2 大ターミナルをつないでいる。沿道にはビジネス街や、高級ブランドショップが並ぶ商業地など、いくつかの顔がある。時代にあわせてその表情も変化してきているが、ターミナルエリアのような大規模開発に誘発される大きな変化は乏しい。その御堂筋が今また注目されつつある。契機としては、にぎわいや防災のポテンシャルアップをエリア全体で進める流れが出始めていることや、御堂筋の街路空間再編の動き、2013 年度に定められた地区計画などの都市計画の方針転換があげられる。

　ここでは、御堂筋の中でもビジネス街とされる淀屋橋から本町までの御堂筋の北側のエリア約 1.2 km の区間における、まちづくりのこれまでの経緯とこれからの取り組みを紹介する。

1 設立の経緯

　この区間の特徴は、いちょう並木と、高さの揃った沿道のオフィスビルがつくりだすパースペクティブな景観による"風格ある街並み"である。

現在の御堂筋（淀屋橋～本町）

　経済成長期の'90 年代までは、沿道にはオフィスエントランス以外は金融機関の店舗など、限られた機能しかなかった。2000 年代に入って、従来から平日の 15 時以降や週末のにぎわいが少ないことが指摘されていたことに加えて、金融再編によって沿道 1 階に空きスペースが見られるようになり、エリアのポテンシャル低下が進んだ。このような状況を受けてエリアを活性化するために、地権者が中心となったタウンマネジメント組織（TMO）を立ち上げることが必要との声が行政や経済界で高まった。

　また、この区間の風格ある景観を誘導している建物の高さ規制が、建て替え検討の際に、アップグレードするオフィス仕様を確保するうえで必要な階高の確保を制約していたため、エリア全体の規制緩和の声が高まっていた。

　こうした機運を背景に、大阪市や関西経済連合会などの協力を得て、2001 年 12 月、沿道街区の地権者の有志 23 社と関西経済連合会、都市再生機構の 2 団体によって「御堂筋まちづくりネットワーク」が設立された。

2 御堂筋まちづくりネットワークの概要

　御堂筋まちづくりネットワークは、「活力と風格あるビジネス街」として維持発展することをめざして、地元の視点から課題解決策を検討し、行政とのパートナーシップを図りながら活性化に向けた活動を行うことを目的としている。

　活動エリアは、淀屋橋の土佐堀通から、本町の博労町通までの御堂筋に面する街区で、この区間の御堂筋に面するビルの棟数で約 7 割が参加している。

　設立当初から、地権者の立場でまちづくりに関する提言活動とプロモーション活動を行ってきた。まちづくりの提言活動については、御堂筋のオフィスの立地性を高めるため、街区内の高さ規制の緩和や御堂筋の緩速車線の再編の提言を行ってきた。またプロモーション活動で

は、この地区で働くビジネスパーソンに快適に活き活き働いてもらうことと来街者に御堂筋の魅力を感じてもらえるよう、コンサート、講演会、ガーデニングアート展、フォトコンテストなど、さまざまな取り組みを行ってきた。

こうした活動の財源はすべて会員からの会費で賄っている。また、会員企業の若手が中心となり、本来の業務のかたわら、協力して推進してきた地道な活動である。

こうした活動を12年以上継続してきた結果、エリアや活動の認知度はおおいに高まった。また、近隣の企業との交流が増し、企業市民が地縁でつながるネットワークが充実してきたことは、大きな成果と言える。

1 活動状況、運営体制

御堂筋まちづくりネットワークは、3年をワンクールとした有期の活動を原則としており、クール最終年度には次のクールへ活動を継続するかを会員に諮っている。2014年2月に、臨時総会で2016年度までの第5クールへの活動継続を決め、代表幹事である大阪ガスはじめ7社の幹事会社、特別会員である都市再生機構、オブザーバーの関西経済連合会、事務局竹中工務店が中心となり、新たな方針のもと活動していくこととなった。

この地区に新たな地区計画が定められ、建物高さの制限緩和と、容積割増制度が新設された。会の設立以来提言してきた、これまでの景観形成の思想を継承しながらも、高さ制限を緩和し建て替え促進を図るべきとの主張が実現した。また4月には、「大阪市エリアマネジメント活動促進条例」が制定されるなど、これまでの行政指導型のまちづくりから、官民連携を一層進めたステークホルダーによる協議型のまちづくりへと方向性が変化してきている。

こうした動きを受けて、これまでの提言を中心とする活動から、より実践的に街並み誘導やエリア管理に関わっていく活動へとシフトしていくこととした。

まずエリア加入率の状況は、上記の行政側と民間側の活発な動きを受け、参加企業も5社増えて33社と都市再生機構の1団体となった。またエリア・プロモーションの体制充実を図るため、地権者の会としての枠組みを広げ、沿道店舗などにテナント会員として参加いただけるよう規約改正を行った。テナント会員も順次入会いただき、現在3社に参画いただいている。

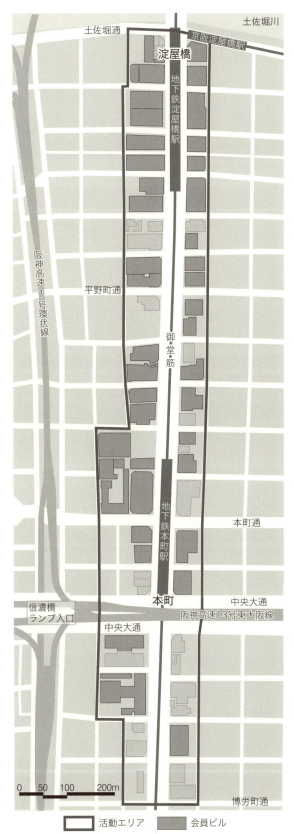

図1　活動エリア

3章　大都市既成市街地における活動事例　83

また、新たに定められた地区計画や御堂筋デザインガイドラインには、沿道建物のデザインルールや、低層部ににぎわい施設を誘導することが定められている。これを受けて、地域としてどのような低層部のにぎわいを求めるかを具体的に議論していくことが必要となり、これに対応する部会を新設した。これまでの「都市環境部会」「プロモーション部会」による2部会体制から、新たに「ガイドライン推進部会」を設け、「プロモーション部会」改め「にぎわい創出部会」と、従来からの「都市環境部会」の3部会体制で活動していくこととした。三つの部会活動を通してこの地区の将来像を今一度、会員間で議論しイメージを共有することを当面の目標としている。

②部会活動

　各部会ではテーマに沿って次のような取り組みを行っている。

●ガイドライン推進部会：デザイン誘導への関わり

　大阪市が推進する地区計画や御堂筋デザインガイドラインにもとづく、沿道建物のデザインルールづくりや、低層部のにぎわい施設誘導に、地域として積極的に関わっていくこととしている。個別案件のデザイン審査プロセスにも地域の意向を反映する機会が設けられている。その協議の受け皿に「ガイドライン推進部会」がなり、民間側として協力して、「御堂筋デザインガイドライン」の効率的で実効性ある運用支援を目ざす。

　まず、沿道ビル低層部に誘導しようとする"上質なにぎわい"とは、どのようなデザイン、設えが施されているのが望ましいか、また、御堂筋沿道の壁面後退部分にオープンカフェを設ける際のルールなどを、市と協議しながら検討を始めている。

　現在、部会長企業の大阪ガスをはじめ19社の会員企業で部会を推進している。将来的には、法人格をもって本格的なエリアマネジメントやBIDに取り組んでいくことを視野に、体制、取組内容、課題などについても今後議論していく予定である。

●にぎわい創出部会：にぎわい創出の推進

　エリアのプロモーションに関しては上述のとおり、この12年間さまざまな取り組みをしてきた。会の設立当初は、エリアでのイベント自体が少なかったため、主催イベントを中心に、沿道の方たちを対象とする活性化イベントを企画実施してきた。その甲斐あってかここ数年は、御堂筋イルミネーションや大阪クラシックなど、沿道での大規模集客イベントが増え、沿道店舗でも朝活やセミナーなど、工夫を凝らした体験イベントや催しが増えた。最近では、こうしたイベントとの広報連携によりエリアや活動の認知度向上を図るプロモーションのスタイルが定着してきた。

　今年度からは、イベント開催を通じた地域活性化から、沿道店舗などによる日常的な持続性のあるにぎわい創出に注力することをより鮮明にし、部会名称も「にぎわい創出部会」と改め、積水ハウスを部会長とする21社で新たな活動をスタートさせた。

　2014年の主な取り組みは、昨秋、大阪市と連携して壁面後退空間でオープンカフェなどを行ったにぎわい創出の実証事業「御堂筋ピクニック」を、今秋さらに発展させ、沿道店舗がオープンカフェをせり出して展開することで日常的なにぎわいとし、御堂筋の将来像として検証する実証事業を行うことである。この実験を契機に、オープンカフェの一部は常設化していくこととしている。

　あわせて、道路空間のにぎわい活用の社会実験も同時に行うことで、街路空間の将来像を総合的に検証できる機会にしたいと考えている。

　また、今年度から、南北に延びる活動エリアを、淀屋橋エリア、平野町エリア、本町・本町南エリアと三つに分けてエリアリーダー制を導入することとした。

　淀屋橋エリアは三井住友海上火災保険、平野町エリア

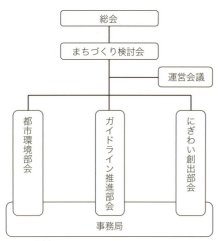

図2　体制図

は京阪神ビルディング、本町・本町南エリアは積水ハウスがエリアリーダーとなり活動をリードしている。

エリアごとに微妙に異なるまちの魅力を引き出し、多様な魅力にあふれる御堂筋とすること、および会員各社に自社のビルが建つ、より身近なエリアで活動してもらうことで、地域をより身近に感じてもらうことを期待している。5月にエリアリーダー制ではじめて実施した御堂筋彫刻の一斉清掃では、例年にも増して多くの方々に参加いただくなど、早くも成果が出てきている。

● 都市環境部会：街路環境のあり方の検討

都市環境部会では引き続き、社会環境が変化するなか、現状の会員意向を確認しながら、エリアとしての街路空間に関する考えを発信していくこととしている。会の発足以来、提言してきた沿道建物高さの規制緩和は実現し運用段階に入った。一方、緩速車線の歩行者空間化など、道路空間の再編の具体化については、まだこれからである。

道路空間のにぎわい利用については、さまざまな考えがあるが、現状、点で立地する沿道店舗などのにぎわいを街路空間の仮設のにぎわいが線としてつなぎ、沿道ににぎわいを誘導する契機になると期待している。また、グローバルな魅力づけをしていくうえでは大胆な空間再編を要するとも考える。

NTT都市開発を部会長とする11社からなる都市環境部会は、高質な街路環境の形成へ向けて、道路空間（緩速車線、歩道）や沿道景観のあり方について、改めて現状での会員意向を取りまとめていくこととしている。

3 今後に向けて

ポテンシャルの高いビジネス街には、オフィス単一でなく、多様な機能があり、刺激しあう機会・空間が溢れている。

そうした視点からやるべきことは多くあるが、エリアとして、どういった企業が集積し、どのような人たちに来街してもらいたいか、そのために何が必要かを考え、優先順位をつけて取り組む必要がある。

にぎわいづくりの他、緑化、美化、防災や、デザイン誘導などで地権者の共感が得られる取組は何か。費用対効果を考えながら、これら取組内容を整理し、それを実行する組織を立ち上げ、それを支えるために利益を享受する人たちが等しく負担するルールをつくることが望まれる。持続可能な体制としていくために、今後も、これらの課題を会員間で議論しながら、一つひとつクリアしていかなければならない。

ビジネス街とその周辺において、地権者・ビル所有者やオフィス・サービスなどのテナントが行政、関係団体とベクトルをあわせて前述のような取り組みを進めることにより、ターミナルなどの拠点開発とは異なる広がりがありエリアポテンシャルの高い街をつくりあげることができると考えている。

御堂筋まちづくりネットワーク 事務局長
㈱竹中工務店 開発計画本部長（西日本担当）　髙梨雄二郎

2013年秋の実証事業『御堂筋ピクニック』

会員による御堂筋彫刻の一斉清掃

事例12　名古屋栄ミナミ

イベント活動をとおして、歩いて楽しいまちづくりへ

栄ミナミ地域活性化協議会

　市のほぼ中心に位置し、名古屋を代表する繁華街である栄エリアにおいて、地下鉄栄駅・名鉄瀬戸線栄町駅より南側の矢場町駅周辺までは「栄ミナミ」という通称を持つ。本地区では2007年初めに地域活性化のための協議会を立ち上げ、「歩いて楽しい街づくり」をテーマに大規模なイベントを次々と成功させている。地元の商店街や町内会役員が中心となって活動を進めているが、地域活性化イベントの趣旨に賛同する協力会社の参画により、イベントやプロモーションのプロスタッフの力も加わっている。つまり、それぞれの利点をもち寄って一つのコミュニティとなり、地域活性化を推し進める「コミュニティ実現タイプ」といえよう。

1 地区の概要

　本地区のある栄エリアとは、名古屋市中区の栄交差点および市営地下鉄栄駅・名鉄瀬戸線栄町駅周辺の名古屋の中心地に南北に広がる一大商業エリアである。「栄ミナミ」地区には、栄駅から南側へ向かって目抜き通りである南大津通が伸び、名古屋三越、三越ラシック、松坂屋、名古屋パルコなどの百貨店やファッションビル、ブランドショップが林立。路地にも飲食などの店舗が多く、休日だけでなく平日にもつねに多くの人が行き交い、活気にあふれている。「栄」と名が付いたのは明治時代に入ってからとされ、その後、この地区が「栄ミナミ」と呼ばれ始めたのは2006年のことである。

2 組織化の経緯と"コミュニティ"としての成り立ち

　2006年末、本地区の活性化のために組織されたのが「栄ミナミ地域活性化協議会」である。ここでは、本協議会の組織化の経緯、さらに"コミュニティ"となりえた要因について説明する。

1 組織化の経緯

　もともと栄ミナミ地区には、町内会を中心に構成された「栄中部を住みよくする会」が存在し、安心・安全で魅力的な街づくりを行政とともに進めていた。大型商業施設「ミッドランド スクエア」の誕生などに沸く名駅エリアに刺激を受けたこともあり、本地区を盛り上げようと、㈱アイ・アンド・キューアドバタイジングの藤井一彦氏、㈱サンデーフォークプロモーションの桑原宏司氏、㈱ゲインの藤井英明氏らの呼びかけで、地元の経営者、大学の教員、政治家、マスコミ関係者などさまざまな業界で活躍する人材が集まり、2000年頃から勉強会を行うようになる。

　まずは実際にイベント開催をと奮起し、最初に企画されたのが「栄ミナミ音楽祭」であり、実行のために組織され

図1　栄ミナミ地区の位置

たのが「栄ミナミ地域活性化協議会」であった。先述の「栄中部を住みよくする会」と協同したうえ、各商店街にも参画を呼びかけ、さらに名古屋市・警察などの協力も得たうえで協議会を結成。半年足らずの準備期間をへて2007年5月には、「栄ミナミ音楽祭」を成功に導いた。

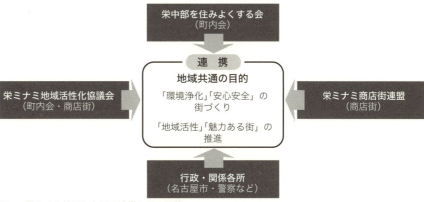

図2　栄ミナミ地区における連携とその目的

② 各任意団体について

ここでは栄ミナミ地区の活性化に取り組む各任意団体について、説明する。

● 栄ミナミ地域活性化協議会

栄ミナミ地域の活性化をめざし、18の町内会からなる「栄中部を住みよくする会」と協同して街づくりについての「方向性の検討」と「具体的な取り組み」を行う。さらに六つの商店街が加わることで、より効果的で一体感のある街づくり事業を推進する。

● 栄中部を住みよくする会

「栄中部地域の安心安全で住みよい街づくり」をめざし、18の町内会から構成されている。

● 栄ミナミ商店街連盟

栄ミナミ地区の商店街の継続的な発展を推進するため、五つの商店街振興組合から構成されている。

③ "コミュニティ"となり得た要因

「栄ミナミ地域活性化協議会」は、町内会と商店街振興組合という地域社会の組織と、イベントやプロモーションのプロスタッフが協同して地域おこしを進めるという形が特徴的かつ強みでもある。しかし、結成当初においては地域住民側で活動に消極的な姿勢を示したり、警戒心を唱える声もあった。初回の音楽祭の成功を契機として、イベントの実行委員会で熱の入った議論や反省会を共に重ね、また食事や酒を楽しみ、さらにプロスタッフが町のボランティア活動に参加し、地元の伝統ある祭りに顔を出すなど交流を重ねていくうち、一つの"コミュニティ"にまで育っていった。

組織結成から8年を経過した現在、関わるさまざまな立場の者がお互いを"仲間"と認め合うにいたったのである。現在では、イベント時に発生したトラブルの解決に住民が一役買ったり、一方で他民間団体が本地区でイベント開催を望む場合に、プロスタッフらが地域との媒介役となるなど、良好な協力関係によりさまざまな催事を精力的に開催・運営している。

3 活動の内容

「栄ミナミ音楽祭」の成功を機に、大規模なイベントを次々と実現させ、現在では季節ごとに栄ミナミ地区の中央にある「矢場公園」を主会場として三つのイベントを主催している。また春と秋には南大津通にて歩行者天国を開催。イベントごとに、地元住民が中心の実行委員会をつくっているが、さらに主催を栄ミナミ地域活性化協議会だけでなく、「栄中部を住みよくする会」「栄ミナミ商店街連盟」の3組織それぞれに分担させることで、各組織に役割を持たせ、当事者意識を高めている。

また名古屋市が応援に入るほか、中警察署や中消防署も実行委員会のメンバーとして参加。多彩な業界のそれぞれ異なる経験を持つスタッフが集い、上下関係も少ないため、自由な発想による発展的な結論がイベントの楽しさや高評価につながっているようである。ここでは、各イベントについて、紹介する。

① 栄ミナミ音楽祭

2007年にスタートした春のイベントで2014年5月には8回目が開催された。主催は栄ミナミ地域活性化協議会。街全体を「一つのライブステージ」としてとらえ、一日中、公園や街角、飲食店や神社の境内などエリア内の多彩な場所でライブステージが行われる。店舗など

チャージが必要な一部会場を除き、無料で楽しめるのも特徴である。初回の2007年には矢場公園とナディアパーク内アトリウムをメイン会場に、周辺10会場で45組のアーティストがライブを実施した。

以降、年を重ねるごとに参加アーティスト数を増やし、2012年からは隣接する栄キタのテレビ塔や大須地区にも会場を拡大。2014年開催時は全44会場に360組を超えるアーティストが登場したが、参加を希望するアーティスト数に会場数が追い付かなくなり、選考レベルを上げて断らざるをえないほどであった。また、地元のAM、FM4局によるイベントと連動した公開録音、公開放送も行われ、局の垣根を超えて地元を盛り上げた。

なお栄ミナミではエリア全体のWi-Fi化を目ざしており、本イベントの特設サイトも開設。ホームページ上のタイムテーブルをスマートフォンなどで確認しながら回れる点も好評を得ている。全国各地からの来場者も年々増え、2014年には来場者数約23万人を記録。イベント自体が大きな交流の場へと成長を続けている。

② 栄ミナミ盆おどり@GOGO

かつては栄ミナミの夏の名物であった盆踊りが、復活を望む地元からの声に応え2008年8月、40年ぶりに矢場公園で復活を果たし、2014年8月に7年目を迎えた。主催は栄中部を住みよくする会。住民と来場者がコミュニケーションをとるという趣旨のもと、名古屋の中心で気軽に立ち寄れるイベントを目ざしている。

盆踊りだけにとどまらず、「大治太鼓尾張一座」の迫力ある和太鼓パフォーマンスや地元歌手による演歌からご当地アイドル、本場のタヒチアンダンス、サルサダンスまで幅広い踊りを披露。懐かしい盆踊りを再現するだけでなく、現代人が楽しみを共有できるエンターテインメント性も重要視した催しへと発展させている。

③ 名古屋グルメ選手権（NAGO-1グランプリ）

2011年秋に誕生したグルメイベント。愛知県の地産地消をテーマとした個性豊かな名古屋グルメが一堂に会し、来場者の人気投票により名古屋を代表するメニューを決定する。主催は栄ミナミ商店街連盟であり、魅力あふれる多彩な名古屋の食の魅力を発見・発信することで、「名古屋の食文化」を通じて、地域、企業、店舗、消費者を結びつけ、地域ブランドを確立することを趣旨としている。

4年連続で開催しており、2014年の開催時には地元の人気飲食店22店舗（25メニュー）が参加。三河地鶏、三河豚、八丁味噌、西尾抹茶、瀬戸焼きそばなど愛知県の食材・名物が集まり、新作を含めた「名古屋めし」が提供された。12日間で約4万4千人が来場し、連日大盛況。アーティストのステージショーやゆるキャラを呼んでの産地PRステージなども用意され、こちらもエンターテインメント性を持たせたイベントとなっている。

④ 南大津通歩行者天国

2011年、27年ぶりに南大津通の歩行者天国が復活した。1970年に初めて実施されて以来「なごや日曜遊歩道」の名称で84年まで続いたが、交通量の増加などを理由に長らく中止されていた。再開に際しての大きな変更点は運営主体。名古屋市や警察主体などの公的機関から「南大津通歩行者天国運営委員会」に主催者が変わったが、上記3イベントのメンバーも参加しており、なか

栄ミナミ音楽祭

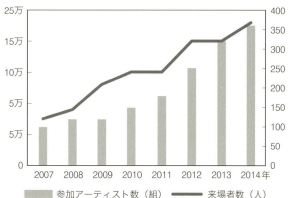

図3 栄ミナミ音楽祭 来場者数・参加アーティストの推移

には運営委員会の中核となる者もいる。

三越ラシックの開店などにより通り沿いの人の流れが変わったこと、さらに各種イベントの成功によりさまざまな関係者間のコミュニケーションが円滑になってこその再開実現となった。2012年以降は春と秋の期間内の一部の日曜日に大津通栄交差点―矢場町交差点の約700 m間で実施。あわせてファッションショーや音楽イベント、移動販売車の出店など各種イベントが日を変えて行われ、1日当たりの来場者数が平均15〜18万人を記録するほどの反響を得ている。

4 財源と地域メディア

現状のイベント運営のための財源としては、まずタイアップなどによる企業協賛が主である。栄ミナミ音楽祭の場合、初年度開催時と比べ、2014年には協賛企業が2倍以上となった。年間で栄ミナミのイベントとタイアップを行う一流企業を確保しているのは心強い点といえよう。加えて商店街・町内会からの地元協賛、さらに物販の販売収入も重要な財源である。イベントによってそれらのバランスが異なり、出店料などを募る催しもある。

なお、南大津通商店街の街路灯70基にバナー広告を掲出することによる広告料を得ている。従来は地元の企業からの依頼が主であったが、歩行者天国の再開によって本地区は全国区の企業からも注目を集めており、エリアプロモーションの場としての価値を高めていると言えよう。

一方で、栄のブランド力を高めるイメージキャラクターとして「SAKAE GIRLS」をプロデュース。名古屋で活躍する女性トップモデル8名を2013年4月にデビューさせ、栄ミナミの将来を見据えたブランディングのため、イベントや各メディアを通じて「栄」のイメージを発信している。なおFM愛知にて「SAKAE GIRLS COLLECTION」という番組を担当。メッセンジャーかつメディアの役割も果たしている。

5 総括と課題

総括すると、栄ミナミ地区活性化の成功の要因は、地域住民が主催するゆえの温かみと、イベントやプロモーションのプロスタッフが主導しているゆえの洗練されたエンターテインメント性の融合にあるといえよう。双方が力を合わせ、一つのコミュニティとして親密な関係性を作ることができてこその達成である。

課題としては、第1にイベントの規模拡大にともなう、運営費用拡大の必要性である。たとえば栄ミナミ音楽祭の場合、2014年開催では過去最高の集客を達成しており、今後はさらなる協賛収入の拡大を目ざす必要がある。

イベントの質をさらに上げることで、企業協賛の価値を高めることは一つの方法であろう。第2の課題は世代交代の必要性である。現状、50代、60代のスタッフが中心となり精力的に活動してはいるが、将来的に運営を続行していくためには、世代交代も課題となる。30代、40代のスタッフの参画を期待したい。

栄ミナミ地域活性化協議会 事務局長　清水洋一

南大津通歩行者天国

SAKAE GIRLS

4章
エリアマネジメント活動の課題

六本木ヒルズの盆踊り(提供:六本木ヒルズ統一管理者)

1節

エリアマネジメント活動の現在とこれからに向けての提言

東京都市大学都市生活学部 教授
NPO 法人 大丸有エリアマネジメント協会 理事長　**小林重敬**

1 ── エリアマネジメント活動の現在

2章および3章ではリアマネジメント活動の現時点での事例を、大都市拠点駅を中心とする地区および大都市既成市街地における地区の代表例について紹介している。

大都市拠点駅を中心とする地区としては、東京駅、名古屋駅、大阪駅、横浜駅、さらに博多駅というわが国を代表する拠点駅周辺地区で、鉄道事業者も含めて、地区の代表的な地権者が社会関係資本を構築して、それぞれの地区特性に応じてエリアマネジメント活動を展開していることを紹介している。

一方、3章では、大都市既成市街地における地区：福岡天神地区、東京銀座地区、東京日本橋地区、神田淡路町地区、大阪御堂筋地区、名古屋栄地区という大都市の歴史・伝統や文化に根ざした伝統をもっている地区におけるエリアマネジメント活動を紹介している。1章1節の2「「社会関係資本」と「ソフトロー」」のなかで、「社会関係資本」は歴史・伝統や文化などにも深く関わるので、長期にわたって形成されてきた「社会関係資本」はそれだけ強固なものとなることを述べているが、上記の地区はいずれも、その類型に含まれる地区である。ここでは大都市拠点駅を中心とする地区以上に地区特性に応じたエリアマネジメント活動が進められていることを紹介している。

しかし、大都市拠点駅を中心とする地区と大都市既成市街地における地区に共通する課題もそこから見えてくる。

それは、1章の2節、3節で見たアメリカやイギリスのBIDの実際と比較してみると明確になることであるが、財源と組織の課題である。

財源を見ると、アメリカやイギリスのBIDでは地区の地権者や事業者などに行政が課税をして、財源を地権者や事業者で構成される BID 組織に提供し、多くの地区では、それを中心的な財源としてエリアマネジメント活動を展開している。

わが国では、そのような制度がなかったために、アメリカやイギリスのBIDでは従となっている財源である自主財源のみに頼っており、財源問題がいずれの地区でも最大の課題となっている。

また組織の点でも、アメリカやイギリスのBIDは制度にもとづく組織であり、そのために一定の権限が付与されている。わが国では、そのような中心的な制度がないため、任意組織の協議会、一般社団法人、株式会社、NPO組織など、多様な組織として活動しており、そのための活動の限界も各地区で認識されている。

ただ、2014年3月に大阪市でエリアマネジメント活動促進条例が制定され、2015年4月から運用されている。その内容については6章の2節で紹介されている。

大阪市エリアマネジメント活動促進条例は、わが国のいくつかの既存制度を組み合わせ、活用しているため、アメリカやイギリスのBIDと比較すると限界があるが、財源、組織の点では、一定の前進を見ていると考える。

そこで、4章2節では財源の課題に積極的に取り組んでいる、札幌駅前地区、浜松駅前地区、六本木ヒルズ地区、グランフロント大阪地区を紹介している。また3節では組織について工夫を凝らしている福岡天神地区、大丸有地区、秋葉原地区について紹介している。

2 ── エリアマネジメント活動のこれから

2012年度から業務商業機能が集積している大規模ター

ミナル駅周辺などで活動を行っているエリアマネジメント組織が集まり、今後の大都市都心部におけるエリアマネジメントの取り組みのあり方や、取り組みを推進していくために必要な制度などについて有識者とともに議論する機会を「環境まちづくりサロン」としてもった。

それらの議論の内容をもとに各地のエリアマネジメント組織や国、地方自治体に対して、エリアマネジメントのさらなる展開に向けてのメッセージ発信や政策提言を行っていくこととし、その議論を集約する場として「環境まちづくりフォーラム」が企画された。

第3回目の東京フォーラム（2012年12月4日）は、大丸有エリアマネジメント協会、エコッツェリア協会、大丸有まちづくり協議会を中心に開催され、東京都心部および国内各地の大都市都心部でのエリアマネジメント活動の取り組み状況についてパネルディスカッションを行い、エリアマネジメント組織が現在抱える共通する課題や改善策、および継続的活動を進めるための組織、財源などの制度的な仕組みについて議論を展開したので、これを紹介する。

1 エリアマネジメントの考え方の展開

サロンおよびフォーラムの議論では、これまでのエリアマネジメント活動の取り組みが、どのような方向性で展開されてきたのか、さらに今後の取り組みとしてどのような点が大事になるのかについて多くの意見が出された。それらをまとめると以下のようになる。

まず、エリアの計画段階からエリアマネジメントを考え、活動・空間・体制をリンクさせるために開発にあたって必要な空間を生みだしていくとともに、運営していく組織体制を同時に考えていくことが必要である。

取り組みの第一歩として、エリア内のさまざまな主体との緊密な関係性を構築し、さらに課題、価値観を共有する必要がある。したがって、エリアマネジメントを担う主体はエリア内の関係者をつなぎ、価値観の共有を促すような取り組みから始めていくことが必要である。たとえばさまざまな分野での社会実験的な試みなどがその事例である。

具体的な取り組みとして、まずエリアが抱えている課題を共有し、その解決に向けて行動する必要がある。さらにエリアが擁している資源を活用し、エリアの活性化に関係者が協働して取り組む必要がある。そのことが実現すると関係者の絆は強まり、エリアマネジメント活動は深化する。

2 これからのエリアマネジメントの考え方

これまで進められてきたエリアマネジメント活動は、多くの場合、エリアの課題解決やエリアの活性化を目ざしてきた。そのような活動は今後も必要であると考えるが、サロンやフォーラムでは、エリアマネジメント組織が、近年の社会動向から生まれてきて、今後取り組んでいく必要がある重要なテーマについて議論を行い、参加者は以下のように認識を共有し、エリアマネジメント組織として活動を展開していくことが必要と考えた。簡潔に述べるならば、これまでのエリア内を対象とした「内向きのエリアマネジメント活動」から、新しい社会動向を見据えた「外向きのエリアマネジメント活動」への展開である。

①社会的な課題である「環境・エネルギー」および「防災・減災」に関する取り組みをエリアマネジメント活動の重要な取り組みとして実践する必要がある。すなわち、環境への配慮や大災害への対応といった、近年急速に意識されている社会的課題は、都市のつくり方や都市の活動と密接に関係しており、エリアの地権者をはじめとする多くの主体が連携して取り組むことによって効果が上がる課題である。したがってエリアマネジメント活動の今後の重要な取り組み領域として実践していくことが必要ある。

アメリカやイギリスでのBID活動が、「防犯・清掃」というそれらの国の大都市都心部における喫緊の課題

欧米のエリアマネジメント（BID）の目的	日本のこれからのエリアマネジメントの目的
➤ 治安維持・清掃・公的施設管理などの行政の上乗せサービスの提供	➤ 環境・エネルギーと防災・減災への積極的な取り組み
➤ マーケッティングや商業・産業振興などの行政からは得られにくいサービスの提供	➤ イベント開催・文化活動・都市観光活動・就業者や来街者と交流・商業振興

図1　わが国のエリアマネジメントの目的

への対応として始まり、その「公共性」の高さがBID制度の成立、さらにその後の継続的、発展的活動につながっていることを考えると、わが国におけるエリアマネジメント活動における「公共性」をもった活動として「環境・エネルギー」および「防災・減災」を考える意味が出てくると考える。

②「環境・エネルギー」と「防災・減災」を掛け合わせて考え、マイナス（リスク）を減らしプラス（魅力）を生みだすことが必要である。「環境・エネルギー」と「防災・減災」は個別に考えるのではなく、平時の「環境・エネルギー」への対応と有事の「防災・減災」への対応を掛け合わせていくことが必要である。

❸これからのエリアマネジメントが必要とする政策・制度

先に述べたように、これまでのエリア内を対象とした「内向きのエリアマネジメント活動」から、新しい社会動向を見据えた「外向きのエリアマネジメント活動」への展開を考えると、エリアマネジメント組織が、いわば「新たな公共」を担う組織として活動することになる。とくに業務商業機能が集積している大規模ターミナル周辺などで活動を行っているエリアマネジメント組織が、そのような活動を行うことは次のような意味があると考える。

もっとも大切なのは、わが国の拠点都市の中心部は、有事、すなわち大災害が起きたときには日時をおかずに復活するエリアであること、また平時には、地球環境問題を常に意識した活動を行っているエリアであることを世界に向けて発信することである。

そのようなエリアマネジメント活動の展開を考えると、活動を支える、さまざまな制度的支援や規制の緩和などが必要になると考える。

そこで、以下のような政策・制度について提案していくことが重要になる（以下の提言部分は原文のままである）。

提言1 エリアマネジメント組織に対する支援・優遇策の強化

エリアマネジメント組織は基本的には民間が主体となった組織ですが、今後の活動は環境や防災等、極めて公共的な部分も担うことになります。つまり、公共的な活動を機動的、継続的に展開する民間組織が、エリアの特性

に応じてよりきめ細かく担っていく活動となります。そのため、エリアマネジメント組織が円滑に活動を行えるように、組織にかかる税の優遇や各種行政手続きの簡素化等の支援・優遇策を強化していくことが必要です。

提言2 取組み実践に向けた基盤として、様々な情報の収集・蓄積・活用に関する仕組みを作る

「環境・エネルギー」に関する取組みを実践していくためには、何処でどれくらいの資源を消費しているのかについて把握することが求められます。また「防災・減災」対応についても、災害時において適切な行動が出来るように、安全な待機場所や備蓄物資等の情報を把握し、その情報を共有していくことが重要となります。これらは、エリアマネジメントを担う主体がエリア内の環境や防災に関する具体的な情報を収集、蓄積し環境性能や防災性能の向上に向けて適切な対応を図っていくことの必要性を示すものです。しかし「環境・エネルギー」や「防災・減災」対応に関する情報は、新しい社会的課題に関わる情報であるため、国や自治体が先導的に確保している情報も多いと考えられます。そこでまずは、国や自治体が保有している様々な情報を行政内部で整理し、蓄積、共有化していくことが必要となります。そして、それら情報にエリアマネジメント組織が容易にアクセスできる仕組みを作ることが必要です。

提言3 公共空間の管理・活用に関する制度構築・運用改善

現在、エリアマネジメント活動は公共空間を使って様々な活動を行っており、今後も公共空間を活用した各種イベントや収益活動、各種システムの設置、民地と公共空間の連携した活用等が必要であり、公共空間が非常に重要となります。一方で現状では、様々な社会実験等の取組みの中で公共空間の活用が行われるようになっていますが、本格的な活動を展開するには様々な障壁が依然として残っていると考えます。今後のエリアマネジメント活動の充実に向けては、公共空間の活用についてより柔軟な対応が行われるよう制度構築、運用改善していくことが必要です。

提言4 環境・防災対応という公共性をベースにした新たな資金確保方策の構築

海外におけるエリアマネジメント活動は、防犯・災害予防や地域再生等、極めて公共性の高い領域を担ってお

り、それがエリアマネジメント組織の存続と継続的な活動を進める財源確保につながっています。日本においても、社会的な課題である「環境・エネルギー」や「防災・減災」についてエリアマネジメント活動として取組むことや、より高い公共性を持った「外向きのエリアマネジメント活動」を推進していくことへの官民からの期待の高まりが顕著になってきています。これに応えるには、エリアマネジメント活動を継続的に支える多様な財源を確保する必要があります。そのため、⑦これまで我が国のエリアマネジメント組織が進めてきたエリアマネジメント広告事業や公開空地活用等に加えて、④海外で一般的に導入されている BID のように、一定のエリアを限って、固定資産に対する上乗せ課税による税収を当該エリアで活用する仕組みを我が国で実現することも必要と考えます。さらに、⑦都市計画税の当該エリアでの活用など既存税収からの財源確保も本格的に進めることが必要です。また、海外で TIF と呼ばれる手法のように、 ㊥一定のエリアに対して将来の固定資産税上昇分を見込んだ公共投資を進めることによって民間投資を誘発していくような動きを作り出していくことも必要です。

提言5 **エリアマネジメント活動に関する評価方法の検討と評価の仕組み構築**

　エリアマネジメント活動がエリア内の様々な主体の理解を得て展開していくとともに、しっかりとした財源を確保していくためにも、エリアマネジメント活動によって、エリアにどのような成果が生まれるのか、どのようなメリットが生まれるのかについて把握し、それを外部に示していくことが重要です。そのため、エリアマネジメント活動によってどのような成果があがるのか、それをどのように把握し、評価するのかについての手法を確立するとともに、それを公的に評価する仕組みを構築していくことが必要です。

提言6 **エリアマネジメント活動を担う新たな法人制度の創設**

　これまでのエリアマネジメント活動を担っている組織は、それに適した組織の仕組みがないため、NPO 組織、株式会社組織、社団法人組織、任意組織など様々な形態をとってきました。現時点でエリアマネジメント活動を進めている組織にとっても、新たな法人組織が期待されてきましたが、さらに「環境・エネルギー」や「防災・

減災」などの新しい公共性を担った活動を進めるエリアマネジメント組織には、より本格的な組織形態を実現する制度の構築が必要になります。そのような活動に対応していくということは、エリア内の様々な主体に対して、環境や防災についての公共的なサービスを提供していくために、エリアマネジメント組織が行政を含め様々な主体をつないでいくコーディネーターとして動いていくことが重要となります。そこで、エリアマネジメント組織が担う今後の具体的な活動についての検討を踏まえて、必要に応じて公共的な領域を担いつつ、民間の視点で機動的に活動できる法人制度の創設とそれに行政の認証を与える制度を構築していくことが必要です。

提言7 **エリア単位の計画を位置づける新たな計画制度の検討**

　エリアマネジメント活動と空間形成をリンクさせて活動を進めるためには、適切な空間を生み出し、それを計画的に位置づけていくことが必要であり、ガイドラインなどのエリア計画を作成していくことが重要です。それは、これまで多くのエリアマネジメント組織が作成しているまちづくりガイドラインを一歩進めて、新しい公共を担うためのスペイシャルプランニング（空間計画）へ向かうものであると考えます。そして、そのようなエリア単位の計画を都市計画マスタープラン等、都市計画行政の仕組みの中に位置づけることによって、官民が連携して都市づくりを進めていくための計画制度に作り上げていくことが必要です。

環境まちづくりフォーラム実行委員会
委員長
　　小林重敬（NPO 法人 大丸有エリアマネジメント協会 理事長）
構成団体
　　NPO 法人 大丸有エリアマネジメント協会
　　一般社団法人 大手町・丸の内・有楽町地区まちづくり協議会
　　一般社団法人 大丸有環境共生型まちづくり推進協会
　　名古屋駅地区街づくり協議会
　　梅田地区エリアマネジメント実践連絡会

2012 年 12 月 4 月

2節

エリアマネジメント活動の財源

東京都市大学都市生活学部 教授
NPO法人 大丸有エリアマネジメント協会 理事長　**小林重敬**

　1章2節、3節で述べているように、アメリカやイギリスのBIDの制度では、エリアマネジメント活動の財源の中心は、エリア内の地権者、事業者から、行政が賦課金（税金）のかたちで強制的に徴収し、それを地区のエリアマネジメント活動を進めるノンプロフィット団体（BID）に還元する仕組みである。その結果、エリアマネジメント活動で課題であるフリーライダーは発生しない仕組みをつくっている。

　しかし、わが国では2014年3月に大阪市で制定され、2015年4月から運用されている大阪版BID制度を例外とすれば、アメリカやイギリスのエリアマネジメント活動の財源としては従となっている財源である自主財源のみに頼っている。

　したがって、財源問題がいずれの地区でもエリアマネジメント活動を進めるうえでの最大の課題となっている。

　そこで、わが国のエリアマネジメント活動を展開している地区のなかで、財源の課題に積極的に取り組んでいる札幌駅前地区、浜松駅前地区、六本木ヒルズ地区、グランフロント大阪地区の事例を紹介している。

　財源確保の方法を幅広く考えると、「会費」「負担金」「出資金」「事業収益」「寄付金・協賛金」「助成金・補助金」などの6項目をあげることができるが、ここでは「まちのにぎわい」の実現などのエリアマネジメント活動と直接結びつく「事業収益」による財源確保を展開している事例を中心に見ることとする。

　わが国における「事業収益」による財源確保の中心はエリアマネジメント広告事業と道路・公開空地など活用事業である。

　エリアマネジメント広告事業はまちづくり組織が公道上、ならびに私有地の屋外広告などを企業や個人に販売することにより、自立的に行う財源を確保する仕組みである。

　2節では、その代表的な例として札幌駅前通まちづくり株式会社、浜松まちなかマネジメント株式会社について、それぞれのエリアマネジメント活動の全体像に加えて、エリアマネジメント広告事業を紹介している。

　注意しなければならないのは、エリアマネジメント広告事業は、確かに財源確保策であるが、一方、広告は景観誘導することにより地域の魅力向上につながると各団体が考えていることである。

　広告物は、これまで一般的に街の景観阻害要素と考えられてきたが、エリアマネジメント組織は、まちの賑わいづくりの一要素と捉え、広告事業の仕組みのなかにルールや審査会などを整備し自律的に景観誘導を行い、景観価値および地域価値の向上を図っている。

　もう一つのわが国に代表的な自主財源事例としては、道路・公開空地の活用がある。「道路」や「広場」「公開空地」といった公共空間において、オープンカフェやイベントなどの利潤が上がる事業の実施などから収益を上げる財源確保の方法である。

　ここでは、その代表例として六本木ヒルズ、グランフロント大阪の事例を紹介している。

　道路・公開空地の活用も、たんなる財源確保だけでなく、にぎわいのある公共空間形成や憩いの場づくりなどの目的で事業が実施されている。商空間としての魅力向上、商業機会の拡大、すなわち、大型イベントによる観光集客、オープンカフェなどの新たな生活文化の創出、まちの芸術文化の育成、美しくにぎわいのある公共空間形成、憩いの場の創出などである。

事例13　札幌駅前通

公共施設の積極的な活用が生みだすエリアマネジメント財源

札幌駅前通まちづくり株式会社

　札幌市の都心を形成する「大通地区」と「札幌駅前通地区」に本格的なエリアマネジメントが導入されたのは、2009年からである。前者は商業を中心とした地域、後者は金融・ビジネス街としての特色を有しており、現在二つのまちづくり会社がそれぞれ特色を活かしたまちづくりを進めている。とくに、「札幌駅前通地区」にあっては、公共施設の積極的な活用からエリアマネジメントの財源などを創出し、地域のまちづくりを行っていることから、その内容について記述する。

1 地区の概要
1 札幌駅前通地区の歴史と課題

　札幌市の都心の構造の多くは明治初期の北海道開拓使によって形成されたと言える。碁盤の目状に区画された都市基盤は、その後150年間にわたり時代の変化を受け止め、札幌の繁栄を導いてきた。とくに札幌駅前通地区は開拓使の本拠地が置かれた地域として、常に時代の先端を走りつつ成長してきたといえ、現在の姿は1972年に開催された「札幌オリンピック」時にその多くがかたちづくられたものである。

　また、本地区は、JR札幌駅と大通地区の大きな商業ゾーンの中間に位置し、古くから道内でも最大規模のビジネス街として栄えてきたところでもある。

　しかしながら、時代の変化とともに課題も生じてきた。当地区にあっては、これまでのような金融やビジネス一辺倒ではなく、さまざまな人が出会い、楽しめる「場」として、都心の新たな魅力を創造していくことが求められている。

2 行政による広場整備
● 札幌駅前通地下歩行空間の整備

　札幌市は2011年3月に札幌駅と大通を結ぶ歩行者通路「札幌駅前通地下歩行空間」(以下「チ・カ・ホ」という)を整備した。「チ・カ・ホ」の設置目的は大きく二つあげられており、一つ目は札幌の都心の骨格軸として位置づけられている駅前通の機能の充実と地下活用の推進。二つ目は、商業格差が生じたJR札幌駅周辺地区と大通地区の間を結び、都心における人々の回遊性を高め、都心全体の商業活動の活性化を図る狙いである。

　この「チ・カ・ホ」の大きな特徴は、歩行者の通行機能ばかりではなく、通路の両側や交差点下に広場を設け、ショッピングやイベントを楽しめる空間としている点である。広場には休憩できるイスや机、無料のWi-Fiサービスもある。また、北海道内各地の観光PRや特産品・雑貨などの販売、アート作品の展示などのイベントで常時にぎわい、観光・文化・芸術・スポーツなど魅力的な情報を発信する場にもなっている。

　また、「チ・カ・ホ」には、「道路」と「広場」の二つの顔が存在している。札幌駅前通の道路下にある地下通路は、法律的には「道路」である。「広場」には通路の両

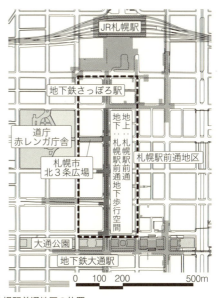

図1　札幌駅前通地区の位置

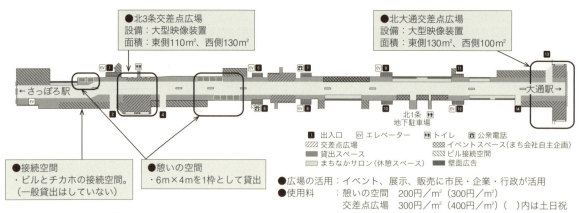

図2 札幌駅前通地下歩行空間の平面構成

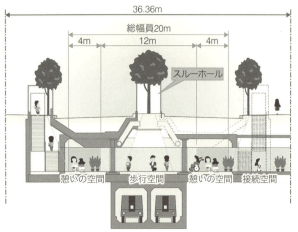

図3 「チ・カ・ホ」の断面構成

札幌市北3条広場（愛称：アカプラ）

「チ・カ・ホ」の概要
・区間：地下鉄南北線さっぽろ駅〜大通駅
・延長：約520m
・事業年度：2005〜2010年度
・供用開始：2011年3月12日
・広場を併設：市民・企業への貸出可
・接続空間：地下歩行空間と民間敷地の接続部分
　（2014年8月現在の接続ビルは10棟）
・通行専用部分：通路の中心12m（広場条例非対応）

側にある「憩いの空間」と交差点下にある「交差点広場」があり、道路法にもとづく道路に「広場」の市条例を施し誕生させた。これは、設置者である行政（国・市）が市民の声を聞き、人が通るだけの無愛想な空間ではなく、イベントや販売が可能な広場を設けてにぎわいを高めたいと意図したことから考え出された手法である。結果、市民に喜ばれる施設が誕生したわけだが、その考え方は全国的にも評価が高く、「2013年度土木学会デザイン賞」「2014年度日本都市計画学会計画設計賞」の受賞をはじめ、各都市からの視察が非常に多い。

●札幌市北3条広場の整備

　札幌市は、前述の「チ・カ・ホ」の広場に加えて、地上の憩いとにぎわいを育む空間として、2014年7月に「札幌市北3条広場」（以下、「アカプラ」という）をオープンさせた。これは開拓使の拠点となった道庁赤れんが庁舎と札幌駅前通間の約100mを車両通行止めにし、広場として整備された。明治初頭から開拓の歴史を担ってきた道路空間を、新たに都心を訪れる人の回遊拠点として、また都心部の憩いとにぎわいを生む空間として再生するもので、都心の活性化のみならず、当地区のまちづくりに非常に強いインパクトを与えることが想定される。また「アカプラ」の整備については、隣接する都市再生特別地区「北2西4地区」でプロジェクトを進めた民間事業者の公共貢献により実施された。

※広場の場所は、図1に記載。

2 組織

札幌駅前通まちづくり株式会社（以下、「まちづくり会

社」という）は、2010年9月に札幌駅前通に関係のある企業17社・団体により設立された。「地域をエリアマネジメントする会社を関係者自らが出資し創設しよう」との目的をもち、約3年間の検討期間をへての出発だった（出資金990万円）。

1 まちづくり会社の事業内容

まちづくり会社の事業内容については図4のとおりだが、まちづくり会社の特徴としてあげられるのは、株式会社でありながら、利益を出資者に分配せず、まちづくり事業（地域の緑化・美化、にぎわいづくりイベント、まちづくりフォーラムの開催など）にあてるという方針に同意してもらい出資をお願いした点であろう。

2 マネジメントの実際

これまでの地域管理でもっとも労力を注いできたのは札幌市から指定管理を受けている「札幌駅前通地下歩行空間（「チ・カ・ホ」）の広場の運営管理である。

日平均7万人近い「チ・カ・ホ」の歩行者通行量とも相まって、全天候性の機能をもつ地下広場は、昨年度は平均95％の稼働率を示しており、札幌市民の新しい交流の場として活用されていることを物語っている。

3 まちづくり会社の収益事業

ここで、今回のテーマである「公共空間を活用したエリアマネジメント財源の創出」について考えてみることとする。まちづくり会社の主な収益源は、主に「チ・カ・ホ」の広場利用料金と壁面広告（エリアマネジメント広告）である。この壁面広告は、地下歩行空間の壁の一部を、市道については「目的外使用」として札幌市から借用し、国道部分については「エリアマネジメント協定」を結び広告の掲出を可能としている。

この方式は、まちづくり会社の設立検討時から収益事業の一つとして考え出されたもので、昨年度は、会社全体の事業費予算の約51％を占めた。

先にも述べたが、順調な収益を得ることができる最大の要因は、「チ・カ・ホ」の広場利用および広告掲載の稼

表1　2013年度 まちづくり会社収支概要　（単位：万円）

売上		費用	
指定管理費	1560	清掃・サイネージ管理費	2640
広告費	9800	目的外使用料（壁面広告）	360
広場使用料	5150	広告代理店手数料	2800
その他（委託費等）	2590	まちづくり事業費	3350
		一般管理費	8210
		法人税等	560
合計	19100	合計	17920

壁面を活用した長大なエリアマネジメント広告

広告掲載の概要（2014年8月現在）
・掲載場所　7カ所
・大きさ　　縦2m×長さ14m～29m
・掲載料金　短期（4カ所）40万円／週
　　　　　　長期（3カ所）312～390万円／3カ月
・稼働率　　短期93％　長期100％（2013年度実績）
・広告販売手数料は掲載料の25％
・デザイン審査あり
　デザインの専門家を含む「審査委員会」を設置

事業概要
- 地下歩行空間（「チ・カ・ホ」）および北3条広場の指定管理事業
- 広告事業
- 地下・地上の広場を活用した「にぎわいづくり」をはじめとしたまちづくり事業
- 人材育成事業
- 地域防災・防犯活動事業
- まちの美化など環境事業
- 建替計画など地区更新支援事業　　など

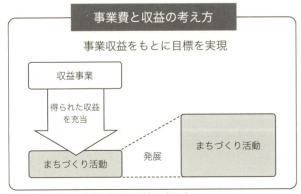

図4　まちづくり会社の概要と収支の考え方

働率が高いことに帰着するが、これまで、まちづくり会社が「チ・カ・ホ」のデザインにあった展示什器などを開発し、広場利用者に勧めるなどして、全体の魅力アップに努めたことが効果を発揮してきたと考えている。また、なによりも嬉しいのは、収益の一部を地域のまちづくり活動に還元できている点で、2013年度は51事業、約3300万円をそれにあてることができた。

3 今後のまちづくり

1 「チ・カ・ホ」の展示デザインの魅力アップ

市民から「歩いていて楽しい」と好評を得ている「チ・カ・ホ」だが、ただ一つ「販売ブースのデザイン」についてのクレームがときどきある。公的な広場であるがゆえに販売内容や展示デザインなどに制限を付すのはむずかしいが、前述した「チ・カ・ホ」のデザインと調和した展示什器の数を増やすとともに、この場に適した展示や販売方法などを実際に行って、利用者に見てもらうなど、ソフト面の提案も行い改善に結び付けたいと考えている。

2013年度に実施した主なまちづくり事業

「創造都市さっぽろ」の推進：アートイベントの実施

市民活動の推進：ビッグイシューと連携した案内所設置

都心の活性化：パフォーマンスの場の提供、情報誌『sapporo駅前十街区』の発行

都心のビジネスパーソンの環境支援：「チ・カ・ホ」Wifiの整備、ジャズ・クラシック・アカペラなどの音楽イベントの実施など

北海道の魅力発信：雪まつり『雪めぐり回廊』の支援、さっぽろ菊まつり支援など

---

2 地上のにぎわいの促進

「チ・カ・ホ」が開通して以来、地上の歩行者通行量が減少したことから、地上部にあってもにぎわいの促進が求められている。このため、7月にオープンした「アカプラ」を活用し、イベントや音楽コンサートなどの人を引きつける取り組みを開催するなどして、にぎわいの創出に努めたいと考えている。

3 特色を活かしたまちづくりの促進

エリアマネジメントの最大の目的は、まちづくりを総合的に進めることである。本地区は道内屈指のビジネス街であることから、まちづくりの主役をビジネスパーソンと考え、たんなる仕事場ではなく、多くの時間をすごす生活の場として、地上と地下の公共空間や本地区に存在する膨大な量の建物床を活用し、昼間のコミュニティをつくっていけないか。地区の方々と意見交換するなかでもっとも必要とされたのが、ビジネスパーソンや都心を訪れる人たちが気軽に集まりコミュニケーションを育む「場」がほしいというものだった。

このため、昨年、建て替えを控えたビルの一室を借り、リノベーション手法を用いての実証実験を行った。越山ビルの一室を借りて行ったことから『越山計画』とネーミングされたこの計画は、アートギャラリーとカフェ機能をあわせたもので、約半年間の運用であったが、多くの人から「場」の必要性について賛同を得ることができた。このことから2014年8月に開業した『札幌三井JPビルディング』内に設置される眺望ギャラリーの運営を委託され、『テラス計画』をオープンさせた。『越山計画』に引き続き、若手のアーティスト、デザイナーやまちづくりプランナーの参加によりさまざまな企画が行われる予定である。

今後も「チ・カ・ホ」と「アカプラ」といった地上・地下の公共空間の有効活用を図りつつ、当該公共施設から生みだされるエリアマネジメント財源を活用し、本地区ならではの特色あるまちづくりを行っていきたいと考えている。

札幌駅前通まちづくり㈱ 取締役総務部長　白鳥健志
企画事業部　内川亜紀

図5　「越山計画」の内部（事務所スペースがコミュニティを促進するアートギャラリーに生まれ変わった）

事例 14　浜松駅前

行政の理解と協力によるエリアマネジメント

浜松まちなかマネジメント株式会社

　浜松まちなかマネジメント㈱は、「自分たちの街は自分たちの手で」をスローガンに掲げ、民間企業からの専属出向者が中心の全国でもめずらしい組織である。組織は任意団体である「浜松まちなかにぎわい協議会」とその財源確保で支援する「浜松まちなかマネジメント㈱」が連携して活動している。

　活動は、イベントを継続させるためイベント主催者を支援したり、空き店舗の利活用をいろいろな角度から行う取り組みに力を入れている。

　社員がすべて民間企業の出身者で、自分たちで財源をつくりまちづくりを企業経営的な視点で捉え、活動している。

1 地区の概要

　浜松市の中心市街地は、JR 浜松駅の周辺地区であり、すでに商業機能・都市機能が集積する地区でもあり、また静岡県西部地区の拠点でもある。人口 80 万人の政令指定都市であり、東京と大阪の中間地点という立地を活かし、戦後主に工業の街として栄えた。

　中心市街地は、1975 年以降ファッションの街として若者が集まり「まちへ行く」が一般的に使われオシャレをして出かける場所であった。

　しかし平成の時代に入り、全国の地方都市と同様モータリゼーションにより、中心市街地の大型店が相次いで閉店し、それにともない中心市街地の歩行量や小売業の販売額も大幅に減少した。

　また郊外では、スーパーマーケットに加え、2004 年のイオン志都呂から始まり、現在駅から 20 km 圏内に 2000 台以上の無料駐車場を有する六つの大型商業施設が存在する。駅前地区は、現在は空き店舗率などはそれほど高くはないが、新たな出店はほとんどが飲食店であり、少しずつ「夜の街」への変貌が見られる。

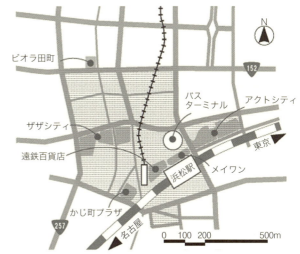

図 1　浜松まちなかにぎわい協議会活動エリア

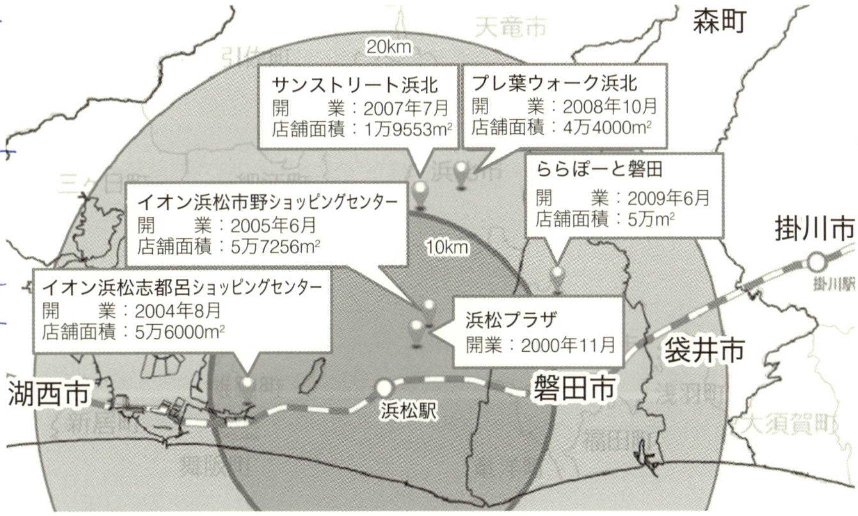

図 2　周辺大型商業施設出店状況

4 章　エリアマネジメント活動の課題　101

2 組織化の経緯

浜松まちなかにぎわい協議会が設立されたのは2010年の4月であるが、まちなかには空き地が出始め、老舗の店舗が相次いで閉店しそこに入居するのは飲食店ばかりとなってきたころである。浜松市と浜松商工会議所と民間企業が協議し、今までとは違う取り組みが必要だということになり民間企業主体の組織（浜松まちなかにぎわい協議会）をつくることになった。

会長には地元遠州鉄道㈱の社長が就任し、まちなかの民間企業中心に16団体が会費を出し合い設立した。他都市の事例を研究し、事務局員の役割が大きいと判断し民間企業から5名の専属事務局員が出向した。その半年後、2010年10月に継続的に活動するには、財源の確保が必要だということにより、浜松まちなかマネジメント㈱を設立した。現在は浜松まちなかマネジメント㈱として指定管理やエリアマネジメント事業を行っており、社員も12名となった。

3 現在の組織体制

組織は任意団体である「浜松まちなかにぎわい協議会」と法人格をもつ「浜松まちなかマネジメント㈱」が連携し活動する。また法定の「中心市街地活性化協議会」とも協力関係にある。

活動は、行政のやり方とは違う民間企業主体の組織運営をし、「自分たちの街は、自分たちの手で」を実行するため、企業以外に商店街の小売業や飲食店とのネットワークを構築していくことも重要な課題として位置づけ、進めた。街に関わる人を中心にし、それを行政が支援するというかたちである。これにより新しい役割分担ができたと言える。

4 活動方針・内容・活動状況

活動は、イベントについてはその主催者を支援し、イベントの数を増やすことを行っている。当初まちなかの人たちの連携が少ないと感じネットワークづくりの活動に中心をおいた。小売業者、飲食業者、企業の就業者、学生などまちなかに関わる人の連携を行った。しだいにイベント主催者自らが企画・運営を行うようになり、まちなかにぎわい協議会としては主に情報発信や行政・警察への申請など窓口業務での協力を行っている。

現在は、地権者やビルオーナーとの関係づくりを積極的に行いながら、空き店舗の利活用の活動に力を入れている。雑貨市である「まるたま市」は、出店者であるオリジナル雑貨の作家がシェアで空き店舗に入居してもらうことを目標に行っている。静岡県西部地区を中心としたエリアの作家に声をかけ、2014年度は年3回行った。作家との関係づくりが目的だが、イベント自体も商店街との連携がとれつつある。空き店舗をめぐる回遊が生まれ、その間にある既存の小売店ではワゴンなどを出したり、飲食店では「まるたまランチ」など特別メニューを考え参加するようになり、街ぐるみの活動に拡大している。またリノベーションスクールという取り組みも予定している。全国から若手の建築家や大学生、大学の教授、ビルオーナーなどが集まり、2泊3日で空き店舗のリノベーションプランを考える取り組みである。この参加者から「家守」と言われるチームをつくり、実際にリノベーションする主体者を形成するものである。2014年度から取り組み始めているが、どんな取り組みに発展するか楽しみである。

空室の利活用を違う角度から考えているのが、「コナガルフェスタ」である。中心市街地全体を大学のキャン

表1　主な組織の概要

	浜松まちなかにぎわい協議会	浜松まちなかマネジメント㈱
設立	2010年4月12日	2010年10月1日
主な収入	会費	事業収入
法的根拠	任意団体	株式会社
構成員	地元民間企業・団体、浜松市	地元民間企業・団体
	商工会議所（合計65団体）	（合計10団体）
社員	ー	12名

表2　主な組織の活動

浜松まちなかにぎわい協議会	浜松まちなかマネジメント㈱
イベント支援事業	エリアマネジメント広告事業
空室利活用事業	ソラモ指定管理事業
まるたま（雑貨）市	浜松こども館指定管理事業
子どもプロジェクト	イベント支援事業
リノベーションスクール事業	イベントカレンダー事業
まちなか回遊促進事業	自動販売機事業

パスに見立て、まちにママや子どもたちを集客し、その子育てネットワークを使った新しい拠点として空室の利活用を考えるという取り組みである。またこの取り組みは、現役ママさんが主体となり組織している。企画、運営、収支までをママさんが行うことを目ざしている。ママさんならではのアイディア、ネットワークなど今までのまちづくり活動にはないものになるだろう。

5 財源の確保
1 浜松まちなかマネジメント㈱主事業

まちづくりの財源は、「浜松まちなかにぎわい協議会」については、役員団体からの会費が主な収入となっている。しかしこの役員団体の負担が重いと長続きできないと考え、初年度から少しずつ負担を減らしてきている。代わりに「浜松まちなかマネジメント㈱」の事業を少しずつ増やし財源を確保してきている。主な事業は、浜松駅前の公共空間を使った広告を設置する「エリアマネジメント広告」、駅前広場のイベントスペース「ソラモ」や子ども向け施設の「浜松こども館」の指定管理事業や、公共空間に自動販売機を設置しその手数料を収入としたもの、また、イベント時のテントやステージ、テーブルセットなどをレンタルする事業である。

2 エリアマネジメント広告事業

エリアマネジメント広告は、国土交通省の「地域における公共的な取り組みに要する費用への充当を目的とする広告物の道路占用に関し、道路管理者が弾力的な取り扱いを行うことを可能とする」という通達により実施できている事業である。これは関連する団体、部署により形成される「浜松市路上屋外広告物連絡協議会」（以下、「連絡協議会」という）により、広告の掲出基準、掲出場所、運用上の留意事項など取扱方針を策定する。これらは行政の協力が非常に重要になってくる。

エリアマネジメント広告のスキームは国交省が策定しているため実施できる環境ではあるが、実施するためには地方行政の協力がないとなかなか進めることがむずかしいようだ。浜松市の場合は、連絡協議会主管課の土木部土木総務課が中心になり、連絡協議会で取り扱う内容のたたき台を作成した。これは全国でも事例が少なくその要綱を作成するのにかなりの時間を要したようである。また浜松市内部の調整もたいへんだったようである。屋外広告物や景観担当部署、施設管理者、まちづくり担当などこのエリアマネジメント広告の理解を得るための調整作業は半年以上かかっている。

浜松市内部の調整がとれ、要綱もできたところで運用するスキームを協議するなど、関係者の協力と理解が必要であった。

許可が認められたのは「浜松まちなかにぎわい協議会」である。しかしこの団体は、任意団体のため広告の掲出の契約をクライアントとするときにいろいろと支障があるため、広告営業については浜松まちなかマネジメント㈱が請け負った。また「公共的な取り組み」についても浜松まちなかマネジメント㈱で実施した。このスキームもやはり連絡協議会の協力と理解がないとうまくいかなかっただろう。

エリアマネジメント広告

イベントスペース「ソラモ」

要するに、制度はあってもそれをうまく使って実行に移すには、関係各所の「まちづくり」に対する理解がないとむずかしいと考える。

もう一つ最後の課題は、「営業」である。せっかくできた事業だが、最終的に広告掲出してくれるお客様がないと収入が入らない。まちづくりで集まったメンバーに広告営業の経験者がいればよいが、いない場合、どこの場所の広告をいくらで販売すればよいか？　どこの会社にセールスにいけばいいのか？　という判断ができない。これらも当社については、出向元の企業の協力を仰いで、交通広告のノウハウを教えてもらいながら一つひとつ経験して進めてきた。売上も初年度から少しずつではあるが伸ばしてきており、また新しい媒体（場所）について行政と相談しながら進めていきたいと考えている。

エリアマネジメント広告事業以外も少しずつ売上を伸ばしてきており、2013年10月に念願のプロパー社員を浜松まちなかマネジメント㈱で採用した。今後少しずつではあるが、新しい事業に取り組み、収入を増やしていきたい。

6 活動上の課題

課題は継続して積極的に活動していくための組織づくりと財源の確保であると考える。組織は出向者がまちづくりを理解していける教育スキームづくりと長期的な戦略を考えるプロパー社員の採用が必要である。また財源は、まちづくりへの投資やプロパー社員を採用するため必要となる。支援している団体にまちづくり活動の意味を理解してもらうためには、目に見えた小さな成功を重ねることが重要である。そのためにも組織づくりと投資する資金を得ることが課題である。

当協議会や株式会社の特徴は、「民間企業」からの出向者が中心になっていることである。これは、出向元の企業の協力が得られることや、出向している社員は、企業の運営ノウハウ、収益を得るための経験など民間企業ならではの知識と経験をもった人からなる団体ということである。これらの出向社員と、もともとまちづくりに興味をもち、覚悟を決めたプロパー社員との連携はバランスがとれれば非常に魅力的な組み合わせである。お互いに一つの組織で価値観を共有できれば今までにない力を発揮できると考える。

今年で設立して4年たち地元の住民や商業者または行政関係者、商工会議所が連携し始めている。皆が協力し一つになればきっと活性化の道は開けるだろうと考える。この一体となることができる組織づくりとその組織を成長させるための財源の確保がもっとも重要なことであり、まだ完成していないという意味で一番の課題だと言える。

浜松まちなかにぎわい協議会 事務局長　河合正志

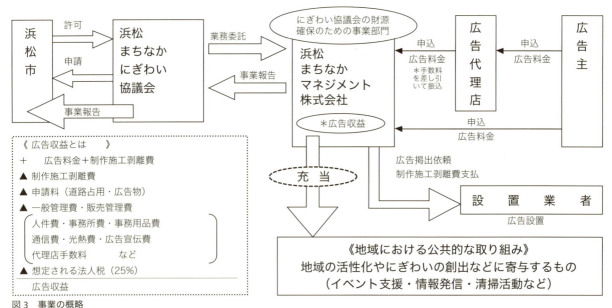

図3　事業の概略

事例 15　六本木ヒルズ

「街のブランディング」と「街のメディア化」の相乗効果

六本木ヒルズ統一管理者

　2003年のオープンより、六本木ヒルズは「文化都心」をコンセプトに掲げ、常に情報の発信基地であり、時代を牽引する街として成長を続けきた。その結果、オープンから10年間で延べ4億人を超える人々が街を訪れている。都市再生のモデルケースとして注目を集めてきた六本木ヒルズは、「タウンマネジメント」の仕組みをもとに街としての鮮度を保ちながら、時代をリードする人々を惹きつけ、その人々とともに新しいアイディアや文化を発信してきた。

1 地区の概要

　六本木ヒルズは、放射22号線（六本木通り）と環状3号線の結節点に位置し、また、東京メトロ日比谷線と都営地下鉄大江戸線の乗換駅である六本木駅に近接し、都心部の交通の要衝となっている。

　本地区周辺は、幹線道路沿いの業務・商業施設と、その内側に広がる住宅地が混在する土地利用となっており、また、各国の大使館や文化・情報発信施設が点在し、国際性、文化性に富んだ地域である。

　六本木ヒルズの再開発事業では、道路などの公共施設の整備とともに、旧毛利邸跡の保全・活用をはじめとした緑地、広場などの整備を目的の一つとしていた。こうして誕生した六本木ヒルズは、約12 haの敷地にオフィス、商業、住宅、映画館、放送局、ホテル、美術館など計14棟の建物が立ち並び、多彩な都市機能やさまざまな文化装置が集約されている。このコンパクトシティは、人々との出会い、交流、対話を育む街となっており、年間4000万を超える人々が訪れ、にぎわっている。

2 組織化の経緯

　六本木ヒルズの施設運営計画を検討するにあたっては、複合用途の施設をコーディネートして「ひとつの街」と

図1　六本木ヒルズ

4章　エリアマネジメント活動の課題　　105

して運営、情報発信をしていくことが、他の街との差別化につながり、街のブランドづくりに結びつくと考えた。そこで、統一管理者方式という仕組みを採用し、街を一体的に管理運営することとした。

当該統一管理者方式のもと、六本木ヒルズの街のイメージを戦略的に仕掛けるプロモーション活動をはじめ、街全体に点在するイベントスペースにて展開されるイベントの開催、サービス向上施策、コミュニティづくり、マスメディアへの営業活動、そしてガーデンに植える花一つまで、広い視野で街全体を一体的にコーディネートし、街としての鮮度を保ち続けている。

3 現在の組織体制

六本木ヒルズでは、単独所有の建物を除き、区分所有法にもとづき個々の建物にそれぞれ管理組合が設立されている。各管理組合の規約および管理組合間の協定により、地区全体の一体的な管理運営業務については「統一管理者」に委託しており、統一管理者には森ビル㈱が選任されている。また、各建物の代表者で構成される「六本木ヒルズ協議会」を設立し、統一管理者の業務に関する決定機関として位置づけ、統一管理者と管理運営内容に関する協議を行うこととしている。「統一管理者」は、施設管理者としての役割と、街全体のマネジメントを行う運営者としての役割の二つの役割を担っている。

地区内の緑地や区道など、公共施設についても、各公共施設管理者と統一管理者とで協定を締結し、統一管理者が一体的に管理運営している。

また、第三者機関として「審査会」を設け、統一管理者の業務チェックを行っている。

4 活動内容

1 街の一体的管理

六本木ヒルズ全体を一体的に管理することにより、街としてのトータルコントロールのなかで安全性、快適性の実現を図る。これにより、資産のイメージアップ、資産価値の維持・向上に大きく寄与することとなる。

具体的には以下の業務を行っている。

・防犯／警備
・防災
・安全安心
・清掃
・外構施設などの管理
・環境／省エネ
・交通処理／物流管理
・行政、地域その他との連携や調整　　　など

2 街の一体的運営

六本木ヒルズ全体を街として一体的に運営することで、複合施設の魅力を引き出し、新しい都市生活空間として六本木ヒルズならではの特色をつくりだすことが可能になる。

具体的には以下の業務を行っている。

・コミュニケーション（情報発信・情報媒体運営）
・プロモーション（イベント・環境演出）
・マーケティング（来街者数や売上などの把握）

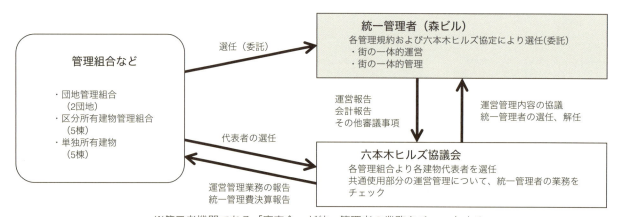

図2　六本木ヒルズ統一管理の組織体制

- サービス（スタッフ教育・ユニバーサル対応）
- コミュニティ（自治会活動・近隣連携）
- 街のメディア化（メディア営業）　　など

5 活動財源

1 費用負担の考え方

「街の一体的管理」に要する費用は、区分所有者全員の応分負担とし、統一管理者が各管理組合などから管理費を徴収している。

それに対して「街の一体的運営」に係わる費用は、共通使用部分の運営により得た収益を充当している。収益が不足する場合は、統一管理者が負担することとしている。

2 共通使用部分を活用した収益事業

● 街のメディア化

六本木ヒルズでは、「文化都心」という明快なコンセプトのもと、調和のとれた良好な都市空間（ハード）と、イベント・交流・環境演出・サービスといった運営（ソフト）を両立させることで、街全体としての視点をもってさまざまな仕掛けや情報発信を続けてきた。この取り組みが、世界から人・モノ・金・情報を惹きつけ、その集積が次の展開を生みだす六本木ヒルズの"磁力"の源泉となっている。この絶え間ない仕掛けと発信が六本木ヒルズの街ブランドを形成し、街自体がメディアとしての価値を有するにいたった。このメディアとしての価値を活用し、広告スペースやイベントスペースとして販売することで、六本木ヒルズの街の運営費用を獲得している。これが「街のメディア化」である。

クリスマスイルミネーションの演出

メトロハット広告スペース

コミュニティ（屋上庭園の田植えイベント）

ヒルズカフェスペース

〈街メディアの事例〉
- メトロハットに代表される街全体を使った広告スペース
- 六本木ヒルズアリーナなどのイベントスペース
- ヒルズカフェ／スペース（飲食店舗×イベントスペース）
- 季節イベントにおける環境演出（クリスマスイルミネーションなどへの協賛）

● コラボレーションパートナー制度

　六本木ヒルズには、街を支えるパートナーとして位置づけられる「コラボレーションパートナー」制度がある。コラボレーションパートナーとなった企業には、"街のブランド"をフルに活用し、街の広告スペースで「認知」を、イベントスペースで「体験」を、立体的・多面的に発信・提供する機会が与えられる。現在、多くのコラボレーションパートナーから年間を通じたプロモーションフィールドとして選ばれ、ご活用いただいている。

● 「街のブランディング」と「街のメディア化」

　六本木ヒルズは「街のメディア化」の仕組みにより、運営に必要な原資を生みだしている。その原資を街の環境演出やイベントの開催、コミュニティづくり、プロモーション活動などに充当し、「街のブランディング」につなげている。こうして形成される街のブランドが、さらに街のメディアとしての価値を高めており、街としてよい循環が生じている。六本木ヒルズではこのように、「街のブランディング」と「街のメディア化」の相乗効果により、効果的かつ持続的な「街づくり」を実現している。

6 今後の課題

1 新たなチャレンジに挑み、都市の魅力を高める

　今後も六本木ヒルズが時代を牽引する街としてあり続けるためには、新たなチャレンジに挑み続け、より多くの人々とともに新しいアイディアや文化を発信し、実現していく必要がある。

　その新たな挑戦がまた、世界中から、人・モノ・カネ・情報を惹きつけ、都市の魅力を高めるとともに、次の展開を生みだす六本木ヒルズの"磁力"の源泉となる。

2 継続的な運営原資の確保

　「街のメディア化」により得た運営原資が、六本木ヒルズの新たな挑戦、展開を支えている。今後も、「街のブランディング」による効果を「街のメディア化」につなげていき、その両輪をバランスよく展開することで、将来にわたって継続的かつ安定的に収益を確保していく必要がある。

　また、街のメディア化とは別の収益の柱を確立するべく、検討を進める必要がある。

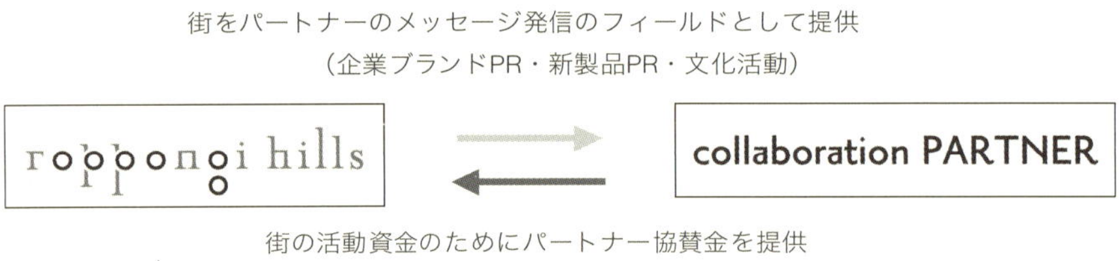

森ビル㈱タウンマネジメント事業部
上田晃史
関口綾子

街をパートナーのメッセージ発信のフィールドとして提供
（企業ブランドPR・新製品PR・文化活動）

街の活動資金のためにパートナー協賛金を提供

図3　コラボレーションパートナー制度

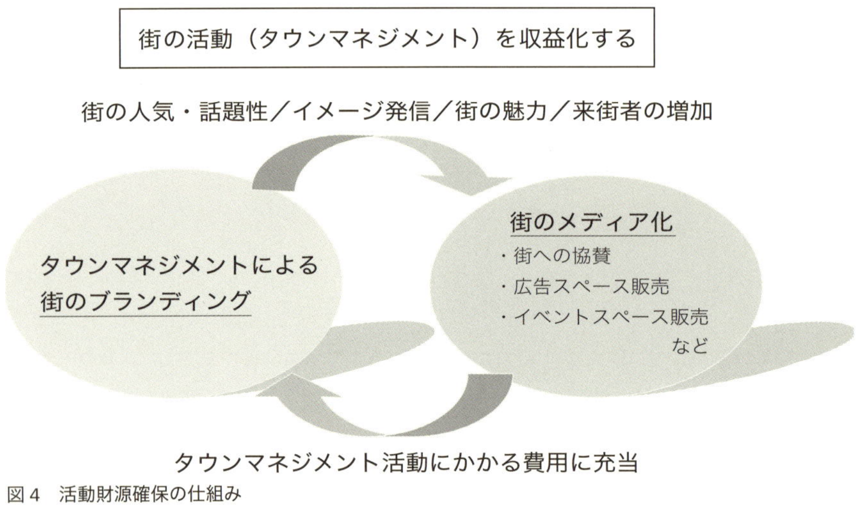

図4　活動財源確保の仕組み

事例16　グランフロント大阪

街メディアの活用による自主財源の創出

一般社団法人 グランフロント大阪 TMO

1 街メディアを活用した自主財源の創出

1 街メディアとはなにか

街メディアはグランフロント大阪敷地内および周辺歩道に配置されている①屋外広告物（以下、「OOH（アウトオブホーム）メディア」という）、②スペースメディア、③デジタルサイネージの三つの媒体を指す（図1）。

「OOHメディア」は、敷地周辺歩道上の街頭バナー、ポスターボードや敷地内のバナーフラッグなどである。「スペースメディア」は、イベントに利用する公共的空間である。主なスペースとしては、全体で約1 ha、広場中心部の楕円スペースで1700 m²と、主要ターミナル駅前の人のための広場としては全国最大規模の駅前広場である「うめきた広場」や、北館1階の7層吹き抜けの大空間：約1000 m²の屋内広場「ナレッジプラザ」などである。「デジタルサイネージ」は、敷地内に29カ所、主要動線を中心に配置されている。

2 メディアの設置目的

2章・事例4で紹介したグランフロント大阪の運営組織「一般社団法人グランフロント大阪TMO」（以下、「TMO」という）が街メディアを積極的に活用することによって、①良好な都市景観形成と、②自主財源の創出を図ることを目的としている。

① 「良好な都市景観形成」に関しては、広告は都市景観を阻害するものではなく、良好な都市景観の形成に寄与すると考えており、具体的には、後述の自主ルールに沿ってTMOが広告物の意匠審査を実施することで、高質な広告やイベント時の簡易広告を誘導している。

② 「自主財源の創出」に関しては、街メディアを外部販

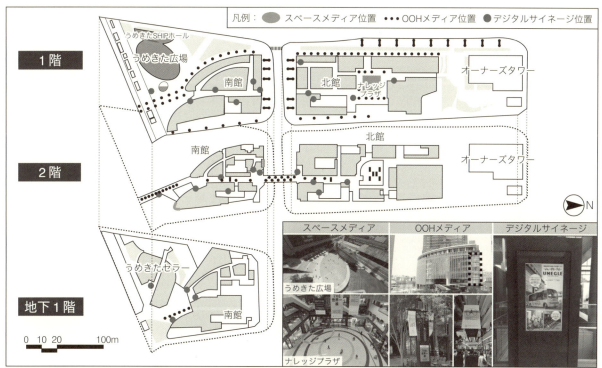

図1　街メディアマップ　　　　　　　　　　　　　　　　上記太線（点線）が壁面のOOHメディア

4章　エリアマネジメント活動の課題　109

売することで得た利益を、TMOが主催・共催するイベントや公共空間の維持管理費などのエリアマネジメント活動全般に充当している。

2 街メディアの設置にあたっての調整
1 上位計画における位置づけ

街メディアの設置目的の一つとして挙げた「良好な都市景観形成」に関しては、当地区の上位計画として2004年7月に大阪市が策定した「大阪駅北地区まちづくり基本計画」（以下、「基本計画」という）でも、都市デザイン基本方針の項に魅力ある景観形成に向けたルールづくりとして「建築物や広告物、案内サイン、パブリックアートなどの形態・意匠、材質、色彩などについて、街区単位あるいはまち全体で共通するプランづくり、ルールづくり」「まち全体で秩序ある色彩の使用範囲をつくるなど、まちのまとまり感を高め、魅力的でわかりやすい景観を形成」と記載されている。

また、基本計画の「都市デザイン基本方針」では、魅力ある景観形成に向けて自主ルールの策定と運用による「魅力的でわかりやすい景観の形成」を目指すことと記載されており、その担い手として、TMOの組成が示唆されている。さらにその組織の活動事例として、「まち全体の景観についての調整・ルール化による統一感のある景観の維持・向上」と記載されている。

このようにグランフロント大阪は基本計画に沿って、敷地内外を含めた街メディアを通じて良好な都市景観形成を計画段階から目指していた。

2 歩道上の媒体の設置

グランフロント大阪の敷地西側の「いちょう並木」、南館と北館の間に位置する「けやき並木」は大阪市の歩道であるが、開発事業者12社の費用負担により、公道上の多機能照明柱にバナーアーム、ポスターボードを整備し広告を掲出できるように設えている（図2）。

整備にあたっては、都市再生特別措置法の一部改正により、2011年より道路空間を利活用して、まちのにぎわい創出などに資するための道路占用許可の特例制度が創設された。当地区でも都市再生整備計画に特例占用施設として広告版などを位置づけることで、道路空間に屋外広告物を設置することが可能となった。

これにともない、大阪市屋外広告物条例が2013年1月に「地方公共団体などが公共的な取組に要する費用の一部に充てるために表示し、または設置する屋外広告物などについて、当該禁止区域に係る規定を適用しない」とする条例改正が行われ、TMOが管理運営主体となった公道上でのOOHメディアの販売・運営が可能となった。

3 地区計画での位置づけ

これまで述べてきたように、上位計画や大阪市屋外広告物条例にもとづいて公道上でのOOHの設置が可能となっている。しかしながら、当地区にかかる地区計画「大阪駅北地区地区計画」（2008年2月、大阪市）において、OOHについて、「建築物及び敷地内に屋外広告物を設置又は掲示してはならない。ただし、自己の社名、店名、商標又は建築物の名称表示等にかかるもので、都市景観を十分配慮したものは、この限りでない」との記述があり、「都市景観への配慮」を担保しない限り屋外広告物の掲出はできないこととなっている。そのため街メディアを活用した良好な都市景観の形成には、景観に関する自主ルールの策定および意匠審査の体制・運営組織の組成などが必要であった。

3 グランフロント大阪の自主ルール「グランフロント大阪街並み景観ガイドライン」
1 ガイドライン策定の検討組織

当地区の自主ルール「グランフロント大阪街並み景観

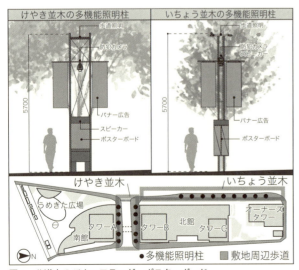

図2 公道上のバナーフラッグ、ポスターボード

ガイドライン」（以下、「ガイドライン」という）の策定にあたって、グランフロント大阪の開業の前年にあたる2012年9月に景観検討部会を立ち上げ、2013年1月までに計4回自主ルールの策定および審査体制について協議を重ねた。景観検討部会の各回の議題は表1に示すとおりである。

表1　景観検討部会の各回の主な課題

	議事の主な内容
第1回 2012年9月	・建物の計画内容、景観配慮事項の確認 ・ガイドライン作成にあたっての課題確認
第2回 2012年11月	・エリアマネジメント広告の先進事例研究 ・自主ルールとりまとめ方針
第3回 2012年12月	・イベント・カフェの景観配慮事項 ・ガイドライン案の提示
第4回 2013年2月	・ガイドラインの内容確認 ・ガイドラインの運用体制について

2 ガイドラインの目指すべき方向性

第2回検討会では「良好な都市景観形成」および「自主財源の創出」という街メディアの設置目的を共有し、そのためにはどのような自主ルールと審査体制が必要かというテーマなどについて議論した。議論にあたっては、全国のエリアマネジメント組織の広告審査ルールを参照し、我々の目的である「良好な都市景観形成」「自主財源の創出」として参考とすべき3団体を選んだ（図3）。

3団体の審査基準は共通して、条例をベースとした定性的な表現を設けているが、色彩や広告表示面積の制限など、ビジュアルデザインについての定量的なルールが設けられていなかったことが特徴である。

定量的な規制を設けることでデザイナーの創意工夫を抑制してしまうことや広告・販促面からもクライアントにとっても魅力のない媒体となってしまうことが理由であると考える。

また、審査については定められた地域ルールに沿って広告掲出の運営主体が立ち上げた審査会によって広告を一元的に審査していることも特徴として挙げられる。

グランフロント大阪については、屋外広告物条例の対象となる公道上のOOHと、景観への影響が大きいとして地区計画にもとづく届出が必要な媒体が混在している。

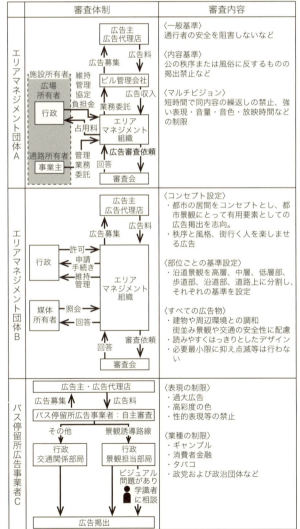

図3　全国のエリアマネジメント団体等の審査体制・審査基準

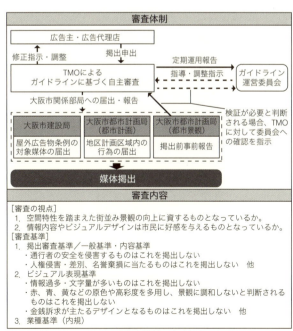

図4　グランフロント大阪の審査体制・審査基準

4章　エリアマネジメント活動の課題　111

それぞれ所管部署が異なり、審査が煩雑となる可能性があったことから、審査を一元化して機動的に媒体を運営できる体制が求められていた。このような審査体制を確立することは、広告クライアントにとっても審査に要する期間や調整の負担を軽減し、より魅力的な媒体とする意義もあった。

③ ガイドラインの構成・運用について

これらの事例を参考としながら、自主ルール・審査体制を図4のように策定した。開業後は景観検討部会のメンバーに引き続き参加いただき、「グランフロント大阪街並み景観ガイドライン運営委員会」としてTMO内部での審査で判断しがたい案件についての都度の審査要請や、定期的な運用状況の報告・課題の共有などを行っている。

運用にあたってはTMOと広告代理店の2社にて「OOH意匠審査会」を毎週開催し、広告意匠の審査を行っている。屋外広告物や地区計画の届出対象の媒体についても一元的に審査しており大阪市への必要な届出や報告をその都度行っている。

4 街メディアの活用事例

開業以来およそ1年間街メディアの運用を行ってきた。ここではその一部を紹介する（表2）。

5 今後の展開について

① 対外的な媒体PRの実施

2014年3月20日に「体験型プロモーションフォーラム」と題した街メディアのPRイベントを実施した。

東京や大阪から企業の広報担当者が約120名シンポジウム、視察に参加し、グランフロント大阪の街メディアを体感した。参加者からは「都心ターミナル駅前で、かつ広大なイベントスペースのあるまちは他にはない特性である」という意見をいただくなど、グランフロント大阪の特徴をPRできたと感じている。

良好な都市景観形成に資する大型広告は、優れたデザイナーを投入して多額の予算を要するため、東京本社で意思決定を行うことが通例である。そのため大阪での掲出に対し、意思決定が遅くなることもある。今後もグランフロント大阪から街メディアをPRする機会を適宜開催し、このまちならではの魅力を訴求していきたいと考えている。

② 魅力的な媒体の開発

関西の玄関口である大阪駅の目の前にふさわしい象徴的な都市景観の創出を図るため、より魅力的な媒体の開発を行うべく、大阪市関係部局と調整を行っている。2014年3月20日～31日には試験的にうめきた広場周辺で新規媒体の掲出を行った。

今後も良好な都市景観形成に寄与する媒体の開発やOOH意匠審査の運営による良好なデザインの誘導を行い、グランフロント大阪の媒体価値の向上に努めていき、自主財源の創出によりまちの持続的なエリアマネジメントを行っていきたい。

一般社団法人グランフロント大阪TMO事務局長　廣野研一
まちづくり推進部係長　木村美樹雄

表2　街メディアの活用事例

スペースメディア	スペースメディア・OOHメディア
うめきた広場でのビアガーデンの実施	うめきた広場での商品PRイベントの開催とイベントに合わせた大型OOHの掲出
OOHメディア	スペースメディア・OOHメディア
けやき並木バナー・ポスターボード	ナレッジプラザでの商品PRイベントの開催とイベントに合わせたOOHの掲出

大型媒体の掲出社会実験

エリアマネジメント活動と組織体制

東京都市大学都市生活学部 教授
NPO 法人 大丸有エリアマネジメント協会 理事長　**小林重敬**

アメリカやイギリスのBIDは制度にもとづく組織であり、そのために一定の権限が付与されている。

わが国では、そのような中心的な制度がないため、エリアマネジメント活動は、任意組織の協議会、一般社団法人、株式会社、NPO 組織など、多様な組織として活動しており、そのための活動の限界が認識されている。

大阪市でエリアマネジメント活動促進条例によって組織の面で一定の前進があったと考える。

エリアの活動を支える組織の一般形としては自治会、商店街など多様なものがあるが、本書で対象としている大都市中心部におけるエリアマネジメント活動の組織としては、任意組織としてのまちづくり協議会、一般社団法人、株式会社、NPO 法人などが存在する。

組織の設立は、エリアマネジメント活動を実施するための基本的な事項であるが、わが国では 実施する活動の内容によって、とるべき組織の形態は異なっているのが実情である。またエリアマネジメントが発展して活動が拡大し多様化すれば、新たな組織の設立が必要となる。

一般には、最初は任意組織としての協議会形式をとり、やがて法人組織に移行する場合、あるいは協議会のなかに法人組織をもち、2 層の組織となる場合もある。

3 節では、組織について特徴のある福岡天神地区、大丸有地区、秋葉原地区について事例紹介している。

大丸有地区は任意組織、社団法人組織、NPO 法人組織など多様な組織を抱えて、それぞれの特性を活かしてエリアマネジメント活動を進めてきたが、現在では一般社団法人組織と NPO 法人組織の 2 類型になっている。

また福岡天神地区は任意組織として始まり、天神地区の一部地区で集中的に再開発などが始まる可能性が出て、社団法人組織がつくられた。現在では任意組織としてのエリア全体の組織の上に一般社団法人を組織化している。

一方、秋葉原地区では当初から株式会社組織として活動している。

以上に見るように、組織としてわが国では多様な組織形態が存在すること、また重層的に組織が形成されていることが特徴である。その根本的な理由は、アメリカやイギリスのようにエリアマネジメント活動を進める基本法があり、その法制度によって権限を与えられる組織があるという体制にないことがある。

それではわが国で、多様な組織、重層的な組織が展開する理由を考えると以下のように説明できる。

エリアマネジメント組織が重層的になる理由は、任意組織としてのまちづくり協議会の活動が展開してくると、協議会としてイベント活動の展開あるいは収益事業の推進など、金銭問題をはじめとして、組織としてさまざまな責任を負う場面がでてくる。その場合、まちづくり協議会のような任意組織の場合は、責任を協議会の会長が一人で背負うこととなる。そのため、まちづくり協議会組織自体を株式会社、NPO 法人、社団法人などの法人格化する場合がある。また、まちづくり協議会と並行して法人組織を置く場合があり、組織が重層的になる。

逆に言えば、エリアマネジメント活動を進めていくと、法人格をもった組織でなければ扱えない事項で出てきて、やむをえず既存の法人組織である社団法人、株式会社などを借りて法人化しているとも言うことができる。さらに株式会社組織を積極的にとる組織が、秋葉原地区をはじめいくつか生まれているが、それは一般社団法人が収益事業を行うと、たとえ公的な事業に収益を支出しても課税されるが、株式会社であれば収支をバランスさせれば、結果的に課税されないからであると言われている。

4 章　エリアマネジメント活動の課題　113

事例 17　福岡天神

任意団体と一般社団法人による組織・運営体制

We Love 天神協議会／一般社団法人 We Love 天神

2006 年に発足した We Love 天神協議会（以下、任意団体 WLT）は、任意団体であり、行政セクターや民間セクター、NPO や地域住民などの市民セクターといった多様な立場の団体・組織が参画して、地域の活性化や価値向上を目ざして活動が始まった。しかし、活動が継続するにつれ、恒常的な事業や収益事業などに取り組むためには任意団体では限界があり、2010 年 4 月に、法人格をもつ一般社団法人 We Love 天神（以下、一般社団法人 WLT）を設立した。

現在、任意団体 WLT と一般社団法人 WLT による活動が並行して進んでいるが、組織・運営体制がわかりにくく、事務作業が非効率であるといった課題を抱えており、組織体制の改善を検討しているところである。今後、より活動に適した組織体制を模索していくことになるが、ここでは、現時点での組織体制などについて紹介する。

1 任意団体 WLT と一般社団法人 WLT の組織体制

1 任意団体 WLT の役割

任意団体 WLT は、規約を整備し、「会員」や「役員、顧問」「総会」「理事会」「幹事会」「部会」「事務局」「財務」などについて明文化している。この規約のなかで、「天神地区及びその周辺地区の多様な活動主体がともに手を携えるまちづくりを推進し、人に優しい安全で快適な環境の形成、集客力の向上、地域経済の活性化、および生活文化の創造等を目的とするものとする」と定めている。

また、具体的な活動については、

①関係団体などの連絡調整、多様な主体の意見の集約と反映。

②将来ビジョンの研究、まちづくり計画の策定・見直し、研究成果の発表および提案。

③将来ビジョンの実現に資するまちづくり活動・イベ

ントの実施・評価。

④その他本会の目的を達成するための施策。

としており、基本的には、多様な主体が目ざすべきまちづくりの方向性を共有する場であるとともに、それを実現するための活動主体であると言える。

また、活動の意思決定や判断に関しては、年 1 回の総会をはじめ、総会で任命される会長、理事、監事による理事会、理事会で任命される幹事による幹事会（毎月開催）で議論されている。

2 任意団体 WLT の課題

現在、任意団体 WLT の活動は、清掃活動や防犯パトロールなどの地域・ボランティア活動の性格が強いものや視察や講演会の開催など学習・啓発的なものをはじめ、来街者へのサービス提供や収益事業、集客イベントなど多岐にわたる。

不特定多数の人々を対象とした「ベビーカーの貸出事業」や参加費をもらって実施する「まち歩き事業」などの活動は、当初、イベント的に始まったものであるが、活動の充実とともに、1 年を通じて恒常的に実施する事業に成長した。また、街路灯に広告バナーを掲出して広告料収入を得る「バナー広告事業」や公園での「オープンカフェ事業」なども、行政の規制緩和やルールづくりが進むことで実施することが可能となった。

このようにエリアマネジメント活動が継続的に実施され、その成果として活動が恒常化し、収益事業となることで、任意団体として取り組むには課題が発生してきた。

たとえば、恒常的な事業を実施するにあたり保険などへの加入はしているものの、任意団体であれば、事故などに関する無限責任が代表者などに及ぶ可能性がある。また、事業を実施するためのさまざまな契約主体も、最終的には代表者個人によるものとなることから、持続的に活動可能な体制づくりが必要となった。また、行政機

関などからの委託業務などの受け皿としては任意団体では不充分な場合もあり、このような課題から法人格取得の必要性が出てきた。

③ 一般社団法人WLTの設立

前述のような課題解決のために、法人格をもった組織を設立するにあたり、NPO法人や株式会社などと比較検討した結果、共通の方向性をもった構成員による公的な活動を中心に進めていくうえで、一般社団法人というかたちをとることとなった。

2 任意団体WLTと一般社団法人WLTの関係

① 二つの組織の位置づけ

一般社団法人WLTの設立にあたり、任意団体WLTの規約のなかでは、「本会の関係協力団体としては、一般社団法人We Love天神があり、同法人は、天神地区のまちづくり活動における契約等の当事者となって、本会を支援するものとする」と定めている。

一方、一般社団法人WLTにおいては、定款のなかで、その目的を「任意団体We Love天神協議会が作成した『天神まちづくりガイドライン』の目標像実現に向けた、まちづくり活動の推進に寄与することを目的とし、その活動における契約等の当事者となってこれを支援するものとする」と定めている。

このように、任意団体と一般社団法人の関係性を明文化し、一般社団法人WLTが、天神地区のエリアマネジメント活動として主体的に実施する事業や活動の費用に関しては、任意団体WLTが負担するようになっている。

② 一般社団法人WLTの組織・運営体制

一般社団法人WLTの組織体制は、現在、任意団体WLTの幹事会のなかから6者が社員および理事・監事を兼務するかたちで構成されている。任意団体WLTの幹事が一般社団法人WLTの理事・監事を務めることで、両者の活動の方向性を同じものとすることが可能である。また、事務局については、任意団体WLTの事務局が、兼務している。

③ 組織体制の課題

このように、現在、任意団体WLTと一般社団法人WLTの二つの主体が存在し、事務局員などは兼務しているため、事業主体が不明瞭になったり、その役割分担が非常にわかりにくくなっているという課題がある。本来、一般社団法人WLTが主体的に取り組むべきエリアマネジメント活動である各種イベントや来街者サービスの提供などの事業の実施主体は、一般社団法人へ移行すべきであるが、法人設立以前からの流れのまま実施している現状などもあり、活動主体が任意団体WLTと一般社団法人WLTのどちらなのかがはっきりしていない状況である。

また、事務所スペースや備品などの財産管理なども二つの団体が所有・管理しているものが混在するなど、今後、活動の整理とともに取り組んでいく必要がある。

3 これからの体制づくり

① 事業主体としての一般社団法人WLTの体制づくり

今後、エリアマネジメント団体として、不特定多数に向けたサービス提供などの事業や収益事業を進めていくうえでは、法人格をもった一般社団法人WLTが事業主体として機能していくことが望まれる。現在、一般社団法人WLTの事務局員は任意団体WLTの事務局員が兼務していることから、主体が明確でなく、その解決のためには、常駐スタッフの整備（雇用や出向など）が不可欠である。

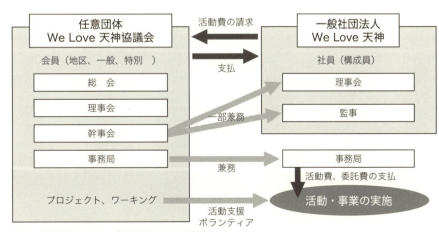

図1　任意団体WLTと一般社団法人WLTの関係

本来、一般社団法人であれば、都市再生整備推進法人などの取得も可能であるが、実体のある組織としての整備が進まなければ、困難な状況でもある。

② 公的位置づけの整理

福岡市においては、エリアマネジメント団体として、任意団体WLTが公的に認められている。一方、一般社団法人WLTは公的な位置づけがなく、今後、エリアマネジメント活動の主体となっていくためには、明確な位置づけが求められる。

たとえば、自主財源獲得のための活動の一つである「まちづくり支援自動販売機の設置」は、一般社団法人WLTが民間事業者と契約を結び、実施しており問題はないが、「バナー広告事業」や「オープンカフェ事業」などは、許認可を受けているのはあくまでも公的に位置づけられた任意団体WLTであるため、一般社団法人WLTに事業主体が移行できないという課題がある。

③ 任意団体と一般社団法人の役割の再検討

現在、天神地区においては、任意団体WLTと一般社団法人WLTによって、エリアマネジメント活動を推進するかたちとなっている。任意団体は、多様な主体が参画できるオープンな組織として、非常に有効に機能している。とくに天神地区においては、特別会員として、福岡市や中央警察署が参画しており、官民連携の枠組みができている。

また、天神地区にはその他の任意団体として、戦後、商店街「新天町」や百貨店の岩田屋などが中心になって設立された「都心会」がある。この団体には、天神地区に出店する主要な商業事業者が次々に加盟し、共同販促

市役所ふれあい広場の活用

や親睦会などで連携を図っており、このコミュニティがエリアマネジメントの活動の基盤になっているとも言える。ほかにも2008年に設立された「天神明治通り街づくり協議会」（3章・事例7図1参照）があり、この団体は、主に1960年代に建設され更新期を迎えた建物の再開発に関する地権者の協議会で、地区のグランドデザインや地区計画の策定を進めており、ハード事業とソフト事業の連携という意味から組織の連携は非常に重要になっている。他にも音楽イベント「ミュージックシティ天神」の実行委員会など、多様な団体があり、これら諸団体と連携しながら、地区の将来像やまちづくりの方向性を共有する場としては、任意団体WLTは、大切な組織体制であると考えられる。

しかし、継続的・安定的にさまざまな事業を推進していくうえでは、法人格をもった組織が必要であり、現在、天神地区において、そのような法人格をもったエリアマネジメント組織は一般社団法人WLTのみであることから、今後、その存在意義は大きくなると考えられる。

とくに、昨今、規制緩和などが進むにつれて、指定管理者制度などに限らず、河川や公園、道路、公開空地などパブリックな空間を利活用し、まちのにぎわいづくりや地域の活性化を進める動きが顕著である。そのような活動の先には、公的空間の維持管理や利活用による収益事業の実施などが本格化することが考えられ、法人格をもった組織による安定的な事業への取り組みが求められる。また、地区内におけるまちづくりに関する調査や検討などの業務委託などの受け皿としても期待されることからも、法人格の必要性は大きい。

そして、そのような法人格をもった組織を確立するためには、まず、専門性をもった常駐スタッフの確保などが必要不可欠であり、そのための人件費の確保や安定的な運営のための雇用形態などを考えると、安定的な財源の獲得などが求められている。

今後、天神地区においても、現在の任意団体WLTと一般社団法人WLTによる組織体制の整理を進める必要性を認識しており、より活動に適した体制づくりに取り組むところである。

LOCAL&DESIGN㈱ 代表取締役
元 We Love 天神協議会 まちづくりディレクター　福田忠昭

事例 18　大手町・丸の内・有楽町

役割をもった街づくり団体と行政・民間の協力体制

一般社団法人 大手町・丸の内・有楽町地区まちづくり協議会

東京駅周辺に広がる大手町・丸の内・有楽町地区（以下、大丸有）は、東京駅を中心に広がるビジネスセンターにふさわしく、道路管理や建物管理がしっかりと行われている。また、各施設が単独にそれぞれの責任範囲のみを保全するだけでなく、施設整備やその運営に協力関係を築いてきた。道路の植栽管理の民間協力、地域冷暖房の普及、複数ビルでの駐車場出入り口の一体化、丸の内仲通りに代表される街並みづくり、等々である。

さらに、エリアマネジメントの発想から、街づくりに関わる新しい組織が組成され、その活動がこの街の魅力を維持・向上させ、またそれまでとは異なる新しい魅力を生みだしている（図1）。本項ではこうした組織について述べる。

1 大丸有の街づくり団体の類型

大丸有の組織は統一管理団体のような一つの組織が何もかも賄う方式ではなく、複数の民間街づくり団体が、それぞれの強み、役割、対応する制度、といった一定の守備範囲をもって活動を行っている。それらが互いに連携し、さらに行政との関係を構築して実務的な街の運営能力を高めている（図2）。

以下のA～Eの区分で、各団体の構成主体、事業内容、法人格などを見ていく。

A. 街づくり活動（検討、事業）を行う民間団体（後述のア、ウ、エ）。
B. 民間と行政による協議体（同 イ）。
C. 特定分野の事業活動を行う民間団体（同 オ、ク）。
D. 公的空間の維持管理を担う民間団体（同 カ、キ）。
E. 催事、イベントなどの実行委員会（同 ケ）。
F. 制度・規定などの改正・策定のための社会実験、モデル事業などの実行委員会（同 コ。民間と行政で組成）。

2 大丸有の主な街づくり組織

街のありよう、組織のありようは固定ではないが、ここでは現時点の主な街づくり団体の状況を以下に示す。

1 街づくりの中核的組織

ア 一般社団法人 大手町・丸の内・有楽町地区まちづくり協議会（以下、大丸有協議会）

1988年に「千代田区街づくり方針」にのっとり、任意団体として組成。地域・地権者による街づくりの発意、検討を行い、有識者、行政を含めた広い理解・合意形成を行っている団体である。1994年に「街づくり基本協定」を全会員で締結。1996年には後に述べる大丸有懇談会の民間側構成員となった。

2012年、任意団体から一般社団法人へと移行し、道路など公的空間を含めた都市空間の適切かつ効率的な開発、

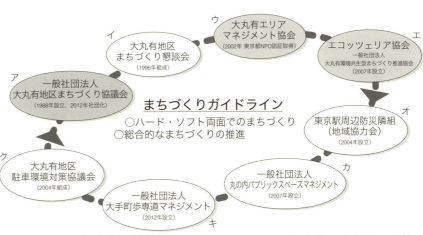

図1　大丸有地区の街づくり関連組織（出典：「まちづくりガイドライン」掲載図に本稿による記号を付記して作成）

4章　エリアマネジメント活動の課題　117

利活用を通じた街づくりを展開し、大丸有の付加価値を高め、東京の都心としての持続的な発展に向けた取り組みを行っている。2013年には千代田区より都市再生整備推進法人の認定を取得。

一般社団法人に関する法制度と定款にのっとり、社員総会・理事会を柱とする組織運営を行う。会員（＝社員。約70社）は地権者企業であり、役員（約30名）は会員から募っている。テーマ別の検討会などを組成し、会員相互の情報共有や検討を行っている。

後述する「まちづくりガイドライン」の内容も大丸有協議会会員企業などによる事業や公共事業で実現しなければ絵に描いた餅にすぎない。同ガイドラインに関する検討、情報共有を行うことを通じて、やわらかい事業調整の役割を果たしていると言えよう。

団体HP：www.otemachi-marunouchi-yurakucho.jp

イ 大手町・丸の内・有楽町地区まちづくり懇談会

1996年、千代田区、東京都、JR東日本、大丸有協議会の4社で組成した協議体。大丸有地区の「将来像」やそれを実現するための「手法」「ルール」に関する合意内容を「まちづくりガイドライン」として共有し、構成4社が取り組む街づくりに活用している（図3）。

常設の協議体であり、街づくりの進捗や社会情勢の変化に対応して「まちづくりガイドライン」、ならびに関連する分野別ガイドラインやマニュアルを運営し、これらを進化させている。上述の構成員が了解した設置要綱にもとづき運営している。検討組織として、懇談会、幹事会が位置づけられており、懇談会座長は千代田区副区長が、幹事長は東京都都市整備局都市づくり政策部長が充たることとなっている。詳細な検討は幹事会の下部組織として組成されているワーキングの場で行っている。

懇談会の方向性について、「まちづくりガイドライン」には「本地区の速やかな機能更新や持続的発展、街の活性化、また、世界に誇る美しい景観や諸外国からの人々を迎える空間の形成のため、公民が協力・協調した街づくりを今後とも維持・発展させていく。今後はイベント等の開催に加え、公的空間の積極的利活用や街の主体的な維持管理等、周辺地域も含めた関係機関・団体との緊密な連携のもと、BID等の手法を含めた総合的なまちづくり活動の推進に一層取り組んでいく」と書かれている。

団体HP：www.aurora.dti.ne.jp/~ppp/

ウ NPO法人 大丸有エリアマネジメント協会

2002年に発足したNPO（東京都認証）である。愛称をリガーレ（Ligare；ラテン語で「結ぶ」の意）といい、

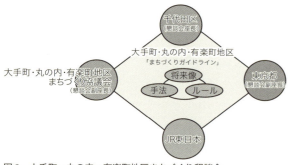

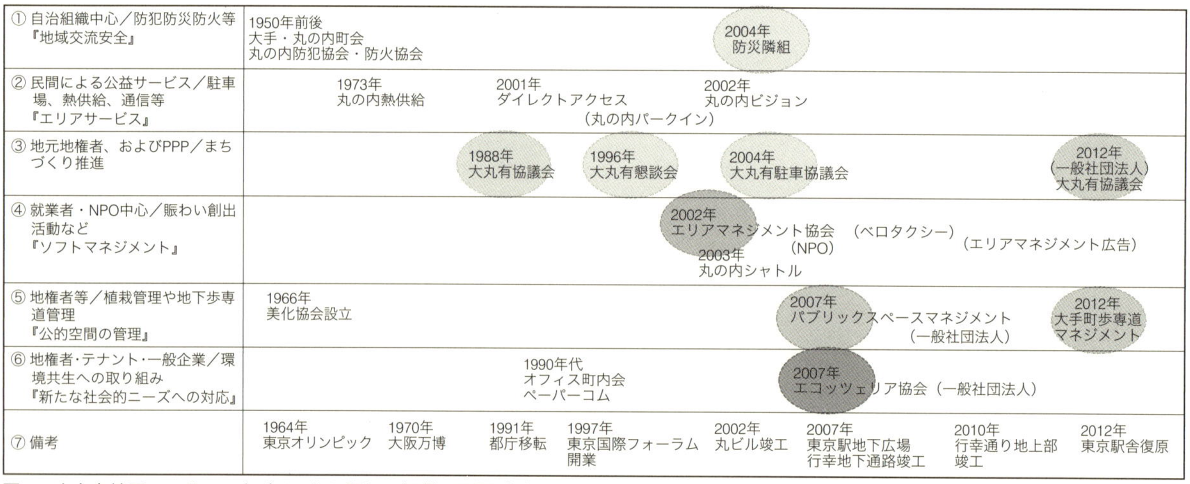

図3 大手町・丸の内・有楽町地区まちづくり懇談会

図2 大丸有地区のエリアマネジメントに関わる組織の展開（活動タイプ別）（出典『エリアマネジメント』（小林重敬著）を参考に作成）

就業者や立地企業が参加し、「交流」「環境」「活性化」を柱に活動を推進している。

働きかける先で事業を見ると、①「街のファンを拡大する事業」、②「就業者や立地企業の参加・交流を促す事業」、③「規制緩和をともなう活性化事業」と見ることができる。詳しくは本書2章・事例1を参照されたい。

団体HP：www.ligare.jp

エ 一般社団法人 大丸有環境共生型まちづくり推進協会

2007年、大丸有協議会がまとめた「環境ビジョン」（現サステイナブルビジョン）を実現するアクションを担う目的をもって有限責任中間法人として設立された。

愛称をエコッツェリア協会といい、事業領域としては、①環境・健康・食などに関するさまざまな議論の場の運営、②施設・空間の運営（エコッツェリア、3×3ラボ）、③市場調査・R&D、④イベント企画運営に分類される。

公益法人制度改革にともない、2009年、一般社団法人へと移行した。一般社団法人に関する法制度と定款にのっとり運営され、社員総会、理事会、また任意の会員総会や各種セミナー、交流会などが開催されている。

エリア内外の参加者で形成するコミュニティを育み、それを資源として、「朝大学」など、社会・地球環境を考えたアクションをエリア内外で展開している。外部有識者、プロデューサー、企業代表などによる企画会議、運営会議を開き、各事業の運営を行っている。

また、大丸有では環境アクションの一つである「打ち水」を道路空間において開催しているが、これを主催する実行委員会の中核団体である。詳しくは本書5章2節・事例21を参照されたい。

団体HP：ecozzeria.jp

② 特定目的、アドホックな活動団体

近年、道路空間の利活用による地域の活性化が大きなテーマとなっており、実際、都度の行政協議をへて開催される道路空間における催事は来街者にも好評である。空間運営の視点で単純化すると、「建物敷地」と「道路など公的空間」で街の大半は構成されている。主体で見ると「建物の所有者、管理者の領域（＝民間）」「道路などの所有者、管理者の領域（＝行政）」となる。

一方、都市の利用者（ワーカー、来訪客）はそうした区別を意識しないで街を利用することだろう。所有者・管理主体の発想から、利用者・運営主体の視点で捉えなおすことで、街は一層快適、効果的になると思われる。そうした観点から、以下の各組織が取り組んでいる。

なお、図1に示す団体オ、クについては各団体HPを参照されたい。

オ 東京駅周辺防災隣組

団体HP：www.udri.net/tonarigumi/indextonarigumi.htm

ク 大手町・丸の内・有楽町地区駐車環境対策協議会

団体HP：www.omy-parking.jp

カ 一般社団法人 丸の内パブリックスペースマネジメント

2007年、都道（大名小路など）地下の広場状の歩行者専用道（通称、地下広場）と、行幸通り地下通路（道路占用による民間施設）の維持管理、ならびににぎわい創出を目的に設立された。

地下広場は丸の内口の東京駅と街とをつなぐ位置にあたり、日常、不特定多数の往来がある。丸の内側のビル建て替えを契機として開発され、建て替えの進展により拡大してきた。こうした地下広場の維持管理と運営の実務を担う団体として、2007年に有限責任中間法人として設立された。公益法人制度改革にともない2009年、一般社団法人へと移行。一般社団法人制度に関する法制度と定款にのっとり運営されており、社員は地元民間企業（3社）と鉄道事業者（2社）で構成されている。

地下広場については、所有者である東京都建設局と同団体とで交わした維持管理協定にもとづき、都と同団体とで一定の費用分担を行い、通常の維持管理・運営は同団体が担っている。都道の維持管理に対する民間の費用負担を軽減するため、道路空間における広告掲出を可能とする制度対応（東京都屋外広告物条例における禁止区域の適用除外）がなされ、同団体では道路占用の手続きをともないながら商用ポスター掲出を行っている。

なお、隣接する都道の地下空間にあり同団体が維持管理する行幸通り地下通路においても、マルシェ（農産物など販売）の定期開催が認められ、開催時には活況を呈している。

キ 一般社団法人 大手町歩専道マネジメント

（「③ 街づくり組織の今後」で述べる）。

ケ 大丸有打ち水プロジェクト実行委員会

2005年夏から、エリアあげての打ち水催事が民間街づ

くり団体、関係行政を構成員とする実行委員会を主催者として開催されている。公的空間（道路）を活用した環境アクション、交流・活性化アクションである。2014年の実行委員会の構成員は、環境省、東京都、千代田区、大丸有協議会、リガーレ、エコッツェリア協会など。

会場は行幸通りを皮切りに、道路3カ所、建物敷地内の広場2カ所である。主催実行委員会に行政が参加することで、公益性の確認ができ、本催事開催のための道路占用、道路使用が認められている。裏返すと、民間による催事開催のための道路占用は認められていないのが現状である。

コ 丸の内エリア屋外広告物モデル事業実行委員会

路上の看板類、街路灯柱のフラッグ広告は見慣れた光景であるが、全国の多くの都市では法令上、道路上での民間広告物が原則禁止されている。東京都屋外広告物条例においても同様である。景観面、安全面からみだりに道路空間に広告物を設置・掲出することは認めがたい一方、「広告物を用いて街並みを演出することや、街づくり財源を獲得すること」は効果的との認識は広がっている。

そうした「エリアマネジメント広告」事業について、大丸有においては質の向上と恒常的実施に向けた取り組みを行っている。2008年に社会実験として都条例の規定を超える商用広告をはじめて掲出し、その後、東京都モデル事業として2012年に再スタートを切った。モデル事業は規定整備による恒常的なエリアマネジメント広告の運営を目的としており、その実施に際して、地元は「体制」と「ルール」を備えることが求められている。

「体制」は、懇談会メンバー4社と地元団体（リガーレ、丸の内商店会運営事業者）からなる実行委員会を組成。同実行委員会が、4名の有識者と地元団体（先の2団体と大丸有協議会）からなる審査会を組成している。

「ルール」は、まず、大丸有懇談会が定めた屋外広告物ガイドラインを用いてエリアの広告物マネジメントを行う。そのうえで商用広告については審査会の審議をへてデザインの質を確保して掲出。実際には、別途の制度・規定による諸手続きをへて掲出にいたる。

こうした「体制」「ルール」は、規定整備までの有期のものであるが、民間、有識者、行政が一つの目的に向かって集い、知見を交わす好機となっている。

3 街づくり組織の今後

旧来は、公的空間の計画、整備、維持管理は行政が担い、民間は権限も参画する制度もなく、利活用はままならなかった。例外的に認められても、商業的要素がある事業や飲食事業、広告事業は認められず、そうした事業による催事開催資金の捻出も困難であった。一般論だが、都市・地域の活性化は大きな経済的循環を喚起し、財政的効果は民間にも行政にも及ぶ。そうした効果を生みだすためには公的空間の利活用について民間も参画して企画・検討し、そこから制度・施策や維持管理手法、施設整備計画を逆算していくことが今後一層求められよう。

2014年に開通した大手町川端緑道は土地区画整理事業により整備された千代田区道（歩行者専用道路）である。所有者である行政に代わり、民間団体の一般社団法人大手町歩専道マネジメント（図1キ）が日常の維持管理・運営を全面的に担うこととなった。そのための一助として、あらかじめ一定の広告掲出スペースが備えられ、前述の「エリアマネジメント広告」のスキームで広告掲出が行われている。また商用イベントの誘致も認められている。

丸の内仲通りの再構築では千代田区道部（主に車道空間）と民地（歩行者空間）を含め、通り全体の空間構成や路面・街路樹・照明・ベンチなどの設えを総合的に更新している。こうした空間整備や季節折々の催事開催に加えて、日常的に街に潤いとにぎわいをもたらす路面の店舗・カフェの事業活動や店舗スタッフの参画はこの通りに欠かせない。街の本質的な構成要素である。道路空間の"普段使い"のモデル事業として、2014年10月、千代田区等とともに丸の内仲通りの公道において飲食客席設置、酒類を含む飲食物の提供、協賛広告設置をともなうオープンカフェを実施し、好評を博した（2章扉参照）。

今後も、民間と行政が協力・協調して都市の運営・経営を担うべく、大丸有の街づくりの仕組み、組織・団体も進化を続けたい。

一般社団法人 大手町・丸の内・有楽町地区まちづくり協議会 事務局長
金城敦彦

事例 19　秋葉原

株式会社で実現するまちづくり

秋葉原タウンマネジメント株式会社

秋葉原地区の特徴は、まちが抱える課題にあった取り組み（事業）推進のため、株式会社を選択したことにある。6年間の事業を終え、株式会社として行うエリアマネジメント活動の現状と今後の展開を整理する。

1 秋葉原地区の概要

秋葉原地区はかつて神田川の恩恵を受け、江戸時代から多くの河岸があり、人々が集まる土壌ができていた。現在はその名残を石碑などでしか確認することができないが、今日秋葉原が交通の要衝としてJR山手線・京浜東北線・総武線に加え、地下鉄線も乗り入れていることが、なによりの証拠である。

近年の物流システムの発達や時代の変化により、1989年に秋葉原駅前にあった東京青果市場が大田区へ移転となった。移転により、大規模な低未利用土地が誕生した。

同時期に政府により「大都市地域における宅地開発及び鉄道整備の一体的推進に関する特別措置法（宅鉄法）」が整備され、その適用を受けた常磐新線プロジェクト（現つくばエクスプレス）の秋葉原駅乗り入れが決まる。JR秋葉原駅においても、乗り入れにともない、駅前のコンコース整備が実施され、地元要望の高かった東口駅前広場の整備も、国や東京都、JR、東京メトロ、開発事業者の協力を得ながら千代田区が事業主体となって実施するなど、駅舎機能の強化に向けた工事が進められてきた。新たな鉄道駅の設置により、大規模跡地の有効利用と都市機能の更新を図ることを目的とした土地区画整理事業が動きだすこととなったのである（このときの地区計画24 haはのちの秋葉原タウンマネジメント株式会社の活動エリアとなる（一部他区のため除外））。

2001年の駅前再開発（8.8 ha）決定を契機に、2002年4月に千代田区が地域町会（当時6町会）、電気街などの商店街組織で形成する再開発協議会や再開発事業者、その他行政関係者に呼びかけ「まちづくり推進協議会」が立ち上がる。関係者相互の連携のもと、開発にともなうまちづくりの課題に取り組むこととなったのである（図2参照）。

まちづくり協議会は、後に、地域が主体となった活動（事業）を継続的に推進していくために「秋葉原タウンマネジメント設立準備会」に引き継がれ、再開発エリアのみならず、まち全体に活動エリアを広げ「新旧融合のエリアマネジメント」を目ざす秋葉原タウンマネジメント株式会社の組織を具体的にかたちづくっていくことになるのである。

2 株式会社のエリアマネジメント組織ができるまで（組織化の経緯）

既成市街地である秋葉原地区では前項にも示したとおり、駅前の再開発事業が大きなきっかけとなり、エリアマネジメント組織に対する気運が高まった。ここでは、エリアマネジメント組織設立にあたり、具体的な関係者

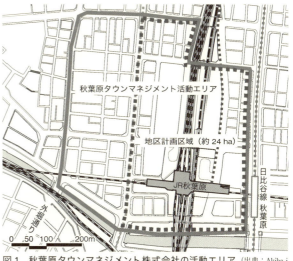

図1　秋葉原タウンマネジメント株式会社の活動エリア（出典：Akiba-iホームページ（一部改編））

4章　エリアマネジメント活動の課題　121

とその関わり方を整理する。

1 地権者と再開発権利者および行政機関

まちづくりのきっかけとなった駅前再開発は、複数の開発事業者によるもので、各事業者が行政機関と個々に調整を開始した。そこで、開発における共通のビジョンをもつ必要性を感じた行政機関が、まちの住民（町会）団体（商店街など）に呼びかけることで、協議会「秋葉原駅付近地区まちづくり推進協議会（通称：Aテーブル）」をスタートさせた。

ちょうどまちでは、駐車場不足や落書き・ゴミの不法投棄等の問題を抱えており、まちと再開発事業者および行政機関が同じテーブルにつき調整を開始したのである。

協議会は歩行者ネットワークの形成や駐車場の共通整備などの一定の成果をあげた。再開発の協議が終了するころ、引き続きソフトなまちづくり、すなわちエリアマネジメントの必要性を提案したのも行政機関であった。

まちによるまちのためのまちづくりのために、行政機関が事務局となり、住民や商店街の方を対象とした勉強会がスタートした。その後勉強会は準備会となり、実際の活動について検討をする分科会が立ち上がり、まちは自らが実践するというイメージをもち、行政機関はまち主導の活動を支援するという官民連携の構図をつくりあげた。

その計画を推進するための組織、財源の検討のなかにおいて、地権者、開発事業者、行政機関のすべてが「責任」をもつべき、との考え方から選択されたのが株式会社である。

2 秋葉原地区エリアマネジメント組織の誕生

準備会で検討された株式会社によるまちづくりは、①民と官が協力して「公益的なまちづくり事業」を行うこと、②地域自らの意思と決断により活動をすること、③事業で得た収益はさらにエリアマネジメントの事業として再投資すること、④参加者の労力・資力の提供を基本に事業を実施すること、⑤民間企業と公的機関とはイコールパートナーとして連携し、事業を実施すること、という五つの目標を掲げ、2007年12月、法人として秋葉原タウンマネジメント株式会社が設立された。現在にいたるまで、安全で安心なまちづくりに取り組んでいる。

3 組織間体制と事業内容

株式会社として誕生した秋葉原タウンマネジメント（以降、秋葉原TMOと表記する）は、公益的まちづくり事業を行うため、その特性を活用し「収益」を得るところに大きな特徴がある。本項では、秋葉原TMOを支える体制と実際の事業内容について触れる。

1 秋葉原TMOと組織間の連携体制

Aテーブルを構成していた組織は、その後秋葉原TMOが設立されたのちもさまざまな連携体制をとり、今日にいたっている。

● 千代田区

秋葉原TMOの筆頭株主として株式の46.2％を保有する。秋葉原地区のまちづくりを推進していく際には、自らが調整役となり、秋葉原TMOの活動を円滑に進める潤滑油の役割を果たす。

● 再開発事業者

NTT都市開発、ダイビル、鹿島、ヨドバシカメラなど多

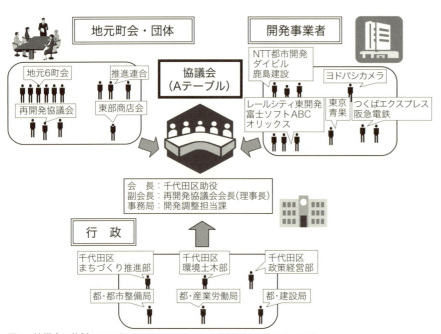

図2　協議会の体制　（出典：『秋葉原駅付近地区まちづくり推進協議会活動報告書』より）

くの再開発事業者が秋葉原TMOの株主となっている。主に事業者がもつホールなどの商業施設を秋葉原TMO事業推進のため、積極的に活用している。

● 地権者（商店街・町会）

秋葉原TMO事業の推進にあたり地元代表として意見を述べることができる。また地元地権者の多くが培ってきた古くから続く活動（事業・祭事等）において、秋葉原TMOがさまざまな角度から協力体制をとっている。

● 行政機関・警察

駅前の再開発に始まり、東京都のモデル事業（エリアマネジメント広告など）について協力関係にある。地元警察とは日々の安全・安心につながるパトロール活動から歩行者天国の運営にいたるまで、連携体制が整っている。

② 事業（活動）内容

秋葉原TMOが展開する事業の二本柱は「まちを守る事業」と「まちを活かす事業」である。以下に主な事業を示す。

● 美観推進事業（まちを守る）

きれいな街並みを守り、住民・事業者そして来街者が快適にすごせる都市環境を提供することをめざす。

● 交通治安維持事業（まちを守る）

犯罪のない、災害に強い安全・安心のまちづくりの実現、また違法駐車・駐輪問題の解消を進める。

● 施設・地区整備事業（まちを活かす）

秋葉原地域の街並み形成や地域ルールの作成など、地域コンセンサスを得ながら、今後の都市の機能更新を誘導、調整していく。

● 地域活性化・産業創出支援事業（まちを活かす）

秋葉原の特性、集客力などを活用したイベントの開催、広告事業の展開や秋葉原への集客につながる情報発信を行う。さらに今後はビジネス支援、インキュベーション（起業支援）を行うことにより、新産業の集積を図る。

4 「株式会社」が行うエリアマネジメント活動

① エリアマネジメントの現況と課題

● "株式会社"組織が生みだす効果

他のエリアマネジメント組織と差別化するにあたって、特記すべきは株式会社という組織体系をとっていることであろう。これらは収益を得られるという最大の利点はもちろんのこと、組織の性格がもたらす効果がほかにもある。それは地域に共存する組織が「株主」として秋葉原TMOと密接になり、まちづくりに積極的に関わってくるところにある。行政（千代田区）が株主であることから、一部業務代行が比較的容易に行われ、まちづくり事業を推し進めている。また、株式会社としたことで関係者は株主（資金提供者）となり、フリーライダーを排除する役割にも貢献している。

秋葉原は集客力が高く、その事業のなかで、収益を生みだすことができる可能性が高いと判断され、得られた収益をまちづくりに還元することに適した組織形態として株式会社が選択された。そしてそのとおり、公共空間を活用した広告、設備、維持管理などの収益は、清掃やまち案内などの活動に還元されている。株式会社であり、かつ収益を株主配当ではなく、エリアマネジメント活動に再投資することを定款に謳うことにより、成立しているモデルである。

しかし、収益事業は民間企業と同様に経済環境などの影響を受け、決して安定した収入ではない。公益的まちづくり事業を安定し、継続して実施していくために、税制面の優遇が望まれる。

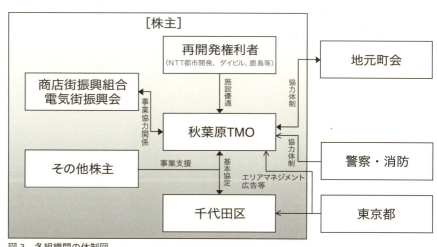

図3　各組織間の体制図

● 外部環境がもたらす組織への影響

　近年、秋葉原地区はさまざまなコンテンツの拠点として注目を浴びている。戦後の露天商から家電黄金時代をへて、マイコン・パソコンのまちへと変貌し、それを媒体としてアニメ・ゲームなどのサブカルチャーが脚光を浴びた。二次元に飽き足らず、三次元（生身）のアイドルが"アキバ"のみならず日本全国、はたまた世界に飛び出している。外国人観光客も秋葉原を目ざしてやってくる。秋葉原を「生きもの」と表現する人もあるほど、とにかく変化の激しいまちである。秋葉原地域は他に類を見ない優位的な情報発信能力がある。また、変化速度の速さに、成長性・発展性をうかがわせるまちのポテンシャルが垣間見える。

　と同時に、痛ましい出来事もまた秋葉原で起こった。よくも悪くも注目されるまちであるということは、社会情勢・政治情勢の変化にも敏感なまちであることを裏づける結果である。

　これらはエリアマネジメント組織として、決して他人事ではない。株式会社である以上、収益を得ていかねばならないため、変化をうまくつかみとれないことは致命傷にもなりかねない。常に地域の関係者と連携・協力し

ながら変化に対応する柔軟さが求められる。

② 今後のエリアマネジメントの事業推進に向けて

　今後、エリアマネジメント事業を推進していくうえで、株式会社組織であることを充分に活かしながら、外部環境により受けるプラスの影響を最大限利用し、マイナスの影響はなるべく最小限にとどめていきたい。

　具体的には、①秋葉原がもつポテンシャル（情報発信力）を活用した新規収益事業の展開、②地域と株主、行政機関の体制強化による安定したまちづくり事業の推進、③行政機関との連携強化による安定財源の確保、④情報発信力を活用し、秋葉原 TMO の活動を積極的に発信することによる新規人材の発掘、である。

　2020 年の東京オリンピック開催が決定し、これから国をあげて、まちの魅力向上が目ざされることになる。さらに注目が集まる秋葉原。これからも、まちを訪れるあらゆる人々にとって、安全で安心を提供できる持続可能なまちづくりを目ざす。

秋葉原タウンマネジメント㈱ 事業マネージャー　土方さやか
エリアワークス㈱ 取締役 チーフ・プロデューサー　明珍令子

参考引用文献：
1）『秋葉原駅付近地区まちづくり推進協議会の活動のまとめ報告書』
　千代田区、2006 年 10 月

表1　秋葉原 TMO の事業内容

	大項目	中項目	内　容
まちを守る	美観推進事業	清掃 (AkibaSmile!) 事業	毎週日曜日（雨天時除く）、一般参加のボランティアや地域関係者とエリアの清掃を実施
	交通治安維持事業	駐車・駐輪事業	秋葉原地域の駐車場の位置や利用時間、満空情報などをホームページ、カーナビ、案内板などに情報発信する駐車場案内システムの管理運営を行うとともに、秋葉原地域で不足がちな自動二輪車の駐車場整備等、地域の交通安全の向上や渋滞対策など地域の交通環境改善の向上に努める。
		治安維持事業	まちの魅力向上や、安全活動を具体的に検討実施する「秋葉原地域連携協議会（アキバ21）」が行っている防犯活動や、まちの安全を守る防犯カメラの管理運営、秋葉原中央通りの歩行者天国運営事務局を運営。「秋葉原駅周辺地区帰宅困難者対策地域協力会」の事務局を運営。
まちを活かす	施設・地区整備事業	調査・運営事業	「まちの魅力向上に向けた道路等の公共空間活用検討会」秋葉原地域委員会の運営支援をはじめとして、「公共空間活用策の実現に向けた実行計画書」の作成と計画の見直し、新規事業の検討を行う。
		施設管理事業	来街者の利便性向上、広場内の美化環境の向上を目的として、秋葉原駅昭和通り口東口広場等にコインロッカーおよび自動販売機の設置・運営を行う。
	地域活性化・産業創出支援事業	広告事業	エリア内の公共空間（駅前広場）に媒体を整備し提供。東京都のエリアマネジメント広告モデル事業（2014年6月現在）として運営を行う。
		エリアプロモーション事業	まちの資源（「人」「場」「情報」）を整理し、それらをつなぎ合わせ、活用することにより、利用者（主催者）が満足し、まちの魅力が向上する、エリアプロモーションサービス（プロモーションコーディネート事業）を展開。
		施設運営事業	秋葉原のまちに不足しているインフォメーション（情報発信）として、来街者に対し、まち（店舗）情報、公共情報、イベント情報等の発信を行う。
		人材育成事業	次世代の人材育成を目的に、秋葉原らしい"ものづくり"など、まちの活性化の一助となるようなテーマで実施。

5章
エリアマネジメント活動の新しい領域

名古屋駅地区の防災図上訓練（提供：名古屋駅地区街づくり協議会）

1節

エリアマネジメント活動の新要素

株式会社フロントヤード 代表取締役　長谷川隆三

1 —— 強固な活動基盤の構築へ向けて

1 エリアマネジメント活動のこれまで

エリアマネジメント活動はこれまで、エリアの特性やそのニーズに応じてさまざまな取り組みを行ってきている。これまでの活動の多くは、エリア内の関係性構築やにぎわい創出のためのイベント開催や情報発信、都市づくりのガイドライン策定といった比較的、ソフトな活動が中心であった。

エリアマネジメント組織による、このようなソフトな活動によって、エリアの魅力が高まり、都心の業務地区においてもたんにビジネスマンだけでなく、多くの人々が訪れる場として変貌を遂げてきた。これは、エリアマネジメントの大きな成果である。

しかしながら、エリアマネジメント組織の活動基盤を見てみると、財源や人材の確保に苦労しており、それらの多くは組織を構成する企業などの負担によって、活動が続いている現状である。一部のエリアでは、公共空間において、屋外広告物事業などの収益事業を展開し、財源の確保を図っている所もあるが、強固な活動基盤を築いている所はほとんどないと言える。

このように、エリアマネジメント活動は本書において取り上げられた事例にあるように、一定の成果を上げているものの、その活動基盤が脆弱であることが大きな課題となっている。

エリアマネジメント活動は、これからの世界を見据えた都市間競争のなかで必須な取り組みであると言えることから、エリアマネジメント組織が持続的に活動できるよう、より強固な活動基盤を構築していくことが必要である。

2 公益性と事業性

強固な活動基盤の構築に向けてキーとなる要素が、公益性と事業性であると考える。エリアマネジメントの活動がたんにエリアのなかの利益に留まるのではなく、それが都市全体の利益にもつながるような活動を行っていくことが重要である。そして、公益性を意識しながら、エリアにとって必要なサービスを提供する事業を進め、自らで収益を確保していくことが求められる。

公益性と事業性を重視することは、海外のエリアマネジメント活動として知られるアメリカの BID（Business Improvement District）においても明確となっている。

BID の活動では、エリアの防犯や清掃を行うことによって、犯罪リスクを下げ、エリアの安全性を高めることに寄与している。これらの活動は、荒廃した中心部において、きわめて公益性の高い活動と認識されており、それにより、安定的な財源を確保している。

また、公共空間を活用した事業も活発に行っており、広場や歩道において、カフェや新聞スタンドの運営などの事業を行い、収益確保を図っている。これらの事業は、BID がもつ公益性から実施可能になっていると考えられる。

このように、海外のエリアマネジメント活動は公益的な目的を重視することにより、組織や活動への認知度が高まり、その活動基盤の強化につなげていることから、わが国のエリアマネジメントにおいても、より公益性を重視した活動へ展開していくことが、強固な活動基盤の構築につながるのではないかと考える。

なおアメリカのBIDは州法などによって位置づけられた組織なので、日本のエリアマネジメント組織の現状と大きく異なるが、その活動の方向性については参考となることから、ここで取り上げた。

2 ── 都市の持続可能性・魅力を高める新たな要素：エネルギー・環境と防災・減災

1 グローバルイシューとしての地球環境問題への対応

2005年に温室効果ガスの排出抑制を世界的に約束する「京都議定書」が発効し、温室効果ガスの排出抑制が世界的な課題となった。政府は議定書の発効を受け、温室効果ガスの排出抑制に関する計画である「京都議定書目標達成計画」[注1]を作成した。この計画では、温室効果ガスであるCO_2の排出を抑制させるための考え方として「低炭素型の都市・地域構造や社会システムの形成」を掲げ、都市づくりの場においてCO_2排出の抑制を図っていくことが求められた。

欧州では、EUや各国政府がCO_2排出の大部分を占める都市での排出抑制が重要であるとの認識のもと、CONCERTO[注2]など、面的な都市づくりと一体的にCO_2排出の抑制を進めるためのプログラムがいくつも構築された。

CO_2は、都市における活動がエネルギーを消費し、排出されるものである。そのため、都市がその排出抑制の責任を負っていると言える。

そして、その排出抑制策として、集約型都市構造への転換の他、面的なエネルギー融通、再生可能エネルギー導入など、エリアレベルで実践していく内容も含まれており、エリアにおいて、どのように対応していくかが求められることになっている。

つまり、グローバルな課題である、地球環境問題はエリアでの取り組みを進めていくことによって、解決につながるという面をもっており、これらに取り組んでいくことが、今後の都市にとって大きな価値になると考える。

2 東日本大震災が与えた影響

2011年3月11日に発生した東日本大震災では、直接的な被害を受けた東北地方だけでなく、首都圏においても、公共交通機関の乱れや通信障害などが発生し、多くの帰宅困難者が都市空間にあふれだした。

そしてその後に発生した福島第一原発の事故により、首都圏の電力需給が逼迫する状況となり、電力供給の安定性を確保するために、区域を区切って順番に停電させる輪番停電（計画停電）が行われる事態となった（東京電力管内で3月14日～28日にかけて実施された）。

このことは、わが国の大都市の業務集積地における都市機能の継続性への不安となり、国外を含む、より安全な場所への企業の移転などが意識されることとなった。また、次なる大震災への不安から都市の安全性に対しての関心が高まることとなった。

以上のように、東日本大震災によって、都市機能の継続性や安全性といった点について、今まで以上の関心が集まり、それらの課題を解決することが重要なテーマとなっている。

具体的には、都市におけるエネルギー供給や上下水道、公共交通など、各種都市サービスの継続性や安全な都市空間の確保、被災時の適切な避難行動の準備・誘導などが求められることとなった。

つまり、東日本大震災を経験したわが国の都市、とくに大都市の業務集積地においては、災害が発生しても、①エネルギー供給が途絶えることなく、②帰宅困難者対応がしっかりと行われ、③都市が機能し続けることが重要な価値となった。

3 エネルギー・環境と防災・減災への対応

上記に述べたような問題は、都市で使うエネルギーや都市の低炭素化などの環境配慮についてどう考えるか、都市の防災性能向上や災害を減らすことについて、どう考えるかといった問いに答えることである。

つまり、都市づくりの場において、より積極的にエネルギーの利活用や防災について対応していくことが、今後は必須の要素となる。これらについて考慮しなければ、都市で暮らし、働く人々にとって安全で快適な環境を提供することがむずかしくなり、世界的な規模での都市間競争力の低下につながってしまう恐れがある。

これを裏返せば、エネルギーや環境、防災・減災について考え、必要な対応を行っていくことが、さまざまな活動の舞台である都市の魅力を高め、価値を上げていくことにつながるのである。

エリアマネジメントは、エリアの課題を捉え、適切な対応を行っていくことで、エリアの価値を高めていくことが大きな目的であることから、今後の都市の価値を高

5章　エリアマネジメント活動の新しい領域　**127**

めることにつながる、エネルギーや環境、防災・減災に取り組んでいくことが必要ではないかと考える。

そして、エネルギーや災害についての問題を解決することは、国レベルでも重視されていることであり、活動による成果、価値がエリアを超えて発揮される公益性の高い取り組みであると言える。

たとえば、東日本大震災のような大規模な災害が発生した場合でも、大都市の中枢部が機能し続けることは、都市全体の災害対応を迅速に行ううえで有効であるし、世界に対して、日本の都市は大丈夫であるというメッセージを発信することにつながる。

つまり、エネルギーや防災に取り組んでいくことが、エリアそのものの価値を高めていくことにつながるとともに、それらの価値はエリアを超えて享受できるものであることから、公益性を高めていくというエリアマネジメントの今後の展開のなかで非常に重要な要素になると考える。

4 都市におけるエネルギー・環境への対応

エリアマネジメントでの取り組みを考える前に、今までに述べたような、都市におけるエネルギーや環境への対応ということについて、都市づくりにどのようなことが期待されるのかについて整理したい。

2014年に政府が発表した第4次エネルギー基本計画[注3]では、東日本大震災後のエネルギー需給の現状を踏まえ、今まで以上の多層化・多様化した柔軟なエネルギー需給構造を目ざすことが大きな柱となっている。そのなかで、とくに都市づくりと関係するのが未利用エネルギーや再生可能エネルギー、コージェネレーションシステムを活用する分散型エネルギーシステムである。これは、近年のスマートシティの議論においても鍵となるシステムである。

エネルギー基本計画では、分散型エネルギーシステムを需要サイドが主導する取り組みと位置づけ、地域が主体となって推進していくことが期待されている。つまり、分散型エネルギーシステムは、エネルギーの需要地である都市空間のなかで、そこで活動する人々が主体となって取り組む対策と位置づけられている。

分散型エネルギーシステムは都市空間のなかにプラン

トや熱の配管、地域限定の電力線などを設置するスペースが必要となる。また、河川や下水などの未利用エネルギーを活用するためには、そういった資源が存在している場所（下水処理場やポンプ場など）の近傍で使うことが求められる。つまり、都市づくりとリンクして考えることがきわめて重要なエネルギーシステムであると言える。

以上のように、エネルギーや環境を考慮する今後の都市づくりにおいては、分散型エネルギーシステムをいかにして、都市空間のなかで整備し、運営していくかが重要になると考える。

5 都市における防災・減災への対応

次に、防災や減災についても同様に、どのようなことが求められるのかについて整理したい。防災や減災については、これまでも都市づくりの重要なテーマとして取り組まれてきたところであるが、東日本大震災を経験したわが国の都市においては、新たな対応や強化すべき対策が意識されている。

東日本大震災時において、首都圏では、先に述べたように多くの帰宅困難者が行政施設の他、ビルのロビーなどで一夜を明かした。また、通信状態が悪化し、電話、メールがつながらない事態が発生し、家族、会社との連絡がつかない状況や被災状況や交通機関の情報を入手することが困難な状況となった。

これらのことから、災害時に発生する帰宅困難者をいかに収容し、非常食や毛布などを適切に配布していくかが重要になるとともに、被災状況などの情報伝達をいかにしてスムーズにかつ大多数の人々に行っていくかが重要となる。

これらを都市づくりの面から考えると、帰宅困難者を収容する空間や備蓄品を収納する空間を都市の中にいかにして用意していくか、災害時に必要な情報を大多数の人々に伝える手段をいかにして用意するかが重要になってくると考える。

また、災害時に帰宅困難者のための空間へ適切に誘導していくための情報発信、帰宅困難者対応の空間の運営などが求められる。

以上のように、東日本大震災をへて、とくに業務機能

が集積する市街地においては、帰宅困難者に対して、必要な空間や情報を提供していくことが重要になっていると考える。

※

ただし、ここで述べたような、インフラやシステム整備、空間整備は、あくまでも今後の都市に必要な取り組みであり、エリアマネジメント組織がすべて行うということではない。これらの取り組みを進めていくためには、行政や事業者もそれぞれ必要な役割を担うことになるし、エリアマネジメント組織もその活動の性格に応じた役割があると考える。

次項以降では、エネルギーや環境、防災・減災について、エリアマネジメントがどのように関わり、役割を果たしていくべきなのかについて整理する。

3 ── エリアマネジメントとの親和性

エリアマネジメントの新たな要素として、エネルギー・環境や防災・減災が重要であると述べたが、それらの対応を進めていくために必要な取り組みは、エリアマネジメントとも親和性があるものである。ここでは、エネルギーや環境、防災・減災の取り組みとエリアマネジメントの親和性について整理したい。

■ さまざまな要素をつなぐ・共有する

エネルギーについては、分散型エネルギーシステムを都市のなかで実践していくことが求められると述べたが、これは、一つのプラントから、複数の建物にエネルギーを供給することや建物同士でエネルギーを融通することとなる。

つまり、分散型エネルギーシステムは複数の建物をつなぐことが必要となる。そして、運営体制による違いはあるが、基本的には一つのシステムを複数の主体で共有することとなる。

また、分散型エネルギーシステムやスマートシティにおいては、エネルギーの需要や供給量といった情報を一元的に集約し、コントロールすることが必要となる。

防災や減災対応についても、帰宅困難者対応の空間や

備蓄品を一つのビルで用意するのではなく、複数の建物で共有することが効率的である。また、そのためには、複数の主体をつなぐとともに、想定される帰宅困難者の数などの情報を一元化し、共有していくことが必要となる。

以上に見たように、エネルギーの対応で必要となる分散型エネルギーシステムや防災・減災対応で必要となる帰宅困難者対応は、いずれもさまざまな要素をつないだり、空間や情報などを共有することが必要となる取り組みであることがわかる。

これは、エリアマネジメント活動がもつ役割と非常に親和性がある。エリアマネジメント活動は、エリア内の多様な主体の関係性を構築し、目標を共有することに寄与する取り組みである。そして、皆で活動を進めていくプラットフォームとなる取り組みでもある。つまり、さまざまな要素をつなげていくための媒介者となるのがエリアマネジメント活動である。

そのため、エリアマネジメントがもつそのような役割をエネルギーや防災の取り組みに向けていくことは、関連する各種の取り組み推進につながると考える。そして、前項で述べたように、エネルギーや防災対応の公益性によって、エリアマネジメントの基盤を強化することにつながるものでもあることから、エリアマネジメントの今後の展開に向けて非常に意義のある取り組みとなる。

4 ── エリアマネジメントの新たな役割

前項までに、エネルギーや防災についてエリアマネジメントで取り組む必要性や意義について述べたが、具体的にどのようなことをエリアマネジメントとして実践すべきかについて整理したい。

■ エネルギー・環境と防災・減災に取り組むうえでの考え方

エリアマネジメントにおいて、エネルギー・環境や防災・減災について取り組んでいくにあたっては、以下のような考え方で取り組んでいくことが重要である。

1 環境と防災・減災を掛け合わせて考える

都市の活動はエネルギーや資源の消費によって環境へ

の負荷を与え、気候変動や生態系破壊を引き起こしている。これを裏返しで考えれば、環境やエネルギー問題に対応することは広い意味で災害リスクを減らす防災対応へとつながる。また、前項で述べたような分散型エネルギーシステムの導入は、災害時のエネルギー供給の確保につながる。

そのため、両者を別個に考え、対応するのではなく、一体的に考えていくことが重要である。

② 平時の積み重ねが有事に活きてくるような対応・取り組みを仕込む

防災対応は有事に備えてあらゆる対策を講じることであるが、平時と有事を切り離しては円滑な対応ができない。つまり、平時のさまざまな活動や空間整備について、有事のことも考え、取り組んでいくことによって有事の対応力が高まる。

たとえば、公開空地の整備にあたって、たんに空き地として考えるのではなく、災害時の帰宅困難者対応も考慮して空間整備を行うことが有事の対応力強化となる。また、平時の防災教育の積み重ねが有事に活きてくることはもちろんである。

そのため、時間軸を意識して、平時と有事を連続的に考えていくことが重要である。

③ マイナス(リスク)を減らしプラス(魅力)を生みだすことによって都市全体の価値向上を図る

災害や環境の悪化は都市にとってのリスクとなり、都市の競争力の低下につながる。災害や環境負荷の低減に向けた対応を行うことでリスクを減らすとともに、それ

らを都市のリニューアルにつなげ、都市の魅力を高める視点が必要である。

たとえば、防災力や環境性能を高めるために行うインフラの整備にあたって、老朽インフラの更新はもちろん、隣接する建物の更新や広場などの屋外空間の整備を連動させていくことが望ましく、そういった更新を誘導するガイドラインなどをエリアマネジメントとして推進していくことが考えられる。

そのため、インフラやシステム導入のためのハード整備をたんにハード整備で終わらせるのではなく、そこを契機として、都市の価値を高めるということを意識していくことが重要である。

2 エリアマネジメントの役割

エリアマネジメントは、その基本的な性格として、エリア内のさまざまな要素をつなげていくことや、エリア内の都市づくりを誘導していくこと、そして、継続的な管理、運営を行っていくことがベースとなる。そのような点を踏まえ、エネルギー・環境や防災・減災対応に向けて、以下のような内容について取り組んでいくことが重要になる。

① ヒトやモノをつなぐプラットフォームとなる

エリアマネジメント活動を行っていくためには、エリアの関係者を巻き込み、緩やかなつながりをつくりながら、エリアに責任をもつ主体を構築し、人やお金を出し合い実践していくことが重要となる。そのためには、日常からの関係性を確保し、互いの絆や信頼感を醸成する

表1　エネルギー・環境および防災・減災対応についてのエリアマネジメントの役割・実践内容

エリアマネジメントの役割	エネルギー・環境の実践	防災・減災の実践
①ヒトやモノをつなぐプラットフォームとなる	〈ヒト〉 ・環境教育による意識向上 ・環境配慮行動をみんなで実践する 〈モノ〉 ・エネルギーシステムの連携による効率性向上 ・エリアのエネルギーマネジメントによる効率性向上 ・廃棄物のエリア管理による地区内資源の循環利用	〈ヒト〉 ・防災教育、避難訓練等による意識向上 ・平常時からのつながり構築による緊急時対応の迅速化 〈モノ〉 ・緊急物資の共同化による被災時対応の強化 ・エネルギーシステム等の連携による被災時のライフライン確保 ・救急医療体制の構築による被災時対応の強化（街のドクターネット）
②エリアに関するさまざまな情報の収集と提供を行う	・モニタリングによる検証と改善 ・見える化による意識向上	・情報収集の一元化による効率化、輻輳化の回避 ・エリア情報の収集による必要資材や危険箇所などの把握 ・被災時の情報提供による安心感の確保、混乱回避
③必要な場所・空間を用意する	・システムの設置空間の整備 ・環境教育、交流の場の設置	・緊急物資の備蓄空間の整備 ・帰宅困難者などの収容空間確保 ・避難経路の確保

ことを通じて、社会関係資本を構築することが必要である。

たとえば、環境や防災といった問題に関する取り組みとしては、エリアの人々が意識を共有できるような機会をつくるといったことや、ともに環境保全活動、防災訓練などを行うといったことや、エネルギーや廃棄物などの資源をつないでいくためのマネジメントを行っていくことが考えられる。

② エリアに関するさまざまな情報の収集と提供を行う

エネルギー・環境や防災・減災に関する活動だけでなく、エリアマネジメント活動を実践していくためには、さまざまな情報を把握し、何が必要か、どのような対応を行うかについて考えることが必要である。

たとえば、エリアにおけるエネルギーの消費量や施設・空間の状況、従業者や来街者数など、エネルギーや防災について考えるうえで必要となる情報を、エリアマネジメント組織で一元的に収集、分析を行い、活用していくことが考えられる。

③ 必要な場所・空間を用意する

エリアマネジメントに関するさまざまな活動の実践やエネルギー・防災対応に関する設備を設置するための場所・空間が必要となる。そのため、エリアのなかにエリアマネジメント活動に活用できる半公共空間を用意していくことが必要である。

たとえば、公共施設、公共空間を活用して、エネルギーのための空間を整備することや、エリアの防災備蓄品を収容する場を確保することや、民間施設の提供を受け、交流の場を整備するなどが考えられる。

※

上記に整理した内容はソフトな取り組みからハード整備をともなうもの、そしてそのハードを運営するものといった、幅広い取り組みである。

エネルギーや資源、ヒトなどの動きを対象とすることから、ソフトからハードまで幅広い取り組みを一体的に展開していくことが、このような問題に対して非常に重要となる。

エリアマネジメント組織は、基本的にはソフトな取り組みをベースとしつつ、ハード整備やその運営についても行政や事業者などと連携し、できる範囲で取り組んで

いくことが必要である。

3 関連する国の制度

エネルギー・環境や防災・減災の取り組みをエリアレベルで進めていくことについて、すでに国ではいくつかの制度が用意されている。これは、これまでに述べてきたような、エリアマネジメントのようなかたちでエリアの人々が主体的に、エネルギーや防災について取り組んでいくことが期待されていると言える。

① 先導的都市環境形成促進モデル事業[注4]

国土交通省が2008年に創設した先導的都市環境形成促進事業では、業務商業機能が集積する拠点的市街地において、地区・街区レベルで先導的な都市環境対策を推進していくために、エネルギーの面的利用の促進や都市緑化の推進、都市交通施策の拡充を進める計画策定やコーディネートについて支援を行っている。

そして、国土交通省ではこの事業を拡充した、先導的都市環境形成促進モデル事業を創設し、具体的な事業への支援を行っている。エネルギーの面的利用については、2012年に「エネルギー面的利用推進事業」を創設し、未利用エネルギーなどの熱エネルギーを面的に使うモデル的な事業を対象に、熱配管などの整備について支援を行っている。

また、2013年には「自立エネルギー型都市づくり推進事業」を創設し、エネルギーの融通や省エネ建築、未利用・再生可能エネルギー活用を一体的に実施していく事業について、エネルギー供給設備やエネルギーマネジメントシステムについて、支援を行っている。

② 都市再生安全確保計画制度(都市再生特別措置法の一部改正)[注5]

東日本大震災の際に発生した大規模な帰宅困難者の問題を背景に、管理者の異なる複数の施設が集積する大都市の交通結節点などのエリアにおいて、官民の連携によるハード・ソフト両面による都市の安全確保方策を実践することを目的に2012年に創設された制度。

都市再生緊急整備地域の協議会において、大規模な災害の発生に備え、避難経路や待機施設、備蓄倉庫などの整備、運営や避難訓練などに関する計画を作成できる制度で、計画に記載された事業に対して予算や容積率不算

5章 エリアマネジメント活動の新しい領域 **131**

入などの支援を行うこととなっている。

※

このように、一定のエリアを対象に、エネルギー・環境や防災・減災について取り組んでいくことを支える制度が国によって構築されており、まさに本稿の冒頭で述べたような公益性が、この分野について認められるようになったと考えられる。

エリアマネジメント組織は、行政や事業者などと連携し、エリアおよび都市全体の価値を高めていくこのような取り組みについて対応していくことが必要な時代になっていると言えるのではないか。

5──実践に向けて

冒頭に述べたように、エリアマネジメントが今後より強固な基盤をもって活動していくためには、公益性を意識した活動を展開していくことが重要になってくる。そして、現在の日本の都市、とくに大都市の業務集積地においては、エネルギー・環境や防災・減災に取り組んでいくことが、公益性を考えるうえで、エリアマネジメントの新たな要素になると考えた。

実際、ここ数年の間で、一定のエリアを対象に、エネルギー・環境や防災・減災に関する取り組みを支援する制度も国によって構築されており、公益的な観点から、これらの問題への関心の高さがうかがえる。

また、エリアマネジメントがこれまで行ってきた、エリア内の関係性を構築する活動や情報を共有する活動がこれらの問題に対応するうえで重要な役割を果たすことも指摘した。そして、具体的には、ヒトやモノをつないでいくことや情報や空間を共有することが、この問題に対応するために求められるエリアマネジメントの役割となることを示した。

今後は、各地のエリアマネジメントにおいて、取り組みが行われることを期待したいが、最後に実践に向けて、新たなプランニングの必要性について述べたい。

本稿で何度も指摘したように、エネルギーや防災についてエリアで取り組んでいくためには、主体の異なるさまざまな建物や人の情報を集めることが求められる。

そして、情報を集めたうえで、それらに必要なシステムや空間を整備していくことが必要となり、さらには、システムを運営し続けることが必須となる。また、エリア内で起こる都市開発は一度に起きるのではなく、段階的に行われることが想定される。

つまり、エリアのアクティビティというソフトを把握し、ハード整備につなげ、そしてそのハードを運営するソフトな仕組みを構築するという時間軸を意識したうえで、それらを俯瞰的にプランニングしていくことが重要となる。

本来、エリアマネジメントはつくられた後のまちを運営するだけでなく、まちをつくる段階からエリアマネジメントを意識し、空間整備に反映し、運営管理につなげていくことが必要であると言われている。

そういう観点からも時間軸をエリアのプランニングに導入していくことが必要となっており、今回述べたようなエネルギーや防災について取り組んでいくことは、必然的に時間軸を意識したプランニングとなる。

そこで、今回紹介した国による制度も活用しながら、各地でエネルギーや防災を取り込んで、時間軸を意識したプランニングを始めていくことを期待したい。

注:
1) 地球温暖化対策推進本部ホームページを参照。
　 http://www.kantei.go.jp/jp/singi/ondanka/
2) CONCERTO プログラムは欧州委員会のプログラムで、都市にフォーカスを当て、エネルギーの効率化、再生可能エネルギーの利用などのプロジェクトに支援するもの。エネルギーや環境だけでなく、都市づくりと連携しながら、産業、市民それぞれが関係する複合的なアプローチで実施している。2003 年からプロジェクトがスタートし 58 都市がプログラムに参加、2013 年に終了。
　 http://concerto.eu/concerto/
3) 資源エネルギー庁ホームページを参照。
　 http://www.enecho.meti.go.jp/category/others/basic_plan/
4) 都市環境エネルギー協会ホームページを参照。
　 http://www.dhcjp.or.jp/hojo/
5) 国土交通省ホームページを参照。
　 http://www.mlit.go.jp/toshi/toshi_machi_tk_000049.html

2節

新しい活動に関わるこれまでの活動事例

株式会社フロントヤード 代表取締役　長谷川隆三

1 エネルギーや防災に関するこれまでの活動

前節では、エリアマネジメントの今後の活動としてエネルギー・環境や防災・減災が重要になってくることについて指摘し、その実践内容としてソフトな取り組みからハードな取り組みまで整理した。

これらについては、これまでもいくつかのエリアマネジメント組織において、取り組まれてきたところであり、セミナーやイベントなどの開催による普及啓発の他、環境まちづくりや防災まちづくりに関する取り組み方針を検討する計画づくりなどが行われている。

環境に関するこれまでの取り組みでは、打ち水や緑化、清掃活動のイベントなどを通じて、人の行動に働きかける取り組みが中心になっていると思われる。

一方、エネルギーについて直接的に取り組みを進めている事例はまだ少ないのが現状と言える。

防災・減災についても避難訓練など、人の行動を意識した取り組みが中心であったが、東日本大震災以降の新規開発ビルにおいては、帰宅困難者の収容空間の確保などを積極的に行っているビルも出てきている。

このように、基本的にはソフトな取り組みが進んでいる状況であるが、そのようななかで、システムや空間整備といった、ハードも意識した検討や実践を進めている先進的な取り組みが始まりつつある。本節ではそれらの事例について紹介したい。

2 各地で進みつつある実践

最初に横浜市のみなとみらい21地区を取り上げる。横浜市では、エネルギーマネジメントなど、スマートシティの先進的な取り組みを進めており、そのなかでみなとみらい21地区は重要な実証拠点としてさまざまな取り組みが進んでいる。これらの成果を受けて、地区全体をスマートなまちとしてマネジメントしていくことを目ざしている。

次の事例は東京の大丸有地区である。この地区では、環境まちづくりの拠点であるエコッツェリアを中心に、普及啓発などのコミュニティづくりやまちをフィールドとした技術実証で成果が生まれている。また、大規模なビルにおいて、バイオマスなどの再生可能エネルギーの積極的な活用を進めるとともに、環境に配慮し、かつ災害にも強い自立分散型エネルギーシステムの高度化についての検討・実証も進んでいる。

3番目の事例は名古屋市の名古屋駅前地区である。この地区では、前節でも紹介した都市再生安全確保計画に取り組み、エリア全体で帰宅困難者対応を進めている。また、たびたび被害にあった水害に対してもエリア全体で取り組みを進め、災害に強い街としてのブランド確立を目ざしている。

4番目の事例は東京の六本木ヒルズ地区である。ここでは、「逃げ込める街」を標榜し、災害時の備蓄品や帰宅困難者の収容空間の確保に努めているほか、コージェネレーションシステムにより、電力の安定確保を進めている。また、平時からの避難訓練にも力を入れ、ハード・ソフト両面の安全確保方策を実践している。

5番目の事例は神戸市の神戸旧居留地区である。この地区では、長く活動してきたまちづくりの団体のなかに阪神淡路大震災の経験から防災に関する委員会を設け、非常時の怪我人の救護、避難誘導など自主的に行える活動を積極的に行うこととし、継続的な啓発、訓練活動を行っている。

事例20　横浜みなとみらい21

世界を魅了する、もっともスマートなまちを目ざして

一般社団法人 横浜みなとみらい21

　横浜は、1859年の開港以来、日本を代表する国際港湾都市として発展してきた。みなとみらい21地区は歴史的資産や丘・川・海の豊かな自然を活かしながら、活力ある自立した国際文化都市の実現を目ざし、都市づくりを進めている横浜の中心的なエリアであり、高水準のインフラが整備され、歴史やウォーターフロントの景観を活かした街並みの形成など、快適なビジネス環境を備えた街として成長を続けている。

1 みなとみらい21地区の概要
1 都心部強化事業

　1965年に横浜市が打ち出した六大事業の一つである都心部強化事業として、みなとみらい21事業が計画された。横浜の都心部は開港以来の都心であった関内・伊勢佐木町地区と、高度成長期から急速に発達した横浜駅周辺地区に二分されていたが、二つの都心の間にあった埠頭、鉄道ヤード、造船所を移転または廃止して一体化し、そこに業務、商業、住宅、文化施設などを集積し、都心部機能を強化するものであった。

　みなとみらい21事業は、1983年に着工し、臨海部土地造成事業（埋立事業）、土地区画整理事業、港湾整備事業を組み合わせて実施してきた。現在では基盤整備はおおむね完了しており、多様な都市機能が集積するなか、横浜を代表する質の高い市街地が形成されている。

2 目的と都市像

　みなとみらい21事業では、図2のように三つの目的にもとづいた都市像を目ざした街づくりを進めている。

3 街づくり基本協定の締結

　地権者間の調整や企業誘致、街の活性化に向けた検討を行う主体として1984年に第三セクターである㈱横浜みなとみらい21が設立された。そこが中心となって都市景観に優れた街づくりを計画的に進めるため、みなと

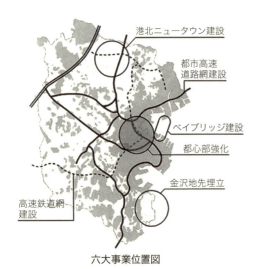

図1　みなとみらい21地区の位置づけ

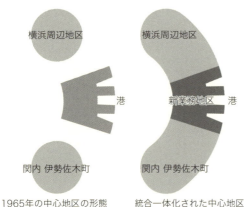

図2　みなとみらい21事業の目的と都市像

みらい21中央地区の地権者間で協議を重ね、自主的な街づくりのルールとして1988年に「みなとみらい21街づくり基本協定」が締結された。この協定には水と緑、スカイライン・街並み・ビスタ、コモンスペース、アクティビティフロア、色調・広告物、駐車場・駐輪場などの街づくりの基本的な考え方が盛り込まれている。

4 エリアマネジメントの取り組み

みなとみらい21地区内の街区開発については、現在6割強の土地で本格開発が完了しているが、残る4割弱の土地の街区開発を進めるとともに、これまでの蓄積を活かしながら、地区の環境や価値を維持・向上させるため、「街をつくり・育てる」エリアマネジメントの取り組みが求められている。

2 組織化の経緯

街区開発の展開により集積が進むと、そこにはさまざまな活動が見られるようになる。みなとみらい21地区は建設期から成熟期への転換時期を迎え、街の持続性を確保しつつ、新たな価値の創造に向けてエリアマネジメントとして「街をつくり・育てる」ことが重要となってきた。多様な主体がエリアマネジメント活動に取り組むうえでは、プラットフォーム的な役割を担う組織が必要とされた。

1 エリアマネジメント組織の立ち上げ

これまで㈱横浜みなとみらい21が主体となって幅広く街づくり活動を展開してきたが、今後は街全体のエリアマネジメントを通じてさまざまな課題とニーズに的確に対応していく必要があることから、2009年にエリアマネジメントを担う組織として一般社団法人横浜みなとみらい21に組織替えされた。当社団法人では、①街づくり調整事業、②環境対策事業、③文化・プロモーション事業の三つを主要な柱とし、多様なエリアマネジメント活動に取り組んでいる。

2 エリアマネジメント憲章の策定

2009年の当社団設立当時からエリアマネジメントを推進するうえでのよりどころとなる「エリアマネジメント憲章」の策定を企図し、地区全体の課題抽出や会員の

基本理念
1. 多様な活動が共存し豊かな都市文化を醸成する
2. 安全で高質な心地よい都市環境を形成する
3. 「みなとみらい21」のブランドを育成・確立・発信する

行動計画
①エリアの魅力づくり・個性化
②エリアの快適・利便性の向上
③活性化のための催事・協働
④端正で美しい街並み、都市景観の形成
⑤公的空間の維持管理、公共空間の活用
⑥安全・安心の確保
⑦エコ・地球環境への配慮
⑧エリアの情報発信・PR

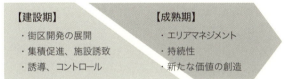

図3　建設期から成熟期へ

図4　みなとみらい21エリアマネジメント憲章

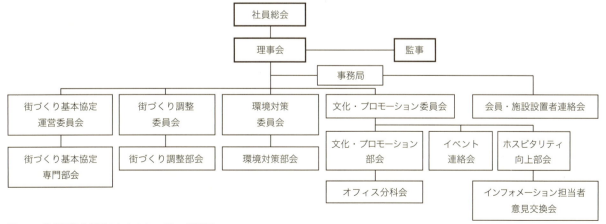

図5　一般社団法人横浜みなとみらい21の組織図

ニーズを通じて地区全体で共有する価値の体系をイメージして、その目標像について議論したうえで憲章の案を作成した。これをもとに会員間での議論を深めつつ、地区住民をはじめ、広く市民からも意見を募集したうえで修正し、2012年3月、「みなとみらい21エリアマネジメント憲章」を策定した。

3 世界を魅了する、もっともスマートなまちを目ざして

みなとみらい21地区は、国の成長戦略に位置づけられた三つの制度「環境未来都市」「国際戦略総合特区」「特定都市再生緊急整備地域」に関する指定を受けた全国唯一のエリアである。ここでは、とくに「環境未来都市」に関する取り組みについて紹介する。

1 環境未来都市横浜

横浜市は、2011年12月、環境問題や超高齢化への対応など、さまざまな社会的課題を解決する成功事例の創出・普及展開を目ざす「環境未来都市」に国から指定された。

これを受けて、横浜市では「環境未来都市計画」を策定し、具体的な取り組みを推進している。みなとみらい21地区では、当初より先進的な環境の取り組みが進められてきたが、環境未来都市選定を機に、この地区が都市環境技術のショーケースとなるよう取り組んでいる。

2 街区開発における環境負荷低減

みなとみらい21中央地区全域には地域冷暖房システムを導入し、「エネルギーの面的利用」により、熱負荷の平準化や省エネルギー化が図られ、個別熱源方式に比べて約15％の省エネルギー効果が得られている。国内最大級のシステムにより、年間約1万トンのCO_2削減効果を実現している。

地区内における街区開発においても、防災面はもとより環境負荷低減に配慮した建物が多く建設されており、4棟の建物が、環境にやさしい建物としての認証制度である「CASBEE横浜Sクラス」の認証を取得している（2014年8月現在）。

3 水と緑を活かした街づくり

みなとみらい21地区は、ウォーターフロントの恵まれた立地条件を活かすため、水際線に特色のある緑地を配し、それぞれの緑地をプロムナードで結んでいる。ま

みなとみらい21地区

CASBEE横浜Sランクを取得した横浜三井ビルディング（左）と日産自動車㈱グローバル本社（右）

MARK IS みなとみらいの屋上緑化

動く歩道の太陽光発電表示パネル

た、中央地区の中心にグランモール公園を整備し、地区全体で水と緑のネットワークを形成している。

地区内の街区開発においても義務緑化以上の緑化面積を確保し、街路樹と呼応する計画や、四季を感じる樹種を選定するなどの配慮がなされている。

4 自然エネルギーの積極的な導入

太陽光、風力など、自然エネルギーを地区として積極的に導入し、低炭素化を図っている。桜木町駅前広場からの主要歩行者動線である「動く歩道」の屋根にソーラーパネルを設置し、動く歩道・エスカレーターの動力などの電力量の約20%をまかなっている。地区内の多くの建物でも太陽光発電が導入されるとともに、一部では風力発電設備も設置されている。

5 エコモビリティの導入

みなとみらい21地区を中心とした都心部の機能強化の一環として、横浜市では都心部活性化、観光振興、低炭素化に寄与するため、「コミュニティサイクル bay bike」を実施している。関内地区などを含む横浜都心部の36カ所のポートに日本最大規模の400台の自転車を配置し（2014年度10月現在）、会員登録した利用者がポート間で自由に借り出し、返却を行うものである。2014年度中にはICT技術を活用した「次世代コミュニティサイクルシステム」に発展する予定となっている。

また、低炭素型交通を推進するため、国内初となる超小型モビリティを活用した大規模カーシェアリングシステム「チョイモビヨコハマ」を実証実験として進めている。「bay bike」や「チョイモビヨコハマ」の運用にあたっては、地区内各施設がポート設置に場所を提供するなど、エリア全体として取り組みが進むよう協力している。

6 横浜スマートシティプロジェクト（YSCP）

横浜市では、2010年度から、エネルギー管理における新たな社会システム構築の一環として「横浜スマートシティプロジェクト（YSCP）」を推進している。とくに、ビルエネルギー管理システム（BEMS）の活用においては、地区内の横浜ランドマークタワーなど、市内20以上のビルを統括管理する大規模な取り組みを行い、電力のピークカット最大20%を目標に実証を行っている。

7 エリアマネジメントとしての環境啓発活動

地区内では、一般社団法人横浜みなとみらい21の呼び掛けにより、さまざまな環境啓発活動を実施している。ライトダウンも例年実施しており、とくに2014年3月にはIPCC第38回総会が地区内で開催されたのを機にWWFが主催するライトダウンキャンペーン「アースアワー」に参加し、大規模にライトダウンを実施した。

※

今後、さらに取り組みを進めるにあたっては、エリアマネジメント活動のそれぞれの担い手の役割を認識し、連携を強化するとともに、さまざまな機会を捉えて国内外への積極的な情報発信を行っていくことが求められる。

一般社団法人 横浜みなとみらい21 企画調整課長　浜谷英一

コミュニティサイクル bay bike

チョイモビヨコハマ

アースアワーの際のライトダウン

事例21　大手町・丸の内・有楽町

持続可能な環境共生型のまちづくり

一般社団法人　大丸有環境共生型まちづくり推進協会（エコッツェリア協会）

　東京都千代田区大手町・丸の内・有楽町地区（以下、大丸有地区）は、日本の発展を支えるビジネスや文化の中心地として、地理的・文化的・経済的な結びつきのもと、これまで官民一体となってまちづくりを進めてきた。

　まちづくりは、「ハード」と「ソフト」が上手く連動しないと機能しない。「ハード」には、エネルギー・通信・交通などといったインフラ、建物や建物に付随する緑化なども含まれるが、そうした「ハード」をしつらえただけでは、本当の意味で環境共生のまちを実現することはできない。先進・先端的なハード（インフラ・建物）と、ソフト（マネジメントの体制・仕組み）の両方が噛み合わなければ機能しないのである。とりわけ「マネジメント」は都市経営の仕組みや体制、責任主体を明確化する意味でも重要である。

　その点、当地区では、地権者・ビルオーナー、テナント、就業者、行政、インフラ事業者、来街者などのさまざまな人々が有機的に連携する、ほかに例を見ないコミュニティがかたちづくられ、協働による活動や研究、環境まちづくりが進んでいる。

　本稿では、当地区のまちづくりのコミュニティを活かした、環境や防災、ビジネスなどの複数の価値を掛け合わせた新たな試みについて紹介する。

1 サステイナブルなまちを目ざして

　大丸有地区全体の環境の取り組みについては、地権者団体である大丸有協議会として2007年に当地区の『環境ビジョン』を発表し、将来に向けて持続可能な環境共生型のまちづくりのモデルを発信していくことを宣言した。さらに、同年『大丸有環境共生型まちづくり推進協会（以下、エコッツェリア協会）』が設立された。その後、2014年には、大丸有地区が環境への配慮だけでなく、社会や経済など、より多様な課題に対してイノベーションを生みだし続け、統合的にサステイナビリティを高めていくための場として、進化していくことを目ざす新たなビジョン、「大丸有サステイナブルビジョン」をリリースし、次なる一歩を踏み出している。

　「大丸有サステイナブルビジョン」は、当地区が有する知識の集積とネットワークを活かして、創造性の高いコミュニティを形成することにより、サステイナブルな社会の実現に寄与することを目的としている。具体的には、社会資本としての「絆」を活かして、社会をよくするビジネスを生みだし続けるため、多様なコミュニティの形成、公的空間を活用した交流創造、イノベーション支援、安全安心のまちづくり、エネルギーマネジメントなどの持続的な環境創造のアクションを提案している。

エコッツェリア協会（新丸ビル10階）

環境・経済・社会を相互に噛み合わせることで持続的成長に向かう
図1　サステイナブルビジョン・コンセプト

2 環境共生型のまちづくり

当地区における環境の取り組みは、古くは「大気汚染防止法のための熱供給事業」や「まちの美化のための緑化推進」といったものが中心であり、地球温暖化対策、低炭素化に本格的に取り組み始めたのは 2000 年をすぎてからと歴史は長くない。それは丸の内ビルディングをはじめ、徹底的にビルの省エネ対策を導入した 2000 年以降の再開発がきっかけである。

一方で、再開発によりビルが大型化するにともない、消費エネルギーの総量が増加してしまう課題は残る。そこで、やはり低炭素化においても、ビル単体ではなく「面的まとまり」という当地区のアドバンテージを活かした取り組みが重要となってきている。

それぞれの再開発にあわせて、さまざまな環境技術の導入や緑化などを推進し、それがまちづくりガイドラインを通じて面的に連続・連携することにより大きな環境効果を発揮することを目ざしている。

1 エコミュージアム

近年エリア内に導入された、特徴的な環境施設を紹介する。大手町フィナンシャルシティの日本橋川沿いに出現したのが、生物多様性・再生可能エネルギーの先進的な取り組みを紹介する「エコミュージアム」である。軽量な屋外緑化技術を利用した「湿性花園」や、ビル街でホタル飼育にチャレンジする「ほたるのせせらぎ」、サウスタワー屋上の太陽光発電やデジタル百葉箱の気象状況を見える化した「サロン」が並ぶ。さらには、都市型植物工場の実証実験「アーバンエコファーム」が設置され、野菜や果物が栽培されている。

2 次世代低炭素型技術実証オフィス

当協会のオフィスを利用して、「LED 知的照明システム」と「輻射空調システム」を複合導入した「次世代低炭素型技術」を導入している。「輻射空調システム」は従来の風を吹きつけるタイプの空調とは違い、天井面を冷やしたり暖めたりすることで、空気を介さずに熱を奪ったり、伝えたりする。真空の宇宙を太陽の熱が伝わって

図2 まちづくりガイドライン〜水と緑のネットワーク〜

エコミュージアム

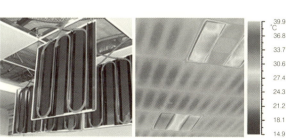

図3 輻射空調システム

くるのと同じ仕組みである。トンネルの中のひんやり感、ひなたぼっこのほっこり感をオフィス空調で実現できる。吹き出し口の近くだけ冷えるなどの苦情がなくなり、均一で心地よく冷房病の心配もなくなる健康空調である。また、「LED知的照明システム」は均一にオーバースペックなオフィス照明環境から、個人の好み・業務内容にあわせて、照度・色温度を設定する高度な「タスクアンビエント」システムである。次世代低炭素型技術を導入することにより、就業者が我慢をせずに、30％を超える節電効果を発揮した。

3 面的なエネルギーマネジメント

今後、防災対策の目玉として自立分散型電源が普及した場合、調達電源の多様性は高まっていくはずである。また、熱エネルギーについても再開発にあわせて地域冷暖房プラントの高度化・高効率化が進展しており、熱需要が少ない閑散期には、エリア内でより高効率なプラントに集約運転するような熱融通オペレーションも始まっている。加えて、低炭素化対応とあわせて、東日本大震災を契機として再生可能エネルギー導入の動きが活発化しつつある。

このような背景のなかで、多様なエネルギーを組み合わせ、エリアとして最適なコストマネジメント、CO_2マネジメントを実行する仕組みがスマートコミュニティには欠かせない。そのためには多様な関係者が連携するこ

とが必須であり、スマートコミュニティの推進は、まさにエリアマネジメントそのものといっても過言ではない。以下に再生可能エネルギーの積極的導入やテナント企業協働による電力使用の省エネ化の取り組みを紹介する。

① 再生可能エネルギーの積極的活用

新丸の内ビルディングにおいて、電力アグリゲータと新たな電力契約を締結し、契約電力の半分を木質バイオマス電力・バイオガス発電・太陽光発電の3種からなる再生可能エネルギーが2014年4月より導入された。導入された再生可能エネルギーは、「政府による震災復興支援の一環で岩手県宮古市に建設された木質バイオマス発電」「丸の内ビルディング等の当地区内の3棟のビルから排出される食品廃棄物から発電されたバイオガス発電」および「ビル地権者が千葉県に設置した太陽光発電」の三つで構成されている。このように、環境負荷低減に加え、震災復興支援、循環型社会の構築、自産自消のエネルギー導入に貢献する取り組みとなっている。

② デマンドレスポンス実証実験

同じく新丸の内ビルディングにおいて、東京都、入居するテナント企業および地権者が協働して、電力使用の「見える化」と「省エネ制御」を行うデマンドレスポンス実証実験が行われた。具体的には、電力供給計画にもとづき、需要側の電力使用のピークカットを行うとともに、テナント企業の省エネニーズを満たす仕組みとしてデマンドレスポンスが活用できないか実証実験されたものである。電力使用の満足度を低下させず、一見相反すると思われる「快適性」と「省エネ性」を両立させる新たな取り組みである。

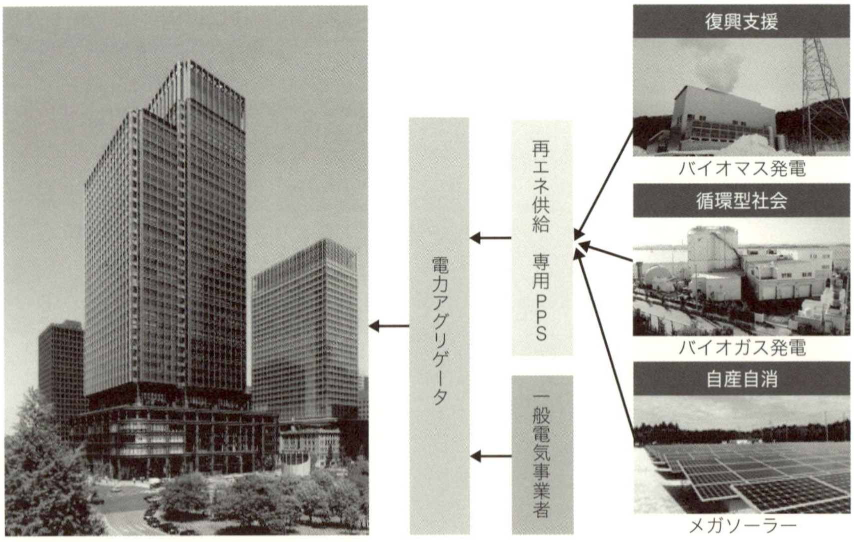

4 コミュニティづくりの取り組み

環境共生型のまちづくりを行ううえで、企業や就業者、来街者など多様な組織・個人が参画することが重要である。当地区に関わる一人ひとりに環境意識をもってもらうため、

図4　再生可能エネルギーの積極的活用（新丸ビル）

人と人のつながりを強め、環境をきっかけとしたコミュニケーションづくりに取り組んでいる。

1 環境経営サロン
　企業が集まり「環境経営」を推進するための事例・課題を紹介しながら、経営層の交流を深める「環境経営サロン」が行われている。

2 丸の内朝大学
　当地区全体をキャンパスに、朝7時台～8時台に開校する市民大学である。3カ月1学期とし、年間では春・夏・秋の3期開講されており、これまでの受講生総数は1万人を超えている。また、朝大学コミュニティを活用したビジネスも生まれてくるなど、朝の定期的な学びの場を通して熟成した都市型コミュニティが、世の中にグッドシフトを起こしている。

3 打ち水プロジェクト
　日本古来から脈々と引き継がれている世界に誇る江戸文化の知恵「打ち水」を7、8月に大丸有地区で実施している。夏の暑さを和らげる効果とともに、都市に集まる人たちのコミュニティ意識を高めることを目的としている。行幸通りをはじめとする打ち水イベントのほか、丸の内仲通りに集まる店舗スタッフも参画するなど、連携・協働の幅が広がっている。

5 課題と今後の取り組み
　当協会は「環境」という旗印のもと、約2億円の年間予算において、多様な活動を展開している。当協会に限らず、エリアマネジメント活動では、財源確保が常々課題となる。当協会は企業による会費やイベント協賛金、個人によるセミナー参加費などにより財源を確保しているが、とくに企業協賛金などは景気動向などに大きく左右されるため、継続的なエリアマネジメント活動を行う面からは定常的な収入の確保が求められる。
　現状では、「環境」という単独分野での価値だけでは、企業をはじめとする多様な主体を巻き込むこともむずかしく、運営コストも賄いきれないことも事実である。そこで、「環境」を単独分野で考えるのではなく、「環境」を「防災」や「経済」などの他の分野と掛け合わせることにより新たな価値を提供することで、持続的な環境共生型まちづくりへの解決の道筋が見えてくるのではないか。それによって、多くのイノベーションを生みだし、社会をよくする新ビジネスとして波及・展開していくことを目ざす。

一般社団法人 大丸有環境共生型まちづくり推進協会（エコッツェリア協会）
総合プロデューサー
三菱地所㈱ 開発推進部 新機能開発室長　井上成

環境経営サロン

丸の内朝大学・ソーシャルクリエイティブクラス

打ち水プロジェクト

事例 22　名古屋駅地区

官民連携による共助体制構築に向けた取り組み

名古屋駅地区街づくり協議会

名古屋駅地区街づくり協議会が発足した 2008 年、街の基本情報や課題を徹底的に調査、整理した。会員へのヒアリングや既存の市民アンケートでもっとも多く示された課題は、自然災害への対応を含む安心・安全への懸念であった。過去に東海豪雨を経験し、迫りつつある東海・東南海地震への危機感も大きく影響している。そして、東日本大震災の大惨事と大都市での混乱を目の当たりにし、防災・減災の必要性と都市ブランドとしての安心・安全の重要性を再認識するにいたり、活動を大きく活性化させた。

1 名古屋地区と自然災害

1 地震災害の懸念

弥生時代、名古屋駅周辺は海の底だった。その後海が後退し、木曽三川などがもたらした堆積物によって地盤が形成された。1891 年濃尾地震、1945 年三河地震と大きな被害を受けたが、それ以降は被害の出るような震災は発生していない。2002 年、内閣府により東海地震に係る地震防災対策強化地域に指定され、防災対策の推進や帰宅困難者への支援などが検討されたが、時の経過とともに風化しつつあった。しかし、東日本大震災以降南海

トラフ巨大地震による甚大な被害が想定され、改めて減災街づくりに注力することになった。

南海トラフ巨大地震の被害想定は、2013 年 5 月に内閣府が公表したが、名古屋市ではさらに地域の実状を加味した詳細な想定を 2014 年 2 月に発表した。そのうち名古屋駅周辺の概要は次のとおりである。

- 震源：南海トラフ
- 震度：6 強〜弱
- 液状化の可能性：中〜大
- 津波：浸水なし
- 建物全壊、焼失：1 万 2000 棟（中村区）
- 死者数：800 人（中村区）

2 大水害の記憶

1959 年の伊勢湾台風は満潮と重なり、名古屋市南部が短時間のうちに浸水するという高潮の被害が発生した。2000 年の東海豪雨では 100 年に 1 度と言われた豪雨により名古屋駅周辺のほか市内のいたる所で内水氾濫に見舞われ、新川が決壊した。その後も、2008 年 8 月末豪雨や 2013 年 8 月、9 月の豪雨でも名古屋駅周辺で道路冠水が頻発している。

2 安心・安全街づくり WG の立ち上げ

1 治水、下水の調査・研修

2011 年より中部地方整備局庄内川河川事務所、市消防局と連携し水防災に関する勉強会を開始した。名古屋駅の北から西に流れる庄内川、東海豪雨で決壊した新川、河川事務所などを見学した。また研修会では、国および県より河川の治水対策や水害事例、市上下水道局より名古屋駅周辺の排水能力や排水処理施設に

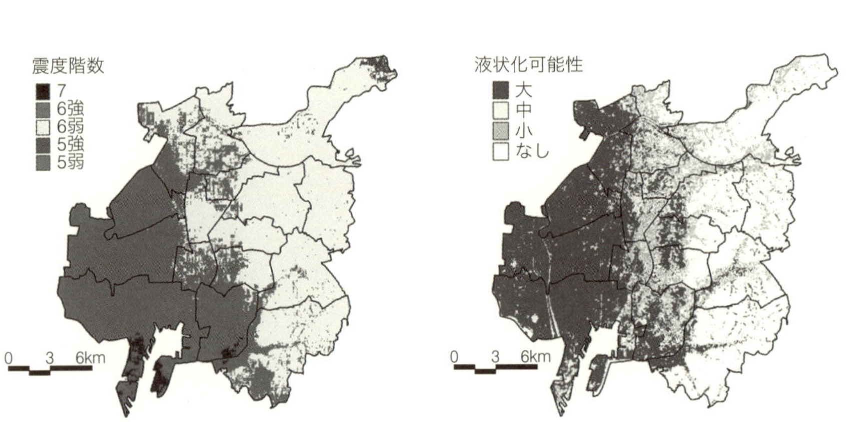

図1　あらゆる可能性を考慮した最大クラスの震度分布、液状化分布（出典：南海トラフ巨大地震の被害想定（2014 年名古屋市））

ついて学び、参加者全員が水防災の重要性を再認識した。

② 市との協力・連携協定締結

2011年11月、幹事長と各委員長により「街の安全性向上戦略」を検討する準備組織を立ち上げた。その検討結果を受け、翌年5月「安心・安全街づくりWG」が発足し、不動産事業者、通信事業者、地下街事業者、鉄道事業者など多彩な顔ぶれで、震災や水害に対する防災・減災対策の検討が始まった。そして、7月には市と防災・減災街づくりに向けた協力・連携協定を締結し、名古屋駅周辺地区都市再生安全確保計画（以下、安全確保計画）などの作成に一緒に取り組むこととなった。

③ 自助から共助へ

東日本大震災は、我々の活動に大きな影響を与えた。地震や津波の被害に加え、大都市で発生した帰宅困難者による混乱は、当地の課題として受け止められた。そして、会員各社が自社の防災体制の見直し、強化を進めるなか、2012年2月、JR東海が帰宅困難者受け入れ訓練を実施した。この活動が自助から共助へ向かう引き金となった。

③ 安全確保計画

① 安全確保への準備活動

● 業務エリアに係る防災のあり方検討会

2012年6月より市消防局が中心となり安全確保計画の策定に向けた準備検討会「業務エリアに係る防災のあり方検討」を開始し、学識経験者、交通事業者、不動産事業者、警察および当協議会をはじめとする街づくり団体が参加した。ここでは、東日本大震災でのさまざまな現象や交通、電力などのインフラの復旧状況、東京周辺での帰宅困難者の対応状況を再確認した。

次に、名古屋駅周辺で起こりうる被害状況、震災時の人の動き、帰宅困難者の発生数などについて議論し、認識の共有化を図った。

● 安全確保計画策定に向けた検討会

同年12月からは、安全確保計画策定に関わる基礎データ調査に予算がついたことを受け、市は構成員を拡大し「都市再生安全確保計画策定に向けた検討会」とした。ここでは地区内の人口、交通データ、構築物の立地と耐震性に関するデータ、ライフラインの防災性能、退避場所・施設の現況などについて整理した。さらに概略ではあるが、避難行動シミュレーション、道路閉塞率、退避場所などの収容可能分析などが実施され、想定帰宅困難者数が算出された。その他、24時間営業店舗や医療機関、Wi-Fiスポットなど、資源の状況についても調査された。

また、インフラ、交通、人などに分類し、発災から3時間、12時間、1週間における被災状況について議論した。これらの検討、協議をへてエリアの目標や各事業所の対策、エリアとしての対策の方向性をまとめていった。

② 街を自らが守るために

これらの準備活動を受けて、2013年7月、法定協議組織である安全確保計画部会が設置され、9月の同幹事会より具体的な計画策定を開始した。構成員は、国・県・市の関係者、交通・インフラ事業者、名古屋駅周辺の不動産事業者、地下街事業者、学識経験者などである。当協議会は幹事会にオブザーバーとして参加したが、構成員の多くが当協議会の会員であることから、安心・安全街づくりWGでも議論することで、地域の課題として捉えることができた。

● 第1次安全確保計画の概要

災害想定、被害想定、目標、対策などを表1に示す。

庄内川現地見学の様子

河村市長と神尾会長（当時）（協定締結会場）

5章　エリアマネジメント活動の新しい領域　143

● 協議会が主導した項目

安全確保計画の目的を、帰宅困難者の対応のみに絞るのではなく、安全に関する地域のブランド力向上や国際競争力強化を図ることとした。

もっとも、重要な点はより多くの建物所有者などが退避施設の提供を宣言することであった。現在建設中の建物は大きな問題はなかったが、既存建物では収容時の安全確保、瑕疵責任、電気・水などのインフラ、トイレ、要員確保など大きな課題が提起された。議論を重ね、自らの街を自らが守るとの考え方で、7施設が受け入れを決定した。すべての帰宅困難者のための必要面積には及ばないが、今後の展開に大きな意味をもった。

さらに第1次計画のなかで、今後2年間で達成すべき課題として、誘導・退避施設・建物点検などのマニュアル作成や施設の拡充を盛り込んだ。とくに、第1次計画における退避施設は、これらの課題解決を前提として宣言したのであって、すでに受け入れが可能な状況にあるというわけではない。今後の1年で、エリア防災の観点も含め実効性のある内容にしていく必要がある。

4 事前防災行動計画(タイムライン)による水害減災活動

1 名古屋駅地区減災連携会議の立ち上げ

2012年7月に市と締結した協定にもとづき、名古屋駅地区減災連携会議を立ち上げた。安全確保計画で震災を取り扱うことから、ここでは水防災をテーマとし、市消防局のほか庄内川河川事務所に参加いただいた。当協議会からは、当初、安心・安全街づくりWGの役員のみの参加であったが、議論の深まりとともにWGの全員が参加した。

2011年6月から、当地の地形や水害に関するセミナーを開催し、会員の安全に対する意識向上を図ったが、ここではさらに東海豪雨での新川決壊にいたるまでの気象情報、河川水位情報、避難情報などがどのように伝達されたかを時系列で把握した。その結果、事前情報が適切に伝達されれば、避難行動の確度が高まることがわかった。そして、当地の内水氾濫を含む庄内川の決壊をモデルケースに、気象情報の入手から復旧までの減災対策を水害減災タイムチャート(当時、我々はこう名づけた)として作成することとした。

2 河川決壊時の対応シミュレーション

2012年、庄内川河川事務所が東海豪雨、2008年8月末豪雨、九州北部豪雨の降水データをもとに、決壊時の浸水シミュレーションを実施した結果、内水氾濫や河川水位の状況、外水到達時間や浸水深が把握できた。その後、地下への浸水シミュレーションも追加実施し、名古屋駅地区減災連携会議において水害減災タイムチャートのイメージ図(図3)を作成した。これらの活動を通して、地域による事前の情報共有と協力・連携が減災や復旧のために重要であることを理解し、次のタイムラインの検討につながることとなった。

3 事前防災行動計画(タイムライン)の策定

2014年7月、国土交通省は全国の主要河川でタイムライン(気象予報をもとに、浸水など被害の発生を前提として、発災前から関係機関が実施す

表1　計画の前提と対策の概要

計画の目標	①発生直後の混乱回避 ②発生後の都市機能維持、事業継続確保 ③平常時の防災意識の共有化と向上
災害想定	南海トラフ巨大地震で震度6強〜6弱
被害想定	鉄道3日〜1週間前後不通、電気3日間停電、上下水3週間〜1カ月、通信1週間不通
帰宅困難者	帰宅困難来訪者3.4万人、ビル内待機4.3万人、滞在者18.8万人うち11.1万人帰宅可能
退避施設	発災から24時間を限度に受け入れる 既存ビル7施設　0.4万人（不足3万人分） 一時退避場所14施設エリア

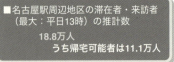
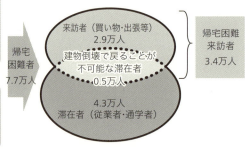

図2　滞在者・来訪者、帰宅困難者の推計 (出典：第1次名古屋駅地区都市再生安全確保計画)

べき対策を時系列でプログラム化したもの）を策定し、その有効性を検証すると公表した。これは、ニューヨーク都市圏を襲ったハリケーン・サンディに対し大きな減災効果を発揮した行政機関などの対応を評価し、わが国への導入を進めようとするものである。

一方当地では、2014年4月の（国土交通省水災害に関する防災・減災対策本部会議）「防災行動計画WG中間取りまとめ」で「庄内川流域の洪水を想定した地域内関係機関連携」がリーディングプロジェクトの一つにあげられたことや、名古屋駅地区減災連携会議を通して準備してきたことから、スムーズな検討着手となった。現在、庄内川河川事務所長を事務局長とし、関係自治体、地方気象台、当協議会などを構成員とした検討会が設置され、検討が重ねられている。

当協議会では、タイムラインの検討とあわせて、エリア防災のために必要なアクショントリガー、体制、ルールなどの共有と構築をしていく予定である。

5 これからの展開

1 地域継続計画（DCP）の構築に向けて

以上の活動を通じ、徐々に互助、共助に関心をもつと同時に、事前対策や減災分野での公助の重要性が認識された。限られた人員で、いかに互助、共助体制を構築していくかは大きな課題であるが、当協議会が核となって検討を進めていくつもりである。さらに、行政とともにエリア防災訓練を繰り返し、PDCAサイクルを回しながら実効性を高めていきたい。

2 災害に強い街・ブランド化の発信

2014年10月の臨時総会でこれまでの名古屋駅地区街づくりガイドライン2011が2014に改定された。新たな安全戦略の方針では、「防災・減災に留まらず、復旧・復興時を見据えたレジリエントなエリア防災を平常時から心がけ、災害に対する準備ができていることを、自信をもって発信できる」としている。

さらに、震災と水害のそれぞれに対し、平常時、被災直後（水害は被災前）、復旧時の施策と、その具体的な実現に向けた当協議会の3カ年の行動計画案を作成した。これにもとづく活動を通して、事前対応能力の強化、情報共有、被災時の混乱回避、二次災害の抑制などを進め、災害に強い街としてのブランド化の推進と情報発信をしていきたいと考えている。

名古屋駅地区街づくり協議会 前事務局長　鈴村晴美
事務局長　藤井　修

参考文献：
1)『名古屋駅地区街づくりガイドライン』2014
2)『名古屋駅地区街づくり協議会 概要 2014年9月版』
3)『第1次名古屋駅地区都市再生安全確保計画』
4)『南海トラフ巨大地震の被害想定』（2014年名古屋市）

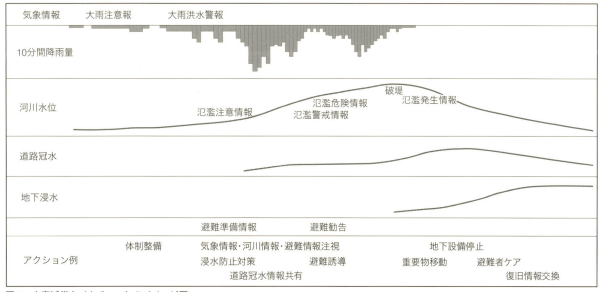

図3　水害減災タイムチャートのイメージ図

事例 23　六本木ヒルズ

「逃げ出す街」から「逃げ込める街」へ

六本木ヒルズ統一管理者

　六本木ヒルズは大規模再開発の特性を活かし、災害に強い安全・安心な街づくりに取り組んでいる。

　当地区は開発地域だけでなく、周辺地域の防災拠点としての役割も果たすため、建物のハード面や運用に係わるソフト面にいたるまで、さまざまな対策を講じてきた。世界から人、モノ、金、知恵、情報を集めるうえでも、災害に強い都市であることは欠かせない。都市防災に対する発想を、「逃げ出す街」から「逃げ込める街」へと転換すべく、六本木ヒルズでは災害時に逃げ込める街づくりを実行している。

1　地区の概要

　2003年に誕生した六本木ヒルズは、約400の地権者が17年の歳月をかけて完成させた民間最大規模の再開発事業である。約12 haの敷地にオフィス、商業、住宅、映画館、放送局、ホテル、美術館など計14棟の建物が立ち並ぶ多彩な都市機能を備えたこの街には、年間4000万を超える人々が訪れる。

高度利用で随所にオープンスペースを生む　　制振装置などにより耐震性の高い超高層

広幅員の道路、交通インフラもあわせて整備　　震災にも強い地下空間を積極的に活用

図1　再開発による安全な都市基盤の整備

従前、本地区中央には、老朽化した大型放送施設があり、地区の南側では細分化された宅地に中小規模の店舗・事務所と木造住宅が混在、密集していた。また、公共施設も未整備の状況にあり、多くの都市防災上の課題を抱えていた。

　この細分化した土地を統合し、「六本木ヒルズ森タワー（オフィス棟）」や「六本木ヒルズレジデンス（住宅棟）」などの耐震性、不燃性に優れた超高層棟を建てるとともに、広域道路などのインフラや広いオープンスペースを一体整備することにより、地域全体の防災性を向上させている。

2 現在の組織体制

　六本木ヒルズの統一管理者である森ビル㈱は、いかなるときに災害が発生しても、迅速な初動を可能とする防災組織体制を組んでいる（「統一管理者」については4章2節・事例15参照）。

　東京23区内で震度5強以上の地震が発生した際、約1400名の全社員がただちに震災組織へと移行し、あらかじめ指定されている役割を遂行する体制を築いている。「震度5強」を指針に通常業務から震災活動へ移行することとなっており、社員は年に複数回訓練を実施する。継続的な訓練により、東日本大震災では発災の約20分後には震災対策本部が立ち上がり、社員はそれぞれの持場で迅速な対応をとることができた。

　また、年間365日のうち約4分の3は夜間または休日などの就業時間外である。休日夜間の発災に備え、六本木ヒルズを中心とする事業エリア2.5 km圏内に約100戸の防災社宅を設け、その社宅に住む社員を「防災要員」と位置づけている。防災要員は、初動対応に適切な人員として育成するための特別訓練に年6回参加することを義務づけ、日頃から災害発生を想定した準備をしている。

3 活動内容

1 三重の安定性をもつ電力供給

　大規模災害における問題の一つとして、電力の途絶があげられる。それに対して六本木ヒルズでは、「逃げ込める街」を実現すべく、最大で約3万8660kW（一般世帯1万軒分）規模の独自エネルギープラント（特定電気

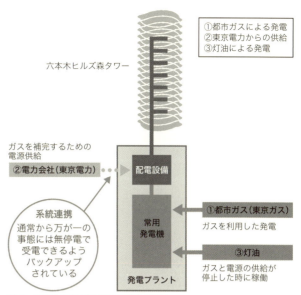

図2　六本木ヒルズの電力供給システム

事業施設）により、域内に電力供給している。当プラントでは都市（中圧）ガスを燃料としている。都市（中圧）ガスは配管が丈夫かつ柔軟であり、ガス配管ネットワークが全国的につながれており、遠方からでも供給が行えるなど、きわめて安定的な電力供給を可能にしている。

　万が一、ガスの供給がストップしてしまった際には、バックアップとして東京電力より供給される電力を使用できるよう備えている。さらなるバックアップとして灯油も備蓄し、ガスも東京電力からの供給も停止してしまった場合には灯油を燃料とした発電を行うこととなる。

　このように、六本木ヒルズでは三重に電力を確保しており、東日本大震災後の電力需給逼迫時には、六本木ヒルズの発電の余力と節電分をあわせ、東京電力に電力を提供した。

2 備蓄倉庫・災害用井戸

　居住者、オフィステナント、協力業者、来街者などへの備えとして、地区内2カ所に合計580 m²の備蓄倉庫を設置し、10万食の非常食を備えている。水や食料のほか、毛布や医薬品、資機材、簡易トイレなどの災害時に必要な備蓄品も多数用意している。

　東日本大震災後、首都圏での帰宅困難者問題を受け、不燃毛布の代替となり、かつコンパクトで維持管理が容易な軽量防寒保温シートなども新たに購入した。

　また、災害時に生活を維持するために必要不可欠なイ

ンフラとして、六本木ヒルズ内2カ所に災害用井戸を設置している。長期間の断水に備え、トイレの洗浄水、発電機の冷却水として利用するほか、周辺地域への供給（主に雑用水や消火活動用）が可能である。

③ コミュニティが支える防犯・防災対策

六本木ヒルズの多様な関係者が参加し、毎年定期的に総合防災訓練を実施している。

周辺地域においても、地元商店街などの有志が参加して「六本木安全安心パトロール隊」「六本木をきれいにする会」の活動が行われ、地域ぐるみの安全安心に向けた取り組みが活性化している。国際都市の都心において、こうした地域コミュニティが安全・安心を支える要の役割を果たしている。

④ 帰宅困難者への対応

六本木ヒルズは帰宅困難者5000名を3日間受け入れるスペースおよび備蓄を備えており、日英2カ国語に対応した独自の震災時情報配信システムを構築している。また、統一管理者である森ビル㈱は、地震や風水害などの災害が発生した際に区全体の安全を確保することを目的とした「災害発生時における帰宅困難者受け入れ等に

表1　主な備蓄品

食料：	水、非常用ライス、クラッカー、レトルト食品、缶詰、乳幼児用ミルク、幼児用菓子など
資機材等：	AED、担架、発電機、油圧ジャッキ、スコップ、つるはし、ハンマー、のこぎり、斧、リヤカー、ブルーシート、ベニヤ板、角材、煮炊きレンジ、コンロ、炭、バケツ、拡声器、脚立、ポリタンク、簡易トイレ、難燃毛布、エアマット、オムツ、ウェットティッシュ、タオル、トイレットペーパー、ティッシュペーパー、電池、防塵マスク、懐中電灯、ラジオなど
各種医薬品	

表2　協定内容

- 帰宅困難者に対する一時避難場所の提供
- 帰宅困難者に対する備蓄食料、飲料水等の提供
- 帰宅困難者に対する避難誘導用具の提供
- 駅周辺等からの帰宅困難者の誘導、人員の提供

震災備蓄（六本木ヒルズ）

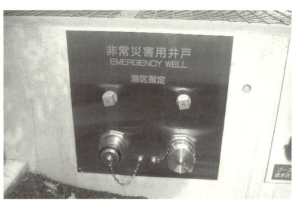

災害用井戸（六本木ヒルズ）

東日本大震災時の備蓄品配布の様子

六本木ヒルズの震災訓練

関する協力協定」を 2012 年 3 月に港区と締結している。

5 情報共有・伝達手段の多様化

災害発生時の情報不足による混乱を避けるため、在館者への情報通信・伝達システムを重要視しており、有線・無線を用いた通信や総務省の認可を得たミニテレビ局の放送を使い、伝達手段の多様化を図っている。

ここでは、「六本木ヒルズチャンネル」を紹介する。六本木ヒルズ内限定でワンセグやフルセグにて視聴できる番組で、通常時は街のイベント情報などを放映し、災害時には備蓄の配布状況、水の配給、施設の紹介、周辺交通情報などに切り替えができるようにしている。一般のテレビやラジオでは伝えられない、そのとき、六本木ヒルズに滞在している人が求める情報を提供するための取り組みである。

6 マウンテンバイクの活用

街を見回り被災状況を確認する手段および情報を確保するための手段として、路面のコンディションが悪くても高い走行性を確保できるよう防災対策仕様にしたマウンテンバイクを 7 台導入している。災害時には車より速く、小回りもきき、交通規制が予想される震災時でもリアルタイムに情報収集ができる有効なツールであると考えている。

3 活動上の課題

「安全・安心な街づくり」に終わりはなく、ハード・ソフト両面において現状に満足せずに研究や訓練を重ねていく必要がある。六本木ヒルズにおいては、「災害時、いかに周囲を巻き込み、協力体制を築いていくか」の検討を今後進めていかなければならないなか、以下 2 点を課題として捉えている。

1 共に助け合う環境づくり

六本木ヒルズにおいて帰宅困難者を受け入れる際、5000 名を受け入れる環境は整備しているが、避難誘導や備蓄品配布などにあたっては相当数の人員が必要となる。そのため、帰宅困難者となった方々に「自助と共助」の意識を醸成し、元気な方々であれば助けを待つだけではなく、共にサポートし合っていただく環境をつくりだすことが必要である。

2 事前の協力体制構築

総合防災訓練などを繰り返すなかで応急救護対応ができるようになった方も、医療行為は行えないため、災害時における傷病者への対応も課題となっている。行政と対策を協議するとともに、域内にある医療機関や医療品取り扱い店との協力体制を構築していくなど、解決への道を検討する必要がある。

森ビル㈱ タウンマネジメント事業部　上田晃史
関口綾子

ワンセグ画面（携帯電話）

災害対応用に整備したマウンテンバイク

事例 24　神戸旧居留地

阪神・淡路大震災を教訓とした地域防災活動

旧居留地連絡協議会

神戸の旧居留地地区は、1995年1月17日、阪神・淡路大震災の直撃を受け、甚大な被害を被った地区である。震災後はまず復興が最優先されたが、あわせて「次への備え」として、「何が足りなかったのか」「何が有効だったのか」といった実体験にもとづいた防災活動にも震災の翌年から取り組んでいる。

本章で述べている、エリアマネジメントに求められる新要素の一つである防災・減災への対応を長年取り込んできた地区であると言えよう。

1 地区の概要

旧居留地の歴史は1868年（明治初年）の兵庫開港に始まる。安政の条約にもとづき、欧米人の居住や営業を認める外国人居留地が、当時はほとんどが畑地であった神戸村内の旧生田川川尻に設けられた。

この整備にあたっては、イギリス人土木技師J. W. ハートの設計のもと、当時の西欧近代都市構想によって、格子状道路、遊歩道、公園、下水道、街頭などが設置された。126に整然と区画された敷地には外国商館が建ち並び、当時の英字新聞 The Far East は「東洋における居留地としてもっともよく設計された美しい街である」と高く評価している。

1899（明治32）年、居留地は日本政府に返還され、以後も神戸の中枢業務地として発展していくが、現在でも街路パターンはほとんどそのまま残っており、標準1000 m^{2}の敷地割もほとんど変わっておらず、地番は当時と同じものを使っている。

1945年の第二次大戦中の神戸大空襲や、1995年の阪神・淡路大震災により、地区内の多くの建物が破壊、または解体をよぎなくされたが、それでもなお、明治から昭和初期に建てられた建物が10棟ほど残り、当時の面影を感じることができる街並みとなっている。

旧居留地は、図1の太線に囲まれた約22 haの地域に約1360の事業所があり、約2.7万人が就業している。

地区内は最近出来た一部の住居系建物を除き、大部分が事業用の建物であり、「夜間人口」はゼロに近いいわゆる「業務地」である。

2 旧居留地連絡協議会の構成と活動
1 組織化の経緯

「旧居留地連絡協議会」は「国際地区共助会」を母体にしている。これは第二次大戦後すぐに構成されたもので、戦中のビルオーナーによる自衛団組織を組み替えた会員30社程度の親睦団体であった。

1983年、当地区が神戸市都市景観条例にもとづく「都市景観形成地域」に指定されたのを機に、会員の増強や組織体制の強化を図り、名称を現在のものに変更するとともに、まちづくりにも積極的に取り組み始め、1985年に景観形成市民団体として認定を受けている。

2 協議会の活動内容

旧居留地連絡協議会は、当地区で事業を営む法人で組織され、現在の会員数は約100社となっている。協議会の組織は図3のとおりで、各種の専門委員会を設け、業種間の壁を越えて会員相互の親睦を図るとともに、地区

図1　神戸・旧居留地地区の位置

内のまちづくり活動に積極的に取り組んでいる。

● 親睦・イベント委員会

　当協議会は、発足当時より「親睦」を会の活動の主体としており、会員相互の親睦を深めることに重点的な活動の視点を置いている。これは相互のコミュニケーションを活発にすることにより、地区内の種々の問題点を提起し、これらに対して協議会を中心に、また行政と協調して、問題点の解決を図っていくためである。親睦のきっかけづくりとして、各種のイベント（新年会、忘年会、ボーリング大会、納涼会、研修旅行、街角コンサートなど）を行っている。

● 広報委員会

　会報誌の発行やホームページ（対外用・会員専用の2種類）の管理・更新、居留地ガイドマップの作成など、広報活動を行っている。

● 環境委員会

　地区内の環境整備を目的とし、会員の協力のもと、地区内の清掃活動、街頭でのエコドライブの啓発、放置自転車・バイクの実態調査、エコキャップ運動（ペットボトルのキャップを集めてリサイクルし、ポリオワクチンの提供に協力）などを行っている。

● 都心（まち）づくり委員会

　1995年1月17日の阪神・淡路大震災からの復興にあたり、「復興計画」や「都心づくりガイドライン」「広告物ガイドライン」などを策定し、これらにもとづき、新たな建築物や広告物に対する相談や助言を行っている。

● 防災・防犯委員会

　阪神・淡路大震災の経験に学び、日常からの備えを怠らないために、震災の翌年、同委員会を設置し、自主的な防災活動に取り込んでいる。詳細は後述する。

3 活動財源

　当協議会の活動財源については、特段、広告収入やイベントの開催による収入などはなく、約100社の会員企業からの年会費が、活動財源の8割強を占め、残りは行政などからの補助金である。

3 阪神・淡路大震災と地域防災活動

　1995年1月17日未明、突如襲った阪神・淡路大震災により、旧居留地地区内の106棟のビルはどれも大なり小なり被害を受け、とりわけ22棟は解体せざるをえないほどの甚大な被害であった。

　大震災の教訓を踏まえ、「地域防災計画」と「防災マニュアル作成の手引き」を策定し、自主的な防災活動に取り組んでいる（図4）。

1 地域防災計画

　災害時には、自分（自社）の命と財産は自分（自社）で守ることが原則であるが、それを補完する意味で相互支援のシステムを地域防災計画で構築している。

● 隣組

　通信手段が使えない場合の、直接伝達手段として地区

図2　復興計画と都心（まち）づくりガイドライン

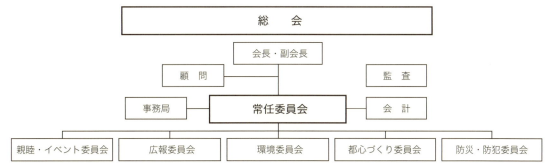

図3　旧居留地連絡協議会組織図

5章　エリアマネジメント活動の新しい領域　　151

内を四つのブロックに分け、さらに15のグループに分けて隣組を組織している。

この隣組を利用し、普段からコミュニケーションをとるように心がけることが重要である。

● 備蓄

飲食料や生活用品などは、各社での備蓄が望ましいため、協議会では人命の救助・維持という観点から必要と考えられる資機材に限定して、共同資材として備蓄を行っている。具体的には、油圧ジャッキ・ハンマー・防塵マスク・発電機・担架・ハシゴ・毛布・拡声器など。

● 救護コーナー

基本、救護の必要な怪我人などがでた場合、119番で対応とするが、それが不可能な状態で怪我人などが多数出た場合、救護コーナーを設置することとしている。

● 情報提供コーナー

また、帰宅困難者の発生など、必要が生じた場合、「情報提供コーナー」を設置することとしている。

「情報提供コーナー」では、災害対策本部の発表内容や会員各社の被害状況の提供、公共交通機関や道路状況の提供、ライフラインの被害状況や復旧状況の提供、避難勧告などの公的機関発表内容の提供などを行う。

● 帰宅困難者対策

平日昼間の当地区には、約2.7万人の就業者に加え、1万人程度の来訪者があると考えられている。1万人の来訪者のうちの一定数は災害発生時に帰宅困難者となることが予想され、地区内の全ビルに対し、帰宅困難者の受け入れを依頼している。

● 記載情報の改訂

地域防災計画に記載している各企業の担当者や、電話番号などに変更がないか、毎年記載内容をチェックし、改訂版を発行している。また、兵庫県発表の津波ハザードマップによれば、当地区も津波の被害が想定されるため、津波対策の項目を追加した。

② 「防災マニュアル」作成の手引き

さまざまな災害に遭遇したとき、被害を最小限に抑えるためには日頃からその対策をマニュアル化し、準備しておくことが重要となる。大企業の場合、防災マニュアルが整備されていることがほとんどであるが、中小企業の場合、ほとんど未整備となっているのが実情である。そこで、中小企業でも簡便に防災マニュアルを作成できるよう手引き書を作成した。

本手引き書は、マニュアルを作成するときの留意点とマニュアルの雛形によって構成されている。また雛形には行政やライフライン、交通情報などの防災情報の入手

図4　地域防災計画と防災マニュアル作成の手引き

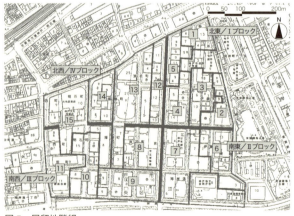

図5　居留地隣組

図6　救護コーナー、情報提供コーナー設置場所

先と電話番号を記載している。

3 その他の取り組み

これらにもとづいた各種の訓練・講習を定期的に開催。防災訓練は、神戸市消防局との連携し、備蓄機材を使った訓練や、救護方法の訓練などを行っている。

また、市民救命士（AED の使用方法、人工呼吸法など）の養成講座を、会員企業だけに限らず、テナントの従業員など、会員以外にも参加を呼び掛けて実施している。1000 名の受講者を目ざして定期的に開催しており、現在ほぼ 1000 名の受講に達している。

また、兵庫県警生田署から講師を招き、女性を対象とした護身術の防犯訓練講習も定期的に行っている。

4 今後の課題

2015 年で阪神・淡路大震災から 20 年が経過する。また業務地であることから、勤務者の入れ替わりが多く、阪神・淡路大震災を直接知る者が年々減少しており、「当時の状況をどう伝えていくか」が大きな課題となっている。

また、現時点では居住者（住民）数は少なく、災害時には就業者と来訪者の対策が主であるが、今後、住居系の建物が増えた場合には、居住者との連携も考えていかなければならない。

旧居留地連絡協議会副会長　松岡辰弥

神戸市消防局と連携した防災訓練

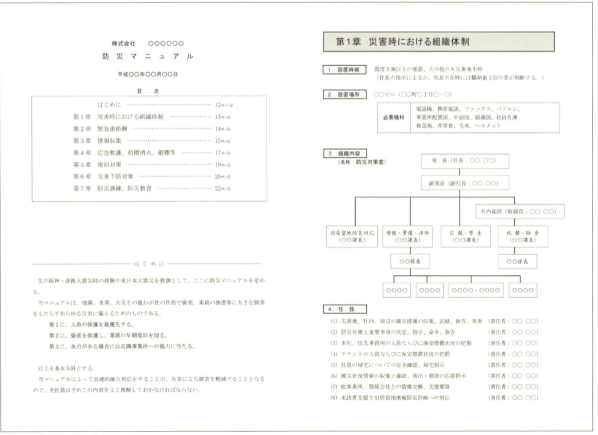

図7　防災マニュアル作成例

5章　エリアマネジメント活動の新しい領域　153

6章
エリアマネジメントの新たな仕組みづくり

プレイヤーズソシオの活動風景（提供：（一社）グランフロント大阪TMO）

1節

国におけるこれまでの仕組みづくり

京都大学経営管理大学院 特定教授　**御手洗潤**

1 ── エリアマネジメント推進のための制度の 枠組み

1 国におけるエリアマネジメント推進の目的

　本節では、本書が主に都市中心部のまちづくりのためのエリアマネジメントを扱っていることから、これらに対する都市再生・まちづくりの視点からの国におけるエリアマネジメントの推進のための仕組み・制度を中心に概説するとともに、今後を展望する。

　都市再生・まちづくり政策の一環として国がエリアマネジメントを推進する目的は、一つは人口減少時代に突入し、国・自治体を通じた財政余力が低下するなか、従来官が担ってきた公共公益施設の管理その他の都市機能・サービス水準の維持が困難になってきていることから、近年活動が活発になってきている市民、企業やそれらが組織する団体などのまちづくり活動にその補完的・代替的役割を担ってもらおうというものである。しかし、都市再生・まちづくりの視点からのエリアマネジメントは、「官」の機能代替や財政支出の削減という消極的な役割が評価されているばかりではない。むしろ、地域の住民などのニーズに応える高質のサービスを、担い手の創意工夫により柔軟にきめ細かく提供することなどにより、にぎわいづくりや失われつつあるミュニティの再生、魅力的な街並みの創造、防災力の向上などの地域の活性化と資産価値の維持向上を生みだす積極的な役割が評価され、その推進が図られている。なお、主に国土交通省が担当している。

2 都市再生特別措置法

　都市再生・まちづくりの目的からエリアマネジメント推進の枠組みとしては、都市再生特別措置法（以下、「都市再生法」という）がある。同法は、2002年の制定当初は、主に民間都市開発事業者が、都市再生緊急整備地域の都市再生事業を規制緩和や金融・税制上の支援を活用して推進することを主眼とした法律であり、大都市部が主な対象とされていた。しかし、その後、度重なる改正をへて、現在、都市計画や公共施設管理その他の規制緩和、地権者などの合意による各種の協定、都市再生整備計画制度などの財政的措置、民間都市開発推進機構の金融支援や税制上の特別措置などを活用し、民間都市開発事業者のみならずさまざまな民間主体と官とが連携して日本全国の都市再生を図るための制度となっている。

　エリアマジメント関連部分を中心に同法を概説すると、まず、国は、閣議決定により、都市再生基本方針を定めることとされている。同方針では、さまざまな民間関係者と連携しきめ細かな施策の展開を図ること、民間のまちづくりに関する活動などとの連携・協働についての都市再生整備計画への記載などが規定されている。

　また、都市再生緊急整備地域において協議会を組織することができることとされている。協議会の構成員は、内閣総理大臣、国土交通大臣、都道府県知事、市町村長、都市開発事業者や鉄道事業者などの民間事業者の他、エリアマネジメント団体が含まれる場合もある。

　さらに、同法では、市町村が都市再生整備計画を定めることができることとされている。本計画は、もとは国土交通省のまちづくりに関する一括交付金（旧「まちづくり交付金」）をあてて行う事業のための計画であるが、あわせてエリアマネジメント活動を含む民間主体によるまちづくり活動を記載することにより、官民連携まちづくりのプラットフォームとして機能することが期待されている。そして、エリアマネジメント団体が行うオープンカフェや広告事業などの道路占用および利便増進協定

の対象とする区域や施設などを同計画に記載することにより、後述の道路の占用許可特例制度、都市利便増進協定などの活用が可能となる。さらに、市町村が各種の規制やサービスなどについて通常とは異なる柔軟な運用を行う場合の根拠にもなる。

このほか、同法に規定されているエリアマネジメント活動において活用可能な各種の規制緩和、協定制度、財政・金融措置などについては、後述する。

2——エリアマネジメント推進のための組織

1 エリアマネジメント組織の形態

エリアマネジメント組織は、設立手続きや代表選定、構成員入退会、組織規定の改廃などが簡易・柔軟なことから、協議会など法人格のない任意の組織として運営されている例も多い。しかし、事業活動の実施やそれにともなう融資や補助金などの受領、行政からの事業受託、財産の所有などを行う場合、法人格を取得することが必要・有用であることも多い。

法人格の取得には法律の根拠が必要であるが、現在、エリアマネジメント団体に想定される法人形態は多様である。たとえば、自治体や法人、個人からの出資を得て営利事業を含む活動を行う場合、株式会社の形態がとられることが多い。

一方、非営利目的の場合、特定非営利活動法人（NPO法人）として活動する組織も見られる。NPO法人は、パブリック・サポート・テストに適合することなど、一定の基準を満たして認定を受けると、5項3で述べる税制優遇措置を受けることができる。ただし、NPO法人は、不特定多数の利益増進を目的とした制度であり、加入の制限ができないなど特定のエリアのみを対象とした活動はむずかしいと言われている[注1]。この点、非営利目的の法人であり、かつ必ずしも活動の公益性を問われない（その結果構成員の属性などの限定も可能な）法人として、一般社団法人がある。一般社団法人が国または都道府県による公益認定を受けると、認定NPO法人と類似の税制優遇措置を受けることができる。これらの認定は、エリアマネジメント団体には一般的にはハードルが高いと

も言われるが、NPO法人黄金町エリアマネジメントセンター、公益財団法人静岡市まちづくり公社など、エリアマネジメント活動を行う団体が認定を受けている例もある。とくに認定NPO法人については、認定事務の都道府県・指定都市への委譲、条例指定NPOに対するパブリック・サポート・テストの免除などの制度改正が近年施行されたところであり、今後の広がりが期待される。

このほか、一団地内の広場・公園・集会所などの土地建物が当該団地内の建物所有者の共有に属する場合に活用が考えられる団地管理組合法人（区分所有法）、自治会・町内会など一定の区域に住む人々の地縁にもとづいて形成された団体について法人格が取得できる認可地縁団体（地方自治法）もある。なお、団地内の建物所有者は団地管理組合法人への加入義務が生じる。

2 都市再生推進法人制度

地域のまちづくりを担う法人を市町村が指定する制度として、都市再生法にもとづく都市再生推進法人制度がある。同法人に指定されると、都市計画や都市再生整備計画の提案、都市利便増進協定への参画が可能となるほか、国の融資や民間都市開発推進機構による支援、土地譲渡に関わる税制優遇の対象となるなどのメリットがある。そして何より、市町村が当該法人を地域のまちづくりの担い手として公的に指定することにより、まちづくり会社の信用が担保されるとともに、位置づけが明確になることから、市町村にとっても積極的な支援が可能となるという効果がある。なお、指定対象となる法人は、一般社団法人、一般財団法人、NPO法人および市町村が一定以上出資するまちづくり会社などである。

3——エリアのルール

1 街並みや土地利用のルール

エリアマネジメントにおいては、早い段階で地区の将来像の認識を共有するため、地区のビジョンや方針が策定されることが多い。そして、これらを実施に移すには、エリア住民などのさまざまな活動の規制・誘導のための具体的なルールを策定することが有効である。このルー

6章　エリアマネジメントの新たな仕組みづくり　157

ルはメンバーの間の任意の契約（協定など）で行われる場合も多いが、実効性を高めるため、担保力が求められる場合がある。

この点、都市計画法にもとづく地区計画制度は、建築物や工作物、土地利用、地区施設などに関する地区のルールを行政による都市計画の一部として定めるものであり、市町村長に対する届出と勧告、ないし条例化することにより建築物については建築確認という強い規制で担保することができる。地区計画は、策定に際し地域の一定の合意が求められることが一般的であり、また、地域からの提案を受けて策定される場合も多い。

2 公益的施設の設置管理とソフトのルール

地区計画制度は規制が強いため導入の合意がむずかしく、また、建築物などのハードに関する事項しか定めることができないなどの課題がある。

この点、都市再生法にもとづく利便増進協定制度は、道路、公園、広場、駐輪場、街灯などの都市利便増進施設の整備のルールのみではなく、その清掃などの管理や利用に関するルール、さらにイベントなどのソフトについても定めることができる。また、本協定は、地域住民（地権者など）同士が締結したものを市町村が認定するという、より地域に密着した仕組みとなっている。ただし、その分、地区計画とは異なり、届出などの行政による担保手段はなく、あくまで協定違反への対処は協定内容をもとに民々で行われることになる。なお、後述の景観協定などとは異なり、地域の相当数の参加で締結できるため、より柔軟な内容とすることが可能である。

3 特定の目的のためのルール

利便増進協定は、地域の継続的なエリアマネジメント活動全般に関するルールを定めることができるものである。一方、地域の特定の目的に関わるルールを定める協定として、①建築物や工作物の形態意匠や構造・規模、屋外広告物などの良好な景観の形成について定める景観協定、①建築物の位置・規模・構造・用途などについて定める建築協定、②植栽・花壇・垣・さくなどの緑地の保全や緑化について定める緑地協定、③歩行者の利便性、安全性の向上を図るため関係者が協力して管理する通路・ペデストリアンデッキ・エレベーターなどの整備・管理などについて定める歩行者経路協定がある。

これらはそれぞれの根拠法律にもとづき、一団の土地の区域内の地権者などが全員合意により協定を定め、市町村長などの認可を得ることで発効する。これらの協定違反への対処は利便増進協定と同様民々の関係に委ねられる。ただし、利便増進協定とは異なり協定の認可公告後に区域内の土地所有者となった者に対しても効力がある（承継効）。

4——公共空間の利活用・公共施設の管理運営

1 公共施設の占用許可

公共施設空間を民間が活用する方法の一つに、占用許可制度がある。そして、道路の場合、占用許可の基準として「道路の敷地外に余地がないためにやむをえない」という無余地性が法定されているため、活用がむずかしい場合がある。この点、都市再生法では、都市再生整備計画の区域内においてオープンカフェ、広告板、駐輪施設などに関わる道路占用許可基準の特例制度を設けている。具体的には、まちのにぎわいの創出や道路管理者の利便の増進に資する占用対象物件を都市再生整備計画に位置づけるとともに、道路管理者が特例を適用する道路区域を指定することにより、同計画に位置づけられた施設について、無余地性の基準を適用することなく道路の占用を許可することができることとされている（図1）。本特例により、エリアマネジメント団体にとっては公共空間を利用したにぎわいの創出と収益源の確保が期待できるとともに、道路管理者にとっては財政支出をともなわない清掃・植栽管理などのメリットがある。なお、道路交通法にもとづく道路使用許可は別途必要となる。

河川については、河川敷地占用許可準則（建設省事務次官通知）のなかで、河川管理者が定める「都市・地域再生等利用区域」内において、河川管理者が定める占用主体がイベント施設、売店、オープンカフェ、広告板、キャンプ施設などを設ける際の特例が定められている。なお、この場合の占用主体には、営業活動を行う事業者などを定めることが可能となっているため、エリアマネジ

メント団体がこれらの施設を設けて河川を占用することが可能となっている。

2 民による公共施設の管理・運営

自治体の設置する公園、広場、コミュニティ施設、駐車場その他各種施設については、エリアマネジメント団体などの民間主体が自治体から管理運営を契約により受託する場合がある。このほか、清掃・美化活動などを任意の協定や自治体独自のアダプト制度などにより自治会や住民グループ、エリアマネジメント団体などにボランティアベースで委ねる場合もある。これらは、本来管理者である自治体の権限下でその事務の一部を民間が行うものであり、特別の法律の根拠はない。

しかし、このような施設を活用してエリアマネジメント団体などの民間が主体的にまちのにぎわいの創出を図ったり、住民ニーズにきめ細かに応える管理を行ったり、民間ノウハウによる経費の節減や収益性の向上などの効率的な経営を行ったりする場合、地方自治法にもとづき自治体の管理権限を民間に委ねる指定管理者制度が活用されている。指定管理者の管理の基準および業務の範囲は条例で定められるとともに、具体の指定には議会の議決が必要となる。また、当該施設に利用料金がかかる場合指定管理者が直接収受したり、条例にもとづき施設の使用許可を指定管理者が行ったりできるなど、指定管理者が主体的・積極的に管理運営を行うことができる。

5 ── エリアマネジメントに対する国の支援

1 財政支援

1 エリアマネジメント団体に対する支援

国土交通省では、①先進団体が実施するワークショップなどこれからまちづくり活動に取り組もうとする者に対する普及啓発事業、②まちづくり会社などの民間の担い手が主体となって広場をイベントやオープンカフェに活用したり、街路灯や街路樹を整備・更新したり、空き地・空き店舗の活用を促進する社会実験・実証事業などに対し、助成を行う民間まちづくり活動促進事業を実施している（図2）。なお、2013年度までは、民間主体によるまちづくり計画や協定の策定も支援対象となっていたが、現在は対象外となっている。なお、本事業は、民間主体に対し都市計画の提案素案作成に要する費用を支援するまちづくり計画策定担い手支援事業と、類似の事業であった都市環境改善支援事業を統合するかたちで2012年度に創設された。

また、民間主体に対し、地域の専門家育成活動のほか、住環境の整備・保全やまちの景観の向上などのための活動に対する支援を行っていた住まい・まちづくり担い手

図1　道路占用許可特例制度・利便増進協定の事例 （出典：国土交通省資料より）

6章　エリアマネジメントの新たな仕組みづくり　159

事業が、2012年度で廃止されている。このほか、内閣官房地域活性化統合事務局で行われていた地方の元気再生事業は、対象とする活動も支援先も限定のない幅広い事業であったが、やはり廃止されている。

一方、国土交通省では、地方自治体などが行う道路、公園、河川、公営住宅、市街地整備事業などの住宅・社会資本の整備に対して、社会資本整備総合交付金により財政的支援を行っている。同交付金のなかでは、都市再生整備計画に位置づけられたこのような基幹的なハード整備事業に加え、これらの事業と一体となってその効果を増大させるための地域の実情に応じた多様な事業を提案事業として行うことができる。このため、同交付金を用いて、たとえば、エリアマネジメント団体の行う街灯・案内板の整備やレンタサイクル、空き家・空き店舗活用、イベント、オープンカフェ、防犯パトロールといったさまざまなハード・ソフト事業に対して、自治体が支援を行うことが可能となっている。

2 中間団体に対する支援

民間都市開発推進機構では、資金を地縁により調達し、歴史的建造物の整備・改修や案内板の整備、植栽整備などまちづくりに資する施設の整備に対する助成や、これらの施設整備を行うまちづくり会社に対する出資を行うまちづくりファンドに対し、資金拠出を行っている（図3）。なお、本事業は基本的には中間支援事業であるが、支援対象となるまちづくりファンドが直接まちづくり施設の整備を行う場合にも資金拠出の対象となる。

3 地域防災促進のための支援

1項2で述べた都市再生緊急整備地域協議会および関係自治体、鉄道事業者、国、民間事業者、建築物の所有者、管理者、テナント等で構成される帰宅困難者協議会

①先進団体が実施する、これから民間まちづくり活動に取り組もうとする者に対する普及啓発事業や、②まちづくり会社等の民間の担い手が主体となった都市再生特別措置法の都市利便増進協定等に基づく施設整備等を含む実証実験等に助成する。これにより、民間まちづくり活動を広めるとともに、都市の魅力の向上等を図る。

◆ 普及啓発事業

先進団体が持つ継続的なまちづくり活動のノウハウなどを他団体に水平展開する普及啓発事業
ⅰ）都市の課題解決をテーマとし、多様なまちづくり関係者を巻き込んだワークショップを開催するなど、まちづくりの現場における現実の課題解決に向けた継続性のある活動を実践する人材の育成を図る仕組みの構築・運営
ⅱ）ⅰ）と連携しつつ、優れたまちづくり活動の普及啓発

【定額補助】市町村都市再生協議会、中心市街地活性化協議会、景観協議会、低炭素まちづくり協議会、都市再生推進法人、地方公共団体、大学、民間事業者等（JVも含む。）

＜オリエンテーション＆座学＞
基礎的知識をチーム合同で習得

＜現地スタディ／ワークショップ＞
地元関係者を巻き込んだWS形式による現地スタディを集中的に行い、事業実現に向けた実践的なノウハウを習得

◆ 社会実験・実証事業等

都市利便増進協定又は歩行者経路協定に基づく施設の整備・活用
・協定等に基づく広場の整備、通路舗装の高質化、街灯や街路樹の整備、駐輪場の整備 等
・広場等の公共空間を活用したイベント、オープンカフェ等の実施 等

【直接補助】都市再生推進法人
補助率：1/2 以内（かつ、地方公共団体負担額以内）

まちの賑わい・交流の場の創出や都市施設の活用等に資する社会実験等
・空き地・空き店舗等の活用促進
・地域の快適性・利便性の維持向上
・地域のPR・広報 等

【直接補助】市町村都市再生協議会、景観協議会、低炭素まちづくり協議会
補助率：1/2 以内（かつ、地方公共団体負担額以内）
【間接補助】民間事業者等　補助率：1/3 以内（かつ、地方公共団体負担額以内）

図2　民間まちづくり活動促進・普及啓発事業の概要　（出典：国土交通省資料より）

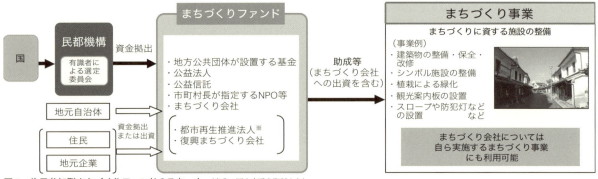

図3　住民参加型まちづくりファンドのスキーム　（出典：国土交通省資料より）

は、大規模地震発生時における滞在者の安全を確保するため、都市安全確保計画を策定することができる。そして、国土交通省では、同計画の策定経費、同計画にもとづく避難訓練や避難誘導ルール・情報提供ルール策定などのソフト対策経費、および備蓄倉庫、情報伝達施設、非常用発電設備の整備などのハード対策経費に対して補助を行っている。

2 金融上の支援

国土交通省においては、地方公共団体を通じて、まちづくり拠点施設や駐車場、駐輪場の整備、空き家・空き店舗や歴史的建造物の再生・活用事業などを行う都市再生推進法人などに対する融資である都市環境維持・改善事業資金貸付制度を行っている。

3 税制上の支援

2項1で述べた認定NPO法人および公益社団法人に対して寄付をした個人または法人について、所得税に係る所得控除・税額控除、法人税の損金算入、個人住民税の税額控除、相続税の非課税などの特例措置がある。また、当該法人の収益事業に属する資産のうちから収益事業以外の事業のために支出した金額について、寄付金とみなし、損金算入することができる。

また、都市再生推進法人に土地を譲渡した個人・法人に対して、譲渡にかかる所得税や法人税などの優遇措置がある。

4 表彰

国土交通省では、先進的なまちづくり法人を表彰する「まちづくり国土交通大臣法人表彰」、個人または団体（地方公共団体を含む）を表彰する「まちづくり功労者国土交通大臣表彰」などの表彰を行っている。これまでに、たとえば㈱飯田まちづくりカンパニー、（一社）大崎エリアマネージメントなどが、まちづくり国土交通大臣法人表彰を受賞するなど、エリアマネジメントに取り組む団体やその構成員の活動の励みになるとともに、受賞団体の活動を好事例として全国に紹介する機会となっている。

6 ── 国におけるエリアマネジメント推進の仕組みの今後の展望

1 エリアマネジメントに関する共通認識の醸成

今後、エリアマネジメント推進政策を展開するにあたり、まずは、その前提として、エリアマネジメントの意義について関係者間の共通認識の醸成が必要であろう。具体的には、社会資本がある程度蓄積された今日の都市においては、そのさらなる積み重ねよりもその利活用がより重要である。そのカギは組織・制度・ガバナンスといった「ソフトな（非物質主義的な）ストック[注2]」、すなわち社会関係資本である。そして、ネットワーク、人材、協調関係、地域ルール、活動などをもつエリアマネジメントは、都市の社会関係資本の代表例である。すなわち、エリアマネジメントは、今後の都市の持続的な発展や価値を生みだす基盤・インフラの主要な要素であるとの共通認識を醸成し、広めていくことが重要であろう。

2 多数の者の参加・協力を促す方策

エリアマネジメント活動に多数の者の参加・協力を促す方策を論ずるにあたっては、参加の義務化の要否・程度の問題と、参加者の拠出金（負担金、出資、会費、寄付など）を集めやすくする仕組みをセットで考える必要がある。義務とは、フリーライダー問題をどのように考えるかということであるが、その本質は、本当に国家権力を背景とした強制力をもって参加を義務づけたり活動費用を強制徴収したりする必要があるのか、あるいは活動に積極的には賛成ではない中立的な者の参加を促すための手段なのかである。後者であれば、法的な強制性の小さな義務で十分ということになろう。

また、中立的な者の参加を促すためには、参加者の拠出金の費用化（損金算入）などの税制について検討する必要がある。この点、現在のエリアマネジメント団体には収益団体と同様の税制が適用されている事例が多いことから、たとえば社団法人の公益認定や非営利型社団、条例認定NPO制度の活用などがまずは検討される必要があろう。

また、多数の者の参加・協力を促すためには、エリアマネジメントの効果の見える化も有効である。

6章　エリアマネジメントの新たな仕組みづくり　161

❸ エリアマネジメント団体の収支の改善策

エリアマネジメント団体の収支に関しては、公的助成が検討課題の一つとなる。この点、5項❶に概説したように、民間まちづくり活動などに対しては、これまでさまざまな国による支援措置が短期間で創設・改変・廃止されてきている。これは、国の役割と制度利用者にとっての使いやすさとの試行錯誤、そして先進性の追求の結果である。すなわち、国として推進すべき特定の政策分野における先導的モデルに限定した支援を行おうとすると、現場の広範な課題とのミスマッチが生じる一方で、分野や対象を限定せず柔軟な制度とすると、国が全国の民間活動を個別に選別するには困難があり、他方、幅広く恒常的に民間活動を支えることは国の財政政策として適当ではないことから、このような事態が生ずるうえ、先進的な事例は常に移り変わることから、支援事業も改変を繰り返すのである。思うに、エリアマネジメント活動は、地域の方々の力により維持発展すべきものであって、その財政を恒常的に支えることは国の役割ではない。仮に公共による財政的支援が必要な場合でも、基本的には地方公共団体が担うべきであり、国は例外的に、特定の政策目的のため、広域的な普及が望まれる先進的な活動の立ち上げや普及活動などに対しての短期的な支援を限定的に行うことが望ましい。また、かかる視点から、国が支援すべきエリアマネジメント活動とは、社会関係資本としてのエリアマネジメント活動全般なのか、防災、環境、エネルギー、国際競争などといった特定の活動なのか、議論が必要であろう。

一方で、エリアマネジメント活動が事業として成立する可能性があるのであれば、それを長期的に支援するとともに、事業継続性のチェックと信用補完機能を有する金融的支援は、今後拡充が期待される分野と考える。これは本来民間が果たすべき機能であるが、エリアマネジメント団体の事業について充分な民間金融が見込めない今日においては、公的金融機関による融資・出資・信用保証など、地域の資金や志ある資金を集めやすくするための支援策が必要であろう。

また、エリアマネジメント団体が自ら収益を上げ、それをエリアマネジメント活動に再活用していくことが望まれる。その際、エリアマネジメント団体に対する課税のあり方が検討課題になるが、まずは2項❶に述べた公益社団や非営利型社団、認定NPO制度の活用などが検討されるべきである。

また、エリアマネジメント活動の多くは地域の価値の向上を目ざす活動であるが、その価値の向上の結果としての税の増収分については、その一部を地域に還元することが考えられる。逆に言えば、税の増収をもたらすエリアマネジメント活動に対しては、自治体がむしろ積極的に投資することが正しい政策と言える。このことを立証するため、産官学で連携し、地価上昇その他のエリアマネジメントの効果の検証が必要である。

❹ 都市事業におけるエリアマネジメントの活用

都市開発事業、都市整備事業などのハード事業は、施設の整備自体を目的とするべきではなく、まち全体の活性化とそのために完成した施設をどのように活用しつつ維持更新を適切に行うか、言い換えれば都市マネジメントを目的として行うべきである。そして、その一つの方策としてエリアマネジメントが考えられる。

このため、事業中または事業前からのエリアマネジメントを活用する、完成後のエリアマネジメントを考えて事業を実施する、完成後のエリアマネジメント組織への円滑な移行を行うといった視点から、事業が実施されるような方策が望まれる。

❺ エリアマネジメントの全国的な普及の促進

エリアマネジメントの全国的な普及の促進には、エリアマネジメントの国民的な認知度の向上が欠かせない。このため、エリアマネジメントに関する全国組織の創設、全国のエリアマネジメント団体によるエリアマネジメント普及イベントの有機的連携などが望まれる。

また、前述のエリアマネジメントの効果の見える化や社会関係資本の重要性に関する共通認識の醸成も、全国的な普及の促進の一助になると考えられる。

注:
1) 国土交通省土地・水資源局『エリアマネジメント推進マニュアル』国土交通省土地情報ライブラリー、2008年、p. 67、p. 80
2) 諸富徹『地域再生の新戦略』中央公論新社、2010年

2節

大阪市エリアマネジメント活動促進条例

大阪市都市計画局計画部都市計画課

1——条例制定の背景

1 大阪における都市再生の機運

21世紀以降、わが国の都市は成長の時代から成熟の時代へと移行し、国際的な都市間競争の本格化が言われて久しい。こうした時代においては、都市の魅力向上はもとより、経済や観光、人材や企業の誘致といったさまざまな面で、各都市がそれぞれの特性を活かしながら競争力を上げていくことが求められているのである。

大阪は、古くは「難波」、近世では「天下の台所」と呼ばれ、水運で日本各地と結ばれた交通ネットワークの中心として、さらに、ヒト・モノ・カネの集散地としてわが国の経済を支えてきた都市である。

明治以降も、大都市圏として日本の成長を支えてきたが、近年は長期にわたる人材や経済機能の流出、GDPシェアの低下、税収の落ち込みなど、長期低落傾向が続いており、大阪の国際競争力はさらなる強化が必要であるのが現状である。

こうした現状を踏まえ、現在、大阪がもつ都市活動を支える都市インフラや歴史・文化といった「強み」および大都市圏としての「優位性」を最大限に発揮し、新たな付加価値の創出などを目ざした都市政策を進めているところである。その一環として、地域のもつストックやポテンシャルを活かした大阪都心エリアの再生に取り組んでいる。

たとえば、都市再生緊急整備地域を中心とした大規模な都市開発を契機とした開発事業者による良好な都市空間の創出や、それらの開発エリアにおける開発協議会などによる自らのまちを運営する取り組みがあげられる。

また、大阪のまちに古くから存在する建築物などを活用し大阪の新しい魅力として創造・発信する取り組みである「生きた建築ミュージアム事業」や、歴史的・文化的な雰囲気や街並みなどに恵まれた地域の特性を活かした魅力ある居住地づくりを目ざす「HOPEゾーン事業」などもその取り組みの一つである。

こうした取り組みは、都市の再生を図り日本の成長を牽引する都市を目ざそうとする行政の方針に賛同した地域住民や地権者、事業者など民間が主導して実現してきたものであり、都心の付加価値を高めることにより都市魅力を創造する効果的なツールとなっている。

大阪市内には、民間が主体となったこのような取り組みなどにより、それぞれの特性にきめ細やかに応じた個性的かつ魅力的なまちづくりに取り組んでいる地域が数多く存在している。こうした地域がそれぞれの特性を発揮しつつ、競い合いながら地域の魅力を高めていき、そして、そうしたまちの魅力の創出に関わる取り組み、つまりエリアマネジメントを公民が一体となって進めていくことは、今後の都心部における地域再生のモデルになると考えている。

今回の「大阪市エリアマネジメント活動促進条例」も、こうした民間のまちづくりの機運のもと、地域再生を目ざす本市の都市政策の一環として制定することとなった。

2 欧米におけるBID制度の概要

欧米ではかなり早い段階から、都市づくりの中心的な活動としてエリアマネジメントが本格的に展開されており、そのなかでも、主に商業・業務地域において広く採用されている手法がBID制度である。

このBID制度の特徴は、その主体であるBID団体が民間団体であるにもかかわらず「特別地方公共団体」ともいうべき公共的地位を法的に付与され、これにより公共

6章　エリアマネジメントの新たな仕組みづくり　163

空間の直接的な管理運営の権限にもとづいた自由度の高い活動ができるとともに、活動財源が税として法定化されることにより安定的な財源確保につながっている、という点にある（図1）。

もともとBID制度による活動は、清掃や警備など公共空間の基礎的な管理業務を主な目的として始まったが、現在では、地域集客力の向上や地区の魅力向上のためのプロモーション活動なども行われており、その活動は広がりを見せている。

本市も、そういった欧米での取り組みを踏まえ、エリアマネジメント活動の安定的な継続を支援し促進するための仕組みとして、BID制度に着目した。

3 欧米法制から見たわが国へのBID制度導入上の課題

法にもとづいた欧米のBID制度をわが国に導入することを仮定した場合、主な課題は次の3点が想定された。1点目はBID団体の法的地位、2点目はBID団体が行える事業の範囲、3点目はBID税の負担と交付の手法とその根拠、である（図2）。

1 BID団体の法的地位

欧米のBID団体は先にも述べたとおり「特別地方公共団体」ともいうべき法的地位が付与されている。これにともなって、税の交付および団体に対する税優遇を受けることができる。さらには、公共空間の直接的な管理権限が付与されている。

一方、わが国では、不動産所有者または一般の事業所などが形成する民間団体に公的な権限を付与する制度はきわめて限定的なものがあるのみである。

2 BID団体が行える事業の範囲

欧米のBID制度においては、税を財源として行いうる事業を法律において規定するとともに、先にも述べたように、公共空間の管理などの権限がBID団体に付与されていることにともない、道路や公園と

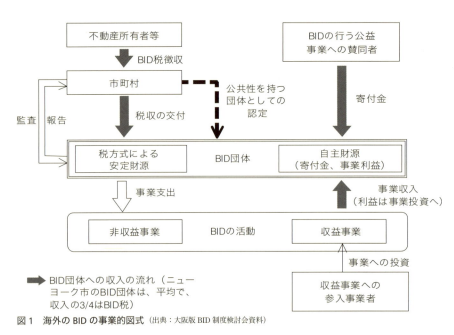

図1　海外のBIDの事業的図式　（出典：大阪版BID制度検討会資料）

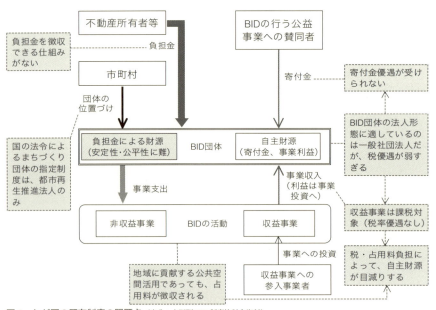

図2　わが国の既存制度の問題点　（出典：大阪版BID制度検討会資料）

いった公共空間を活用することによる収益をBID活動の財源に充当することが可能となっている。

一方、わが国では、公共空間の管理権限は法的には行政にしか付与されておらず、道路占用の判断は行政権限に属するものとなっている。指定管理者や特例占用のような制度による緩和措置はあるものの、指定管理者制度を採用したとしても行政権の委託まではできないなど、行えることは限定的となっている。

③ BID税の負担と交付の手法とその根拠

欧米のBID制度においては、地区限定・期間限定・使途限定で既存税の課税標準や客体をベースとするBID税が法定化されており、地方自治体が不動産所有者などから税として徴収したうえで負担者などにより組織されているBID団体へ税収を交付する仕組みが確立されている。

また、BID団体の財源としてはBID税収のほか、事業収益や支援団体などからの寄付金収入も重要な財源としてあげられるが、これらは税優遇の対象となっており、安定的な収入の確保につながっている。

一方、わが国では、そのようなBID税は法定化されておらず、欧米のような仕組みが存在しないのである。

④ 条例化の方向性

以上課題を列挙してきたが、ここからわかるとおり、わが国で欧米型のBID制度を創設しようとすると、各種関連法令などの改正もしくは制定が必要となってくる。

しかし、新制度を導入するにあたっては、制度運営上の事例もなく、国が制度を検討するためには時間を要するというのが通例である。

そこで、まずは大阪において現行制度の枠のなかで欧米のBID制度を模倣した仕組みをつくって運用していき、他の自治体もそのモデルを参考に事例を積み重ねていく、といった動きにつなげていくことが必要であると考えた。

こうした背景のもと、大阪において欧米のBID制度をモデルとした仕組みを構築することを目的に、2013年度に「大阪版BID制度検討会」を立ち上げ、エリアマネジメントや法律などの専門家の方々にご意見をいただきながら検討を重ね、2014年4月1日に「大阪市エリアマネジメント活動促進条例」を施行するにいたったのである。

2 ── 大阪市エリアマネジメント活動促進条例の概要と意義

今回本市で創設した制度は、現行法令は変えずに、エリアマネジメントに関連する現行の既存制度を活用しながら、市条例によりエリアマネジメントの財源部分を付加し、これらをパッケージ化するというものである。活用した既存法令は、都市計画法、都市再生特別措置法および地方自治法の3種類である（図3）。

1 概要

① 都市計画法の活用

都市計画法は、都市のまちづくりを考えるうえでもっともベースとなる法律である。同法に規定されている地

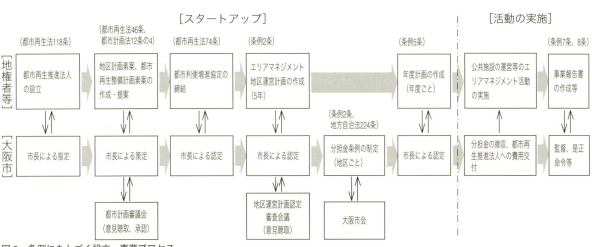

図3　条例にもとづく設立・事業プロセス

区計画制度は、用途地域などの地域地区制度による一律的な土地利用誘導では対応しきれない地区レベルでのきめ細かなニーズへの対応を実現していくための制度である。

この地区計画において、エリアマネジメントの対象となる地区を定めるとともに、目ざすべきまちの将来像などを規定する方針において、エリアマネジメント活動により適切に都市施設の整備または管理を行う旨を規定することとしている。

これにより、まちづくりの基本法である都市計画法の枠組みのなかで「都市をつくるだけでなく、育てる」というまちづくり施策の方向性を位置づけることとしたのである。

② 都市再生特別措置法の活用

都市再生特別措置法は、都市の再生に関する特例的な措置を定めた法律である。とくに2011年の改正においては、市町村と連携してまちづくりに取り組む団体を支援する都市利便増進協定制度が追加されている。

この制度は、広場・街灯・並木など、住民や観光客などの利便を高め、まちのにぎわいや交流の創出に寄与す

る施設（都市利便増進施設）を、個別に整備・管理するのではなく、地域住民・まちづくり団体などの発意にもとづき、一体的に整備または管理することを目的としている。そしてこのなかで、地区の街並みやまちの運営などの活動内容とその費用負担の方法などが定められることとなる。

本市の条例では、具体的なエリアマネジメント活動についてはこの制度を活用することとした。

具体的には、エリアマネジメント活動の実施主体となる団体を、「都市再生推進法人」として指定し、公的な位置づけを与える。「都市再生推進法人」とは、市町村や民間デベロッパーなどでは充分に果たすことができないまちづくりのコーディネーターおよびまちづくり活動の推進主体としての役割を担うものとして、都市再生特別措置法において規定されたものである。

同法人は、地域内の資産所有者の相当数の同意を得たうえで、道路などの公物管理者などと「都市利便増進協定」を締結し、協定にもとづいたエリアマネジメントを実施することとなる。

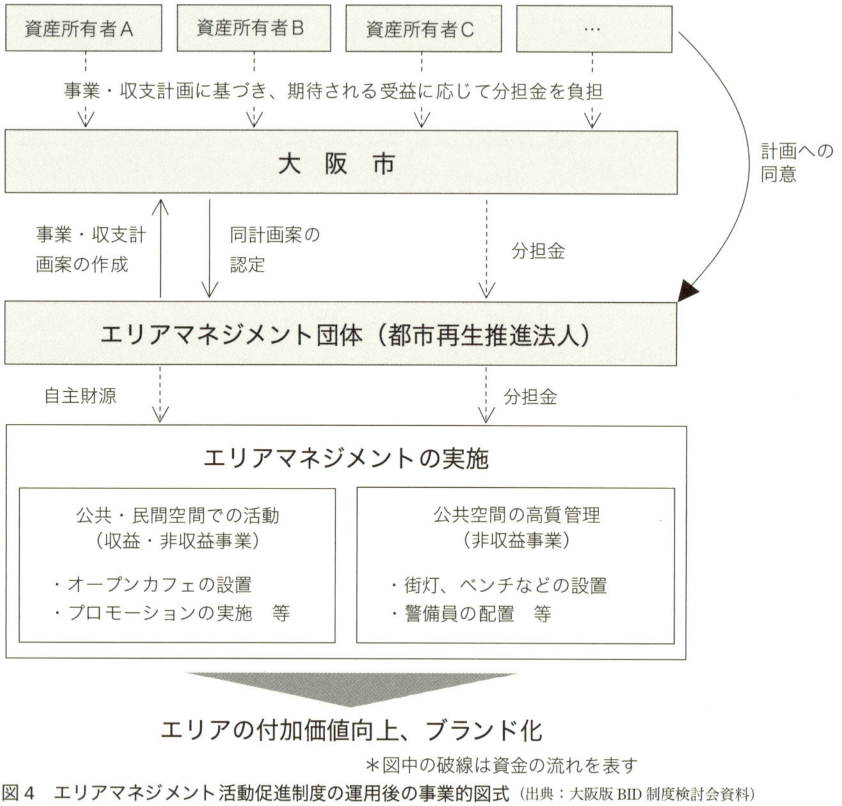

③ 地方自治法の活用

上記都市利便増進協定に定められた活動に要する費用のうち、都市再生特別措置法施行規則に都市利便増進施設として位置づけられた公的施設の質の高い一体的な整備または管理にかかる費用については、協定地域内の地権者などから分担金として市が徴収したうえで、エリアマネジメント団体である法人に対して交付することとした。

分担金とは、地方自治法に規定された地方自治体の収入の一つであり、国税・地方税に次ぐ徴収権を有するものである。これは、特定の事業に要する経費について、受益者負担というかたちで財源の確

図4　エリアマネジメント活動促進制度の運用後の事業的図式 （出典：大阪版BID制度検討会資料）

保を認めているものである。

④ 本市における運用

活動主体であるエリアマネジメント団体は、②で締結した都市利便増進協定に定められた活動のうち、分担金の対象事業となる公的施設の質の高い一体的な整備または管理に関わる活動について、さらにその活動区域や活動内容、活動に関する収支を含めた計画である地区運営計画および年度計画を策定し、それぞれ市の認定を受けることとなる。③で述べた市が徴収および交付する分担金の金額は、これらの計画を基礎に算出することとなる。

本制度に関する一連の手続きは、地区計画の策定など、法令上は本市が決定や認定などを行うものが含まれてはいるが、実際には活動主体であるエリアマネジメント団体、つまり都市再生推進法人が、活動対象地区内における合意形成のもと、地区計画および都市再生整備計画の素案をはじめとする各種計画案を作成することとなる。

本市は、法人が作成した活動に関するこれらの計画案の認定などを行い、課税範囲や課税標準を分担金条例化することとなるのである。

また、対象地区内における公共空地の利用や、道路など本市が管理する公物の占用についても、できるだけ柔軟な運用を図りたいと考えている。

② 意義

こうした制度をパッケージ化した本条例を運用することにより、次のような効果が期待できると考えている。

まず、活動財源を分担金として行政が徴収することとなるため、地権者などが代わるなどといったことがあっても、活動を中断することなく安定的・継続的に事業を展開することが可能となるであろう。

また、法に位置づけられた都市利便増進協定にもとづいて活動することにより、より大きな裁量の下で公共空間を活用した事業展開が可能となり、事業収益などの自主財源の確保がしやすくなることから、さらなる活動の拡大へつながることも想定される。

さらには、制度運用の結果として、地区への来街者の増加や、地区内でのイベントや管理にともなう雇用の創出、不動産賃料のアップなど、経済的・社会的効果も期待できるものと考えている（図4）。

3 条例運用の課題

本項では、BID制度導入にあたり検討した事項ごとに、本条例における対応および今後の課題について述べる。

① エリアマネジメント団体の地位および活動内容の位置づけ

エリアマネジメント活動を行う団体の公共的位置づけ、および団体が行う活動内容の位置づけについては、先にも述べたとおり、都市再生特別措置法の規定である「都

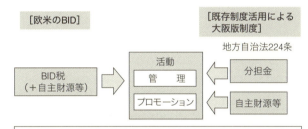

図5　大阪版BID制度の課題　(出典：大阪版BID制度検討会資料)

6章　エリアマネジメントの新たな仕組みづくり　167

市再生推進法人」を活用することとした。

これにより、エリアマネジメント活動の実施主体である団体に対し、法的な位置づけが与えられることとなり、たとえば活動計画を市に提案したり、道路占用許可や河川占用許可の主体に求められる公益性の事業を行うものとしての要件に合致することが可能となり、従来のエリアマネジメント活動よりもその活動の幅を広げることが可能となる。

一方で、公的な位置づけにより公物管理について一定の規制緩和は受けることができるものの、欧米のBID団体のような特別地方公共団体としての位置づけによる公物管理に関する権限はないといった課題が残る。

② 団体の活動内容とその財源

都市再生推進法人が実施するエリアマネジメント活動は、①地域内の公共空間における高質な管理的業務、②地域内の公共空間におけるプロモーション業務や収益活動、③地域内の民有空間における活動、の3種類に大別される。これらが一体的かつ効果的に実施されることが、地域の活性化やにぎわいの創出の観点から期待される。

これらの活動のうち、①の活動については、公共空間の管理者である本市が行うべき業務の延長線上にあるという解釈から、法人は分担金を財源として業務を実施することとなる。

一方で、本来は行政サービスの対価である分担金を財源としていることから、②および③の活動は分担金を財源とすることができず自主財源に頼らざるを得ないため、②および③の活動財源は依然として不安定であるという課題が残ることとなった。

また、法人の多くは一般社団法人であることが想定される。このため、法人に対する支援企業などからの寄付金は所得控除されず、また、法人が収益事業で得た収益を公共的なエリアマネジメント活動に要する費用へ充当する際にも寄付金とみなされ所得控除されないなど、税制優遇が不充分なものとなっている（図5）。

あわせて、日本では「公共性」という概念がかなり限定的に解釈される傾向にある。このため、エリアマネジメント団体が行う地域の活性化という「公益」「共益」目的とした活動であっても、公益事業として認定されない場合がある。

エリアマネジメント活動を促進し、より幅広く展開していくためにも、今後はこうした概念の仕分けを行っていくことが必要であると考える。

3 ── 今後の展望

大阪版BID制度は、地域の活動を公的に位置づけ、その公物管理に関する活動財源を制度化した点で先駆的な取り組みであると考えている。

しかしながら、現行法制度の枠内で創設しているため、先に述べたように、活動財源として徴収した分担金を財源とする事業が公的なものに限定されることや、活動主体であるエリアマネジメント団体の自主財源確保に関わる税制優遇が限定的であること、公物管理に関する権限が現行の公物管理法の延長上にとどまっていることなど、欧米のBID制度とは大きな隔たりがあるのも事実である。

今後は、これらの課題を解消してエリアマネジメント団体がより自由度の高い活動ができるよう、国などに対し要望を行うなどの取り組みを行うことと並行して、今回の本市の取り組みがわが国における真のBID制度導入の端緒となるよう、まずはこの制度の活用により大阪でのエリアマネジメントの実績を積み上げていきたいと考えている。

3節

竹芝地区における民間活力を活かしたまちづくり

東京都都市整備局都市づくり政策部
竹芝地区エリアマネジメント準備室

1 ── 都有地を活用した東京都のまちづくり

1 都有地活用の取り組み

　東京都（以下、「都」という）では、従来は主として公共施設の設置のために、個別に都有地を活用し、自ら施設の建築や改築を行ってきた。21世紀になると、社会経済状況の変化などを踏まえ、都有施設の効率的配置にあわせ、定期借地権の活用により民間活力を導入した都有地活用を積極的に進めてきた。たとえば、南青山一丁目や東村山本町などでは、公営住宅の再編整備にともない用地を効率的に活用して、新たな民間住宅供給および小公園、緑地などの整備による良好な居住空間の提供といった行政施策に応じたまちづくりに取り組んでいる。

　都市再生ステップアップ・プロジェクト（以下、「本プロジェクト」という）は、そのさらなる発展型として、都有施設の移転・更新などを契機に、複数の局で管理する都有地を一体的に捉え、民間活力を導入し、有効活用に取り組むものである。加えて、都有地周辺への波及効果にも配慮し、誘発される周辺開発事業も見据えた、エリアマネジメントによるまちづくりに取り組むこととしている。

　本プロジェクトは、現在、竹芝地区と渋谷地区の2地区を実施地区とし、既に民間事業者が事業を展開しており、このうち竹芝地区について、以下に紹介する。

2 竹芝地区の現況および課題

　竹芝地区は、東京湾ウォーターフロントに位置し、国際金融などの中枢業務拠点である大手町・丸の内・有楽町地区や国際的なMICEを展開する臨海地区、さらにリニア中央新幹線の開通が予定され、東京と国内外を結ぶ交通結節点である品川・田町地区といった国際競争力の高い地区に囲まれている。

　また、羽田国際空港からも至近の距離にあるとともに、世界自然遺産を有する島しょ部の玄関口にもなっており、東京の国際競争力強化に資する拠点として恵まれた地理的要因を備えている。

　さらに、地区内外には旧芝離宮恩賜庭園（以下、「芝離宮」という）や浜離宮恩賜庭園（以下、「浜離宮」という）といった二つの文化財庭園が存在している。

　このように、竹芝地区は高いポテンシャルを有しているだけでなく、周辺では、汐留の開発に加え、浜松町駅周辺や品川・田町の開発などの新たなまちづくりの動きも始まっており、竹芝を含めた一帯の地域で都市開発の機運が高まりを見せている。

　そのような周辺の開発動向も見据え、竹芝地区はアジアヘッドクォーター特区（2011年12月）および特定都市再生緊急整備地域（2012年1月）の区域に指定されている。

図1　竹芝地区まちづくりガイドラインの範囲

一方で、竹芝地区は、隅田川河口改良工事が始まる明治末期からの埋立てによりつくりだされた地域であり、公有地が多い。地区内に公共的な施設が集積しており、夜間居住人口が少なく、防犯防災や環境美化などのまとまった地域活動が行いづらく、街の魅力を低減させる要因となっている。

❸ 事業者決定までの経緯

このような現状を踏まえ、都では竹芝地区の中心にある東京都公文書館、東京都計量検定所、都立産業貿易センターの三つの異なる都有施設の移転・更新時期を見据え、一体的に跡地を活用するとともに、竹芝地区約28haにおいて、魅力あふれるまちづくりを継続して進めるべく、本プロジェクトを実施することとした。

本プロジェクトの推進にあたり、都では、2010年3月に竹芝地区を事業実施地区として公表し、同年12月には都有地の活用方針などを示す「事業実施方針」と、将来のまちづくりの方針を示す「竹芝地区まちづくりガイドライン」（以下、「ガイドライン」という、図1参照）を公表した。

その後、2011年3月に発生した東日本大震災を踏まえ、防災などの視点も新たに加えて、翌年7月に改訂したガイドラインと、後に述べる「事業者募集要項」などを公表し、民間に事業企画の提案を求めた。12月に複数の民間事業者から提案を受け、学識経験者などからなる外部審査委員会による審査を経て、2013年5月に東急不動産㈱、鹿島建設㈱、㈱久米設計からなるグループを事業予定者として決定した。

同年9月には、本プロジェクトのために特別目的会社である㈱アルベログランデが設立され、同社と上記3社が都と基本協定を締結し、現在に至っている。

❹ 都が求める事業要件となる「事業者募集要項」

都では、ガイドラインの中で、竹芝地区のまちづくりコンセプトとした「豊かな緑、海、文化を実感できる、活気ある業務・商業等の拠点を形成」を目ざし、国際競争力強化に資する開発を推進することとした。また、さまざまな主体と連携した官民のパートナーシップによるエリアマネジメントを推進し、文化財庭園などの地域資源を活かしつつ、東京の魅力を享受するまちづくりを推進することとした。それらを踏まえて事業者募集要項では、具体的要件を以下のとおりとした。

① 都有地活用事業

活用都有地を都から定期借地する事業者は、次に示す三つのまちづくりの目標に即して、都有地を活用する。

①国際競争力の強化に資するビジネス拠点の形成

国際化が進む羽田空港との近接性など地区の立地特性や、周辺におけるコンテンツなどの産業集積を活かして、国内外の企業が魅力を感じられる国際競争力の高いビジネス拠点を形成する。

②防災対応力を備えたスマートシティの推進

施設の整備にあたっては、低炭素で高効率な自立・分散型エネルギーの利用を推進する。

また、災害時においても事業継続を可能とする取り組みを誘導する。さらに、地区内外のまちづくりなどとも連携し、スマートシティの実現に向けた取り組みを推進する。

③魅力ある都市環境の創出

芝離宮や浜離宮、海などの周辺の景観資源を活かし、特色ある空間を形成するとともに、商業施設などの整備を図り、地区のにぎわいと集客力を向上させる。

また、建築物による環境負荷の低減にも配慮するとともに、歩行者ネットワークの向上やバリアフリー動線の整備により、魅力ある都市環境を創出する。

また、建築物の整備要件は、次のとおりである。

①都立産業貿易センター

次代の複合的コンベンション施設として再整備する。

②民間複合施設

コンテンツ関連の業務機能を中心に据え、コンシェルジュによるワンストップサービスなど先進的なビジネス支援機能や生活支援機能などの、国際競争力強化に資する機能を導入する。

③その他施設

竹芝ふ頭へ向かう道路沿いには、歩道状空地など快適な歩行者環境を整備する。また、歩行者ネットワークの向上およびバリアフリー動線の整備を進め、活用都有地と周辺の駅とのアクセスを強化する。

2 エリアマネジメント業務

　事業者は、自らエリアマネジメント組織を設立および運営し、事業期間を通じて、都、港区に加えて地区の地権者および事業主などと連携しながら、公共空間の維持管理、地区全体の低炭素化、街並み景観の誘導・形成、地区のにぎわいの創出、防犯・防災性の向上などの各種活動を積極的に展開する。

　これにより、地区のブランド力の形成や、施設整備後の良好な環境維持を期待し、地区の魅力の維持・向上を事業者に求めている。

　なお、エリアマネジメントをより円滑に推進するため、ガイドラインのなかでエリアマネジメント業務に関する官民の役割分担などを以下のとおり明示している。

①行政の取り組み

　芝離宮や浜離宮を観光資源として活かすための方策の検討、竹芝客船ターミナルを活用した集客イベント、島しょ地域との連携や特色を活かした取り組みの検討などを行う。

②民間の取り組み

　エリアマネジメントの実施のための組織の設立と運営、自立・分散型エネルギーの導入、公共空間も含めた地区のトータルデザインの提案、浜松町駅・大門駅からふ頭へアクセスする歩行者空間のネットワーク化などを行う。

③公民双方の取り組み

　帰宅困難者対策、再生可能エネルギーの導入促進、地区内の企業や住民に対するエリアマネジメントへの参加促進などを行う。

　都との基本協定締結後、事業者は、提案した計画案をもとに関係機関と協議を重ね、2014年10月に国家戦略特別区域法に基づき国家戦略都市計画建築物等整備事業の提案をし（図2参照）、2015年3月の東京圏国家戦略特別区域会議を経て特別区域計画の認定を受けた。

　一方、既に地元地権者が中心となるまちづくり協議会が設立され、地元のエリアマネジメント活動が始まっており、以降は実行組織の核となる竹芝地区エリアマネジメント準備室から報告いただくことにする。

	住宅棟	業務棟
活用都有地	公文書館跡地	計量検定所跡地 都立産業貿易センター跡地
用　　　途	賃貸住宅、保育所（外国人対応）、サービスアパートメントなど	業務、商業、産業貿易センターコンテンツ関連施設（映像コンテンツ制作上のニーズに対応した施設）など
延床面積	約2万m²	約18万m²
高さ（階数）	約100m（21階）	約215m（39階/地下2階）
開業予定	2017年度	2019年度

図2　事業概要・外観パース

2 ── 竹芝地区のエリアマネジメントの展開

　基本協定締結から施設の全体竣工（図5）までの「初動期のエリアマネジメント」について、その特徴、取り組みのプロセス、および課題と展望を紹介する。

1 エリアマネジメントの特徴
1 業務の特徴

　竹芝地区におけるエリアマネジメント業務（以下、「本業務」という）は大きく二つの特徴をもっている。

　1点目は、本業務の実施条件（エリア・期間）があらかじめ定められていることである。活動エリアは都有地活用事業を行う敷地 1.5 ha のみならず、周辺地域を含めた 28 ha を対象とすることが決められている。また約70年間にわたって業務を継続させることが条件となっており、これは具体的には、施設建築物着工の3年前、完成予定の約6年前から活動を行うということになる。

　2点目は、本業務への行政側の関与である。本業務は、民間による活動として位置づけられているものの、指定エリアの過半は、竹芝ふ頭、ゆりかもめ、芝離宮、都立

芝商業高校など、東京都関連施設で占められている。これにより行政（都）の協力関与が不可欠なものとなっている。

②地区の特徴

業務実施の観点から地区の特徴を述べる。1点目は、都心地域のわりには地権者数が少ないが、その属性は多岐にわたっていること。2点目は首都高速道路および海岸通り（都道316号）で地区が物理的心理的に分断されていること。3点目は現状では切迫した大きな地域課題が明確となっていないことである。

総じて、何らかのまとまった地区内連携体が存在せず、相互関係が見えにくい地区と捉えることができる。

2 エリアマネジメントの考え方

このような竹芝地区でのエリアマネジメントを考える際、キーとなる構成要素（図3）を捉えてみる。この地区には地域の魅力となる「地域資源」が数多く存在する。港、劇場や庭園、ホテル・ホールといった集客施設、などである。これらは互いに独自性を持ち利用する顧客もセグメント化（すみ分け）されている。一方、今回の都有地活用事業において、民間事業者による複合開発は「新たな仕掛け装置」を生みだす。たとえば、コンテンツ関連施設、飲食施設、空地広場、防災施設、歩行者デッキなどである。都の産業貿易センターも再整備される。これにともない、新たな付加価値創造が図られる。新規事業創出、雇用増加、来街者増加、文化・芸術創造、国際化進展、など文字通り都市再生の起爆剤となる。

まちづくりにとって重要な要素は「人」である。今まで主に単一目的で地区に往来していた「人」に対して、たとえば島の魅力を知らせたりすることでオフタイムでの新たな関係性が生みだされるなど、少しずつ複次的な目的のもとに行き交い多様な結びつきが生まれてくる機会を提供していく必要がある。

「地域資源」「新たな仕掛け装置」「人」を有機的に結びつける諸活動を通じ3者の関係性をより高め、地域価値向上を図る仕組みがエリアマネジメントと考える。

3 初動期における業務の取り組み

都との基本協定締結後に発足した事業者によるエリアマネジメント準備室（以下、「準備室」という）では、業務を始めるにあたり三つのステップごとに目標設定を行いそれに応じて具体的内容を実行することとした。初動期全般を通じては、「地元組織の設立と運営」が主目的であり、まずそのための「場」と「機会」をつくることが準備室の使命という認識である。

①ステップ1：「地域を知る」（立ち上げ：2013年度）

もともと地縁のない事業者が地区内に入り込むには何かきっかけが必要である。

まず地区内関係者への挨拶とヒアリングを実施している。このなかで判明したことは、今まで地区内では横のつながりがほとんどなくお互い認識がないという状況であるが、お互いが何らかの結びつきをもちたいと欲していることである。改めて、関係者同士の協働・情報共有への期待、交流・情報交換可能な場の必要性が確認され具体的な準備活動が展開し始めている。

図3 竹芝地区でのエリアマネジメントの構成要素

ステップ1：第一回竹芝まちづくりシンポジウム

事業者の活動拠点として東京都および関係機関の協力で竹芝客船ターミナル内に現地準備室事務所を開設した。ここを拠点として、関係者の会合、来街者への情報提供、島しょ部連携イベントなどの活動を始めている。

さらに、2014年3月、「第一回竹芝まちづくりシンポジウム」を開催した。5名の地区内関係者の登壇により、竹芝の魅力について多方面から論じていただいた。地域課題の認識と共有にも結びついたと捉えている。懇親会でも個別に意見交換が活発に行われ、まちづくり組織組成に向けた機運の高まりを感じるとともに、地域ネットワークの素地を築くよい機会ができたと考えている。

今後もシンポジウムを年1回継続して開催する予定であり、より幅広い地区内外の関係者と本地区でのエリアマネジメントのあるべき姿について考え、まちづくり活動を発信する機会としていきたい。

② ステップ2:「地域と始める」(試行:2014～2015年度)

本ステップでは、「まちづくり組織の組成」と「まちづくり活動の試行(パイロット事業)」を目標としている。

先に行われたシンポジウム登壇者を中心に、地区関係者の有志が発起人となり会員募集を呼び掛け、2014年9月、「竹芝地区まちづくり協議会」(以下、協議会)設立に至った。

協議会組成にあたり一部行政関係者を会員に加え、従来のエリアマネジメント組織にはない新しい公民協働を目ざした(図4)。

協議会設立後、地区の将来像の検討・策定・共有を目ざし、活動指針となるこのエリアマネジメントガイドライン検討に着手する予定である。このガイドラインは協議会会員の意識共有ツールであると同時に、対外的には竹芝地区での活動を発信するツールにもなり、その目的

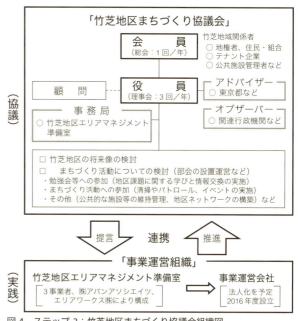

図4　ステップ2:竹芝地区まちづくり協議会組織図

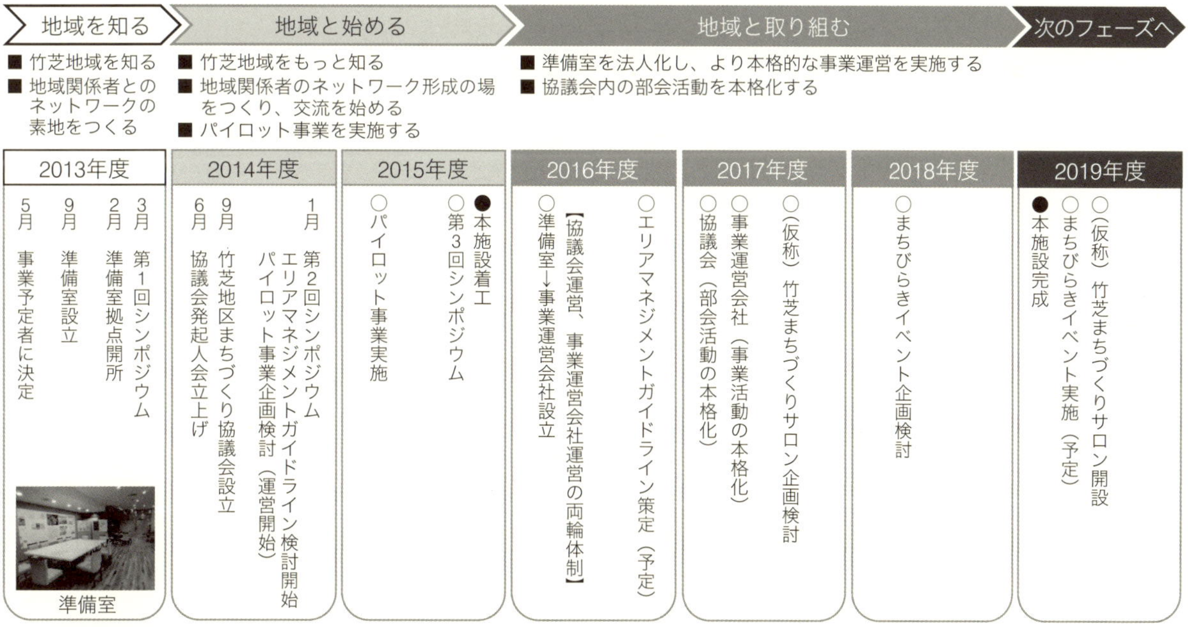

図5　初動期の推進スケジュール　「地域を知る」→「地域と始める」→「地域と取り組む」プロセス

6章　エリアマネジメントの新たな仕組みづくり　173

に応じて内容を検討する必要がある。また、パイロット事業の企画運営、検証・評価を実践することにより、活動テーマごとに協議会内の部会立ち上げを進めるとともに、活動のベースとなる地域資源（活動、情報、施設など）を整理し、活動区分（責任所在、行動主体、費用負担先）を明確にしておく必要がある。

③ ステップ3：「地域と取り組む」（実施：2016～2018年度）

　本ステップでは、まちづくり活動を本格的に実施するための仕組みづくりを目標と考える。協議会と事業運営会社（準備室→法人化）が連携し、両輪による活動を開始する。事業運営会社は都市再生推進法人認可を受けるなど、緊密な公民連携により財政基盤の確立をめざす。今後は、効果的な両組織の役割分担の検討が課題である。

④ 今後の課題と展望

　最後に、竹芝地区で本業務を存続させるための課題と展望を組織維持・活動存続の観点から述べる。

① 多様かつ安定性のある財源の確保

　財源の確保は事業継続のためにもっとも重要な要素である。初動期は事業者資金をベースとして考えるが、事業の展開、拡大期には、さらに多様な財源を検討し、段階的かつ安定的に確保していく必要がある。たとえば、

- 都市再生推進法人指定による広場・道路などの公共空間活用による収入・補助金
- 指定管理者業務による受託収入
- BID（Business Improvement District）制度の導入

など、検討すべき手法は多い。

② 竹芝地区の将来像を見通す取り組み

　本地区の将来像を考えたときに、中長期にわたって取り組むべきテーマがいくつか存在している。

- 老朽化建物への対応：耐震不適格建物の更新促進策検討。建替インセンティブ制度導入などによる建替促進とエリアマネジメントの役割。
- 島しょ振興：伊豆諸島、小笠原諸島への玄関口として、地区が担うべき役割・機能。
- 新しい港湾機能：港湾は従来の物流機能中心ではなく、都市のアメニティ空間としての位置づけが強まりつつある。東京港第8次改定港湾計画（目標年次：平成30年代後半）では、環境先進港湾として

位置づけられている。これらとの整合性が図られたエリアマネジメントの目標と実践。

- 地域連携の強化：東京港（豊海、晴海、日の出、芝浦など）との機能連携、浜松町・汐留・品川・田町・六本木などの再開発エリアとの機能連携の展開方策（エリアネットワーク型マネジメント）。

③ 新しい公民協働の仕組みとステークホルダー調整

- 新しい公民協働の仕組み：①で述べた財源確保策については、公共貢献性評価の仕組みと税制のリンクが必要であり、民主体のエリアマネジメント組織が「新しい公共」としての役割を担うために、公（国・都・区）の協力は欠かせない。また、竹芝地区が目ざす将来像の実現に向け、上位計画の策定、民間活動の許認可に留まらず、財源・制度の構築、業務運営の各面において、民間が積極的に準公共的な役割を果たす仕組みの構築が求められている。
- 多様なステークホルダー調整：地区には業務施設、住宅、学校、集客施設、公共施設などの多様な機能と関係者が存在し、目ざすべき地区の将来像、まちづくり活動のメリットは関係者種別により異なる。地区における多様な関係者の意見・要望を調整することにより、多様性を活かした活動の展開を可能とするポイントを整理する必要がある。

　以上、竹芝地区エリアマネジメント準備室からの報告であるが、すでに活動を開始したとはいえ、エリアマネジメントはまだまだ助走期間であり、その後の長期継続運営の礎を築くステージにある。現時点では、全国で展開されている他の先行事例を参考にし、竹芝の特性を見ながら取り入れていくような手探り状態と言える。

　東京湾岸エリアの一端に位置するこの地区は、社会情勢の変化とともにいずれ大きく変わっていく。浜松町駅と竹芝ふ頭を官民連携によりつなぐ新たなランドマークとなる竹芝ブリッジウェイを活かしながら、地区関係者とともに竹芝地区にふさわしいエリアマネジメントにより、竹芝のまちの魅力を次世代につないでいきたい。

7章 エリアマネジメントのこれからへ向けて

みなとみらい21　全館ライトアップ（提供：(一社)横浜みなとみらい21）

1節

エリアマネジメントを発展させるために

東京工業大学大学院社会理工学研究科 教授　中井検裕

1——エリアマネジメントに共通するもの

　エリアマネジメントとは何だろう。その行為の本質は？　こうした問いに答えるのは容易ではない。本書の事例を見てもわかるように、エリアマネジメントと呼称される行為は実に多様だからである。その一方で、こうした多様なエリアマネジメントにも、どうやら共通する要素がありそうにも見える。そうした共通点を議論することは、エリアマネジメントの重要性、現代の都市における意義を多少なりとも明らかにすることにつながるのではないか。本稿はこうした意図から記述したものであるが、そのためにはまずは共通点を見つけねばならない。

　手がかりはいくつかある。たとえば国土交通省が監修し、本書の編著者でもある小林重敬氏が座長を務めたエリアマネジメント推進マニュアル検討会が 2009 年に著した『街を育てる：エリアマネジメント推進マニュアル』によれば、エリアマネジメントとは「地域における良好な環境や地域の価値を維持・向上させるための、住民・事業主・地権者等による主体的な取り組み」とあり、またその特徴として、①「つくること」だけではなく「育てること」、②行政主導ではなく、住民・事業主・地権者などが主体的に進めること、③多くの住民・事業主・地権者などが関わりあいながら進めること、④一定のエリアを対象にしていること、の4点があげられている[注1]。

　こういった定義や事例を通読すると[注2]、エリアマネジメントと呼ばれる試みには、

　　①目的が、地域の環境や地域の価値の向上であること、
　　②地域の多数の関係者が取り込まれていること、
　　③住民など地域の関係者による自発的な取り組みであること、

の3点が共通点として浮かび上がってくるように思われる。そこで、以下ではこれらを順に議論したい。

2——目的・活動内容から見たエリアマネジメントの本質

　エリアマネジメントの目的は、地域の環境や地域の価値の向上とされる。そしてそのために行われる取り組みとしては、「合意形成、財産管理、事業・イベントなどの実施、公・民の連携など」[注3]だったり、「エリア全体の環境に関する活動」「共有物・公物などの管理に関する活動」「居住環境や地域の活性化に関する活動」「サービスの提供、コミュニティ形成などのソフトな活動」[注4]などとされている。

　地域の環境や価値に関係するこうした取り組みは、その多くが正の外部性を発生させる行為である。エリアマネジメント活動のなかには、もともとは負の外部性を抑制する目的を有する行為もないわけではないが、そういった取り組みであっても、たんに地域の価値の毀損防止を超えて、むしろ地域の価値の積極的増進まで意図しているようなものも少なくないように思われる。たとえば、地域の空き地・空き家の管理について見てみると、もともとは空き地や空き家が発生させる近隣への迷惑防止が目的ではあるが、エリアマネジメントでは単純な空き地・空き家の管理にとどまらず、それを積極的に活用することで、より良好な住環境の獲得を意図したり、コミュニティの結束を図ろうとしているような例が多く見られる。

　こうして考えると、エリアマネジメントとは、主に正の外部性を適切に促進・誘導させることによって、地域の環境や地域の価値の向上を図ろうとする行為と言い換

えてもよさそうに思われる。一般に、負の外部性を抑制する手段には、規制（コントロール）が用いられる。これに対して、正の外部性は規制では促進・誘導できない。だからこそ、コントロールではなく、マネジメントということなのである。

言うまでもなく、近代都市計画の原点は、近隣からの迷惑の排除であり、すなわち負の外部性の抑制にあった。そして、成長の時代の都市は、近代都市の原点の延長線にあったことから、コントロールの体系を充実させることで、都市計画はその役割を果たそうとしてきた。しかし、人口増加から人口減少へ、成長から成熟へと転機を迎えた都市では、コントロールは限定的な役割しか果たすことができない。負の外部性の抑制が依然として必要なことは確かであるが、それに加えて正の外部性を促進・誘導することが求められており、エリアマネジメントはその萌芽とも言えるのではないかと思う。

さて、正の外部性には固有の問題がある。それは、いわゆるフリーライダーの問題である。エリアマネジメントも正の外部性を取り扱うものである以上、この問題を避けることはできない。

たとえば、販売促進のためのキャンペーンを考えてみよう。もしこれが、デパートの物産展のように、1特定店舗がもっぱら自店舗の販売促進のために行うキャンペーンであったとすれば、それは明らかにエリアマネジメントにはあたらない。なぜなら、エリアマネジメントの目的は地域の環境や地域の価値の向上にあり、このことは裏を返せば、特定の個人や企業の利益を目的としたようなものは、エリアマネジメント活動と呼ぶことはできないからである。

しかし、一般的にこうしたキャンペーンでは、大量の人が集まり、その人々が当該デパートだけでなく、周辺の他店舗でも消費行動を行うことが考えられる。これこそは正の外部性にほかならないが、こうした場合は、仮に正の外部性が当該デパートの利益を圧倒的に上回ったとしても、やはりエリアマネジメントとして考えることはむずかしいと言わざるをえない。このような単独販促キャンペーンは、確かに地域の価値の向上につながっているかもしれないが、あくまでもそれは結果論であって、もともとの目的は地域の価値の向上ではなく、個店の利益と言わざるをえないからである。

では、当初から地域の価値の向上を目的として、特定の1店舗がこうしたキャンペーンを行ったとしたらどうか。通常こうしたケースでは、多くのフリーライダーの存在をあらかじめ前提とすることになるので、もともとそうした行為を行う動機がなく、したがってケースそのものが成立する可能性が低いというのが経済学の教科書的な答え、すなわちフリーライダー問題である。しかし、実際の多くのエリアマネジメントの事例では、少なくともエリアマネジメントが始められる出発点、きっかけとしてはこういったケースに近いようにも感じられる。その理由として考えられるのは、確かにフリーライダーの存在によって短期的には不合理かもしれないが、地域の価値の向上は、もとより一部は自らの利益にもつながるものであり、さらに長期的に考えれば、自らの行為への賛同者と負担者が増えることで、ますますそれが増大するであろうとの期待があるからではないかと考えられる。これはすなわち、1章1節で小林が展開する社会的資本の議論における「互酬性」への期待にほかならない。そして同節で引用されているパットナムの議論を敷衍すれば、これを社会的資本としてのエリアマネジメントに高めるには、社会的ネットワークの形成、すなわち地域の合意形成が必要であるということになる。

3──エリアマネジメントと合意形成

多くのエリアマネジメントの共通点の一つが、多数の関係者が取り込まれているということであり、このことはエリアマネジメントが合意形成をともなう行為であるということを意味している。上で述べたように、目的が地域「全体」の環境や価値の向上であるから、ある意味、程度の差はあれ合意形成が必要とされることは自明でもある。

ところで、一般に合意形成には時間や労力といったコストがともなう。にもかかわらず、エリアマネジメントで合意形成が行われるには、それを上回るプラスのメリットがあるからにほかならない。たとえば先のキャンペーンの例でいうならば、A店舗のキャンペーンで1000名の

集客が期待でき、B店舗のキャンペーンで500名の集客が期待できるとき、AとBが連携（合意形成）して行うことによって、1000 + 500 = 1500名ではなく、それを上回るたとえば2500名の集客が期待できるからであろう。

さて、ここで合意形成のコストについて考えてみると、一般に、関係主体の数が増加するにつれて、合意形成はよりむずかしくなっていくから、合意形成のコストは直線的ではなく、逓増していくことが予想される。これに対して、合意形成することによるメリットは逆に、初期の主体の数が少ない場合には大きいが、ある程度の数の関係主体が合意している状態になってしまえば、そこからさらに合意主体を増加してもメリットは当初ほどは増加しないと思われるから、合意形成のメリットは関係主体の数とともに逓減していくことが考えられよう。これを図で示したものが図1だが、だとすれば、合意形成はメリットとコストの差（$U(n)-C(n)$）が最大となる主体数（図1のN）までは進むが、それ以上は進まないことになる。なぜなら、それ以上合意形成してもコストに見合うメリットが得られないからである。

このことは次のようなことを意味している。まず、ここで考えている合意形成は、次項のエリアマネジメントの自発性を考慮して、相互応答による丁寧な合意形成を想定しているが、そのような場合には、合意形成できる集団の大きさには一定の限界があるということである。関係主体の数を地域の大きさとみなせば、多くのエリアマネジメントが、比較的小さな区域（エリア）で行われているという事実は、ここで議論していることがそう的外れではないことの証左であるようにも思われる。

その一方で、比較的小さな区域とはいえども、実際のエリアマネジメントが対象としている地域は、図1のNを超えるような主体が関係している場合がほとんどであろう。この場合には、二つの選択肢が考えられる。

一つは、Nを超える主体は合意形成に参加しない、あるいは反対の立場の主体であり、それらの主体に対しては、それまでのような丁寧な合意形成ではなく、合意形成を強制する民主的な方法、すなわち投票や多数決といった方法で合意形成しようとする選択である。エリアマネジメントのような正の外部性ではなく、負の外部性を抑制しようとする場合には、しばしばこの方法がとられてきた。とくに、たとえば景観のように、たった一つの建物の行為で、地域全体の価値が毀損する可能性が高い場合、言い換えれば負の外部性がきわめて大きい場合には、強制力を有したコントロールによらざるをえないからである。

いま一つの選択肢は、合意形成に参加しない、あるいは反対の立場の主体はそのままの状態にしておくという方法である。このことは、言い換えればフリーライダーはフリーライダーとして、その存在を認めることにほかならない。

実際のエリアマネジメントでとられているのは、小林が本書の1章1節で述べているように、「ソフト・ロー」として「国家以外が形成した規範であって、国家がエンフォースすることが予定されていない規範」もしくは「国家が形成するがエンフォースしない規範」[注5]であって、ほとんどの場合、強制力をもたない（エンフォースしない）。言い換えれば、フリーライダーはフリーライダーとして、その存在を認めるケースといっていいだろう。だからこそ、多くのエリアマネジメントで財政的な問題が共通してあげられているのだと思うし、米国のBIDのような税の一部として公共が費用を徴収し、それをエリアマネジメントの資金とすることが議論されているのだと思う。しかし筆者は、このことは、次に述べる自主性との関係で、慎重に考えるべきことのように思う。

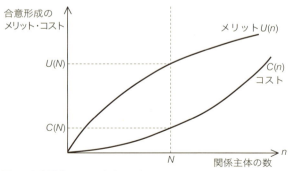

図1　合意形成のメリットとコスト

4 ── 自発性の維持と公的支援

多くのエリアマネジメントに共通する第3のことは、誰かに言われて行っているのではなく、自ら進んで行っているということ、すなわち自発性であり、このことはとくに行政との関係で語られていることが多い。たとえば、地域には町内会があり、リサイクルゴミの分別などが行われている。しかし、こうした活動はなかにはエリアマネジメントと呼ぶことができるもののあるかもしれないが、一般的には、行政の指示によって行われていることが多いと思われ、このような場合には、町内会は行政のいわばエージェントとしての機能を果たしている地域の団体というのが適当である。

一方、エリアマネジメント組織は、行政のエージェントではない。もちろん、エリアマネジメント活動の一部には公物管理のように、行政の代わりに行政の行為を行うようなものもあるが、それも行政からの指示によって行っているわけではない。こうした場合でもエリアマネジメント組織は決して行政の下部組織ではなく、契約にもとづき、あくまでも対等のパートナーとして行政の行為を代行していると言うべきであろう。

自発的な取り組みであるということは、行政とは一線を画しているということを意味しており、このことにはもちろん、メリットもデメリットもある。たとえば、前節で述べたような強制的な合意形成を行おうとするのであれば、行政のエージェントであることは圧倒的に有利であろう。しかしながら一方で、それは行政の有する行動原理に、程度の差はあれ拘束されるということでもある。言い換えれば、自発性こそが、エリアマネジメントに対して、行政の行動原則からの自由を保障しているとも考えられるのである。

なかでも重要なことは、公平性からの自由である。小林が「地方公共団体は特定地域に特別のエリアマネジメントを行うことは難しいと言われている」[注6]と述べているように、公平性は公共団体にとってもっとも重要な行動原理の一つとなっている。しかしながら、現代の都市づくり、まちづくりで求められているのは、地域の多様性を反映した地域固有の魅力の向上であることはまちが

いない。

エドワード・レルフは『場所の現象学』のなかで、場所（place）と没場所性（placelessness）の観点から現代の都市づくりを議論し、「現在の趨勢は、周囲の状況と景観を尊重してさまざまな意志と価値観の相互作用を反映するような本物性をもつ多様な場所づくりを捨てて、場所なき都市王国、汎世界的な景観、そして「没場所性」へと向かっているようだ」[注7]と述べている。

こうした主張を、エリアマネジメントとの関係で解釈すれば、開発という時間軸上の一断面に着目するコントロールによってつくられてきたのが現代都市の没個性的な「空間」であり、これを時間をかけて「場所」へと転換させるものこそがエリアマネジメントであるとも言える。したがって、エリアマネジメントにおいては、行政の公平性からの自由を保障する自主性は、そう簡単に捨ててはならないものであり、その結果として、たとえば前項で述べたような合意形成に参加しないフリーライダーについて、あえてその存在を許容することは、あながちまちがってもおらず、また不合理でもないようにも思うのである。

とはいえ、どこのエリアマネジメントでも安定的な財源の調達には苦労していることは明らかであり、エリアマネジメントの持続可能性を考えれば、財源の問題をどうするかは喫緊の課題でもある。そのためにはやはり、エリアマネジメントへの公的支援を考えていく必要がある。

まず、エリアマネジメント活動のなかでも公物施設管理のようなものについては、本来公共がやるべきサービスの代行であるから、これは支援というよりは提供するサービスの代価というかたちで公共からの資金調達が可能となるのは当然のことである。議論となるのは、正の外部性提供に対する公的支援である。

このとき、エリアマネジメントによる正の外部性が当該エリア内にとどまっている場合には、フリーライダー部分について一定程度、公共が負担（支援）するということが考えられよう。そして、この場合の一定程度とは、フリーライダーの存在によってエリアマネジメント主体が活動をやめてしまわない程度というのが、当面の出発点ではないかと思う。

さらに、最近ではエリアマネジメントの取り組みでも、

正の外部性がエリア内にとどまらず、広くその周囲にも波及しているようなものが、見られるようになってきた。とくに東日本大震災以降に大きく注目されるようになった防災の取り組みなどはこれにあたり、とりわけ地区の帰宅困難者対策のような試みは、まさに不特定多数に正の外部性をもたらすものということができる。

エリアマネジメントは、あくまでも出発点は共益の追及ということだったろう。しかし、こうした例が示しているように、現代のエリアマネジメントは「共」益を超えて、広く「公」益の領域にまで取り組みを拡張させてきている。特定非営利法人制度が議論されていた際に、それは「民による新しい公共」と呼ばれたが、それとのアナロジーでは、エリアマネジメントは、「共による新しい公共」に発展しつつあると言うこともできるだろう。そして言うまでもなくこうした場合は、全面的に公的な支援がなされるべきである。

ここでは公的支援について、主に資金面での支援を念頭においてきたが、支援は資金面にかぎらず、たとえば、規制緩和や情報提供、合意形成への協力といった側面でも可能である。筆者は、BIDのような財源調達方法については、エリア内の合意形成がすでに全員合意に近いような状況であるような限定的な場合を除いてあまり積極的ではなく、むしろ、さまざまな公的支援を「束」にすることがエリアマネジメントの育成にとっては重要だと考えている。もちろんその「束」の一つとしてBIDのような仕組みはあってもよい。

本稿の最初に書いたように、エリアマネジメントは多様である。したがって、単一の制度でエリアマネジメントに対応することはできないし、また、そうすべきでもない。必要なことは、多様なエリアマネジメントをサポートする数多くの社会的な仕組みを構築していくことで、エリアマネジメント、あるいはエリアマネジメント的なものを確立し、持続可能なものにしていくことである。

5 ── 日本発エリアマネジメントの発信

今から100年以上前の19世紀末に、近代都市が抱える衛生状況や過密居住の問題を目の当たりにしたエベネザ・ハワードは『明日：真の改革に向けた平和的道程』を著し、そのなかで有名な田園都市論を提唱した。そこに描かれているのは、まさにこの本のサブタイトル「平和的道程」が示すように、いかにして田園都市を建設し、それを経営していくかのプロセスであって、ハワードはそのために第一田園都市株式会社（The First Garden City Limited）を設立し、最初の田園都市レッチワースの建設と運営にあたっていくのである。

第一田園都市株式会社は、定款によって株主に配当される利益は制限されており、残りの利益は地域に再投資することで地域の価値を向上させるために用いられると

最初の田園都市レッチワース（（左）街の記念碑：「エベネザ・ハワードこの街をつくる。1903年」とある。（右）現在でも美しく管理された街並み）（筆者撮影）

されていた。実際、株式会社は土地所有者として開発を
コントロールしただけでなく、電気やガス、水道といっ
たライフラインを提供し、また公園や緑地の維持・管理
など、さまざまな環境向上の活動を行っている。当初は、
田園都市のすべての土地は株式会社によって所有され、
利用者は借地人としてその土地を利用していたが、時代
とともに、土地所有権は個別の地権者に払い下げられ、
また、開発のコントロールは公共セクターに、電気やガ
スの提供もそれぞれの事業者へと移行が進んだ。しかし
ながら、地域が自主的に地域の環境を維持し、向上させ
るという精神と行為は、第一田園都市株式会社からレッ
チワース田園都市ヘリテージ財団（Letchworth Garden
City Heritage Foundation）へと引き継がれ、今でもハワー
ドの哲学によって街が運営されている[注8]。

そして、こうして見ると、田園都市とは、実はエリア
マネジメントそのものであるということに思いあたる。
近代都市計画でもっとも初期に表され、もっとも影響力
を有したまちづくりの考え方に、すでに現代のエリアマ
ネジメントが取り入れられていたということを考えると、
ハワードの先見性に敬意を表するしかない。

一方で、今、エリアマネジメントが大きく取り上げら
れるようになるまで100年間かかったということは、こ
の100年間が都市にとっていかに成長の時代であり、そ
こでは「公」によるコントロールが必要不可欠なものと
して大きな力を有していたかということの表れでもある。

それが、今や大きく変わろうとしている。エリアマネ
ジメントが注目されるようになった理由の一つが、財政
の逼迫に代表される公共の弱体化にあり、本来、公共が
提供すべきサービスを、民が代替して提供せざるをえな
かったというのは確かである。しかし、エリアマネジメ
ントをこのような消極的理由から捉えるのではなく、す
でに述べたように、自発的に公の領域に拡張する新しい
「共」による動きとして、筆者はエリアマネジメントをよ
り積極的に捉えたいと思う。

ハワードは確かに先見的だったけれども、そのアイディ
アをこれからの都市づくり、まちづくりの一翼を担うも
のとして確立することについては、成熟都市の時代を迎
え、意図したわけではないものの世界にも例のない規模
での人口減少を目前に控えた日本こそが、最先端に立っ

ている。日本発の都市づくりの試みとして、世界に発信
できるようエリアマネジメントを育てていくことを期待
したい。

注：
1) エリアマネジメント推進マニュアル検討会『街を育てる：エリアマ
ネジメント推進マニュアル』コム・ブレイン、2008年
2) ほかには、小林重敬他『エリアマネジメント：地区組織による計画
と管理運営』学芸出版社、2005年など
3) 『新たな担い手による地域管理のあり方』国土交通省報告書、2007
年2月、http://tochi.mlit.go.jp/wp-content/uploads/2011/02/main.pdf
4) エリアマネジメント推進マニュアル検討会、前掲書
5) 中山信弘・藤田友敬編『ソフトローの基礎理論』有斐閣、2008年
6) 小林重敬他、前掲書
7) エドワード・レルフ（高野岳彦・石山美也子・阿部隆訳）『場所の
現象学』ちくま学芸文庫、1999年
8) レッチワースの運営については、中井検裕『レッチワース田園都市
の財政状況の歴史的変遷の分析』IBSフェローシップ最終報告、
2005年に詳しい

2節

環境・エネルギー等の視点から

千葉大学大学院工学研究科 教授　村木美貴

東日本大震災後、エネルギーの重要性は高く認識されている。しかしながら、多くのエリアマネジメントが行われている商業・業務地域でエネルギーが導入されているところは決して多くない。本書で議論されてきた地区のなかでも、エネルギーに取り組んでいるのは、環境共生を目ざし、面的にエネルギーを導入している丸ノ内、環境未来都市で積極的に CO_2 排出量削減を行うMM21など、まだ限定的な状況にある。それは、有事の際のBCP（事業継続計画）や減災の観点から、対応の必要性は認識されても、それとエリアマネジメント組織との連携という点が明確になっていないからにほかならない。

筆者は、これまで低炭素型市街地形成のための都市づくりのあり方を考えてきた。しかし、低炭素型市街地への賛同者を増やすためには、市民にとってわかりやすい、そして支持の得られる説明が求められる。実現のためには、安全に安心して暮らせるためのエネルギー・システムを考えること、ならびに有事の際だけではなく、平時でも利用できるシステムを導入していくことが必要である。

都市における面的エネルギー・システムはこれまでも存在したし、北欧では地域熱供給事業などが広く普及してきた。そのため、熱供給事業が一般的な地域では、なぜこうしたシステムが一般化しないのか理解できないであろう。日本では、地域熱供給事業が市場経済のなかで都市インフラとという位置づけが明確になされていないため、電気・ガスなどのインフラに比較して、事業の拡大を行っていくには非常に大きなハードルがある。

ここでは、地域のエネルギーの自立性を実現するために、エリアマネジメント組織がどのように関係しうるかを考えてみることにしたい。

1──避難場所でのエネルギーを考える

1 避難場所に装備されているもの

エネルギーとエリアマネジメント組織を考える前に、防災の観点からエネルギーを考えてみたい。

地震などの都市災害が発生すると、人は避難所を目ざすが、そもそも避難所では飲料、食料のみならず、エネルギーでの自立性が確保されているのだろうか。そして、避難所にはどのような施設があるのだろうか。

全国の避難所を全国避難所ガイド[注1]に見ると2014年5月6日現在、12万2040カ所あるとされている。これは、災害時に利用する避難所の提示であること、一般市民が見る情報であることから、一定程度の施設が網羅されているものと考えられる。施設数が12万を超えるため、ここでは、東京都目黒区に着目し、避難所を見ると227カ所ある。その内訳はもっとも多いコンビニなど137カ所に加え、学校49カ所、給油所23カ所、公園10カ所、病院8カ所となっている（図1）。水・食料のあるコンビニが避難所として位置づけられていることも新しいと思われるが、次に多いのは学校である。学校は小学

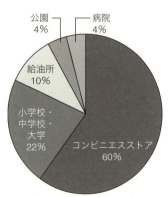

図1　目黒区における避難所の内訳（N = 227）（出典：『全国避難所ガイド』より筆者作成）

校をはじめ、徒歩圏域に存在する、市民にとってもっとも身近な公共施設である。多くの人を受け入れられるだけの水・食料の備蓄は考えられていると思われるが、エネルギーという観点ではどうだろうか。

避難所ガイドには、施設ごとの備蓄状況やエネルギー事情が説明されているわけではないため、エネルギー設備の状況を知るために、コージェネ財団のデータベースを見ることにする。すべての事例が網羅されているわけではないものの、全国80カ所の導入事例のうち大学は4カ所に過ぎない[注2]。そもそもエネルギー・レジリエンスの観点から、小学校などの公的施設へのガス・コージェネの導入がもたらす効果は提示されているが[注3]、上述したようにその実績は限られているものと考えられる。つまり、一次避難場所として避難所は準備されているものの、一定期間をすごさなければならなくなった場合や、ビジネスの継続性という点では対応仕切れるのだろうか。

ところで、米国に公共施設でのコージェネの導入実績を国際地域エネルギー協会（IDEA: International District Energy Association）のデータベースに見ると、158大学がコージェネの導入を行っているという[注4]。これを日本に置き換えて考えれば、熱と電力の両方をつくれるコージェネは、レジリエンスの観点からも重要な役割を担うため、それが広域避難場所である大学に設置されていれば、なおさら強い市街地を形成することが可能となる。さらに、熱導管の横断・縦断の協議が長期化する傾向の高い日本の場合、第一段階としてキャンパスでの熱供給事業を考えると、1敷地内での事業となる可能性が高く、こうした課題からも解放される。ただし、都市災害を考えれば、必ずしもキャンパスが業務・商業集積地に存在するとはかぎらないため、どこに、そして、どのような施設にコージェネを導入するのが望ましいかという点と、費用負担を誰が行うかという検討が求められる。

2 公共用地の活用可能性

これまでも地域でのエネルギー供給を行う場合、前述した熱導管の埋設や需要家の獲得が課題と言われてきたが、それが実際、どの程度問題になるのかを明らかにするために、全国の地域熱供給事業地区（140地区、81社）へのアンケート調査を行った（2012年11月25日〜2013年2月15日、回収率74％）。このうち一部を紹介し、事業展開上、民間事業者のリスクがどこにあるのかを考えることにする。本稿で議論しているレジリエンスとエリアマネジメント組織を考える際に、どのような点が課題になるのだろうか。

まず、事業を行う際にどのような課題があるのかを見ると（図2）、初期投資・熱料金の価格にあることがわかる。熱供給事業は、ライフサイクル・コストで考えれば決して料金が高いというわけでもなく、設備のメンテナンスやボイラーなどの空間整備からも解放されるため、メリットが大きいものの、これらがなかなか市場には理解されないことがわかる。本稿では全体の集計を提示するに留めるが、料金の課題は、大都市、地方都市や需要家数の大小に関わらず同じ傾向にある。つまり、熱供給事業では、料金をいかに低減するかがもっとも大きな課題と言える。

さらに、一度獲得した需要家であっても、離脱の可能性も高い。図3は既存需要家が契約の継続を判断するときの課題がどこにあるかを示している。ここからも、料金がもっとも大きな課題であることがわかる。レジリエンスの重要性が増しても、いかに需要を維持するかは、毎月支払う料金に大きく関係するものと考えられる。

筆者は、これまで英米を中心に、低炭素型都市づくりの観点から面的に熱供給事業を拡大するために、何を行う必要があるのかを調査してきた。とりわけ英国では、面的熱供給事業を近年になって積極的に推進している。調査を通して明らかになったことは、低価格な熱料金を実現していることだった。それを実現できるのは、①開

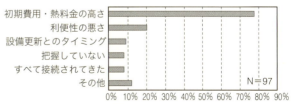

図2　新規需要家獲得時の課題

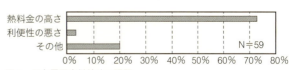

図3　既存需要家継続時の課題

タウンセンターの接続建物

発事業の申請時に都市計画局との協議の際に行われる熱導管接続義務である。開発用地の近隣に熱導管があれば接続が要求され、接続することで許可が得られるという仕組みになっていること、②熱料金低減のために、公共用地が無償提供されること、そして③コージェネの導入によりつくられる電力をナショナル・グリッドに逆潮流させ、売電により得られた収益を熱料金低減に利用していることにあった。これまでの筆者のヒアリング調査からも、こうした取り組みが多く採用されてきたことが明らかになっている[注5]。ここからわが国が学べることは、レジリエンスの観点で考えれば、電力を地域でつくりだすシステムを地域に導入することである。電力供給を行うための自営線があれば、その地域は有事の際にも自立することができ、BCPの観点からも、面的に地域エネルギーを考えることのメリットが大きいと言える。実際、人口10万の英国ウォーキングの熱供給会社は、停電時に自営線で電力供給を行っている施設だけは明るかったため、マーケットにその重要性が認識されたと強調していた。わが国で、東日本大震災時に、東京都心の六本木ヒルズがレジリエンスの観点から強靭だと言われた点と類似する。しかしながら、こうした利点を考慮しても、熱導管埋設は費用の面で課題であり、いかに費用を料金に転嫁させない仕組みが構築できるか検討する必要がある。

2 ── 公共用地の利活用

上述したように、英国の熱供給事業では、公共用地の利活用が一つの鍵となっていた。そこで、わが国においても、公共用地を利用する可能性の検討を考えることにする。

官公庁が集積している横浜市の関内地区を対象にスタディを行った[注6]。ただし、このスタディでは熱供給事業のみを対象としたため、レジリエンスの観点からは決して充分ではないものの、そもそも公共用地利活用が考えられるのかを検討することが大事だという点に立脚し、延べ床面積3000 m²以上のすべての建物に熱供給を行うものとした（図4）。

試算の結果、民間建物まで含めた熱需要量808TJであり、この熱供給を行うために必要なプラント面積は1万4128 m²と推計され、これを熱供給設備の法定耐用年数である17年で償却するものとして公共空間を利活用し、賃借料が発生しないものとして計算すると、賃借料が発生する場合に比較して79％の19億円の投資が必要であることが明らかとなった。これにより熱単価も7.7円と賃料発生ケースの21％減になることが計算できた[注7]。これより、公共用地の利活用は機能しうるものと考えられる。しかしながら、これが成立するのは、一定面積以上の民間建物もすべてが熱導管接続される場合という条件が必要になるため、熱導管接続義務などの開発事業と連動する方法が求められる。または、熱導管接続義務を課

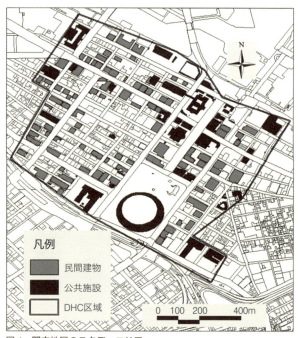

図4　関内地区のスタディエリア

さない場合は、こうした事業のもたらすメリットを地域で理解してもらう必要があろう。

このスタディを応用してレジリエンスまで踏まえた考え方を導入すれば、有事に利活用できるシステムの導入につながることが考えられる。このスタディでは熱利用だけを考え、公共用地を利活用した熱料金の低減を考えたが、仮にコージェネを導入し売電を行えば、さらなる熱料金の低減も可能になるうえ、災害に強い市街地をつくることができる。

3 ── バーミンガムに見る熱供給事業とエリアマネジメント組織の関係

これまで見てきたように、面的なエネルギーのネットワークを考えると、ネットワークへの接続を需要家が理解する必要性が生じる。この点に、地域のエリアマネジメント組織組織との連携が考えられないだろうか。ここでは英国の取り組みを通して考えてみたい。

1 地域熱供給事業の経緯

バーミンガム市は、長期ビジョンに市域全体でのサステイナブルなエネルギー供給を行うこととしていた。そのため、2003年、中心市街地のブロード・ストリート周辺と中心部東側の二つの熱供給事業が市で検討された。したがって、当初計画の構想段階から、公共建物、コンベンション・センター、競技場は、ガスボイラーを用いてネットワークを形成することが考えられていた。しかし、計画検討のなかで、ガスボイラー以上にコージェネの優位性が確認されたため、コージェネの利用を行うことに計画変更が行われた。

コージェネを用いたエネルギー・ネットワークのためには、競争原理のなかで2006年9月、ユーティリコム（のちのコフリー地域エネルギー）[注8]が市のパートナーとして選出された。市が作成した当初の計画はセントラル・スクエアを囲むかたちで公的建物のネットワークが計画され、すでに説明・協議が行われていたため、個別建物所有者にコフリー地域エネルギーが新しいスキームを説明する必要がなく、これを軸にネットワークを広げることとなったという。

2006年12月、ブロード・ストリート計画の協定が市との間に25年の計画期間をもって締結され、また、2008年4月と2009年1月にアストン大学のための東側の計画協定も同様の期間締結された。

2 フェイズ1：ブロード・ストリート

ブロード・ストリートの計画（図5）は、2006年に事業が着手されている。エネルギー施設整備のための投資金額は700万ポンド（約12億2500万円）で、全額をコフリー地域エネルギーが用意している。ここのエネルギーセンターには6.6 MWのコージェネが導入されている。

図5　ブロード・ストリート計画（既設のエネルギー・ネットワークの地区とその外側の再開発の可能性のある地区が位置づけられ、今後のネットワークの拡大が示唆されている）
（出典：コフリー）

図6　ブロードストリートBID（タウンセンターの中心部はBIDが形成され、その中心部にエネルギーセンターが立地している）
（出典：http://www.broadstreetbirmingham.com/wp-content/uploads/2007/12/Broad-street-map-11.jpg）

そもそもこのエリアは当初からネットワークが計画されていたため、コフリー地域エネルギーの年間販売額が600万ポンド（約10億5000万円）であるのに対して、33の需要家が個別熱源方式に比較して年間30万ポンド（約5250万円）を削減することが可能になったと報告されている。また、市にとっても年間1万2000tのCO_2を削減することになったため、需要家と市役所にとってはメリットの大きな事業であったものと理解できる。

3 フェイズ2：アストン大学周辺

アストン大学は、2機の1.5 MWのコージェネ（以下、CHP）を当初から所有しており、この利活用で200万ポンド（約3億5000万円）の売上と年間5万5300tのCO_2の排出量削減を実現している。この東側に立地するアストン大学を中心とした地区と中心市街地ブロード・ストリートをつなぎ市域に広くネットワークを広げるという計画があり、さらに公的機関であるNHS（National Health Service）が需要家に入るため、公的資金100万ポンド（約1億7500万円）が、フェイズ2には投入された。

熱供給事業者コフリー地域エネルギーにとってのリスクは、投資金額に見合っただけの需要家を獲得できるかという点にある。周辺建物の接続需要とボイラーの更新時期のデータは存在しないため、まずは、都市計画委員会に参加し、新規開発情報を知ることが行われた。新規開発の情報があれば、都市計画での開発コントロールとは別に営業を行うことができる。第二にブロード・ストリートのBIDのマネージャーに熱供給事業を理解してもらうことの重要性が、ヒアリング調査においても強調されていた。それは、窓口となるマネージャーは、筆者の知るかぎり、BIDエリアのビジネス、土地所有者、不動産所有者を知ることが多く、彼らのエネルギーの理解が、需要家獲得につながると評価されているためである。ブロード・ストリートのBIDは、2005年に262の事業者でスタートし、2013年現在、300を超えるビジネスが参加している。設立段階で92%のビジネスが賛成をし、2009年の投票ではこれが2ポイント上がった94%を記録するなど、BID活動が地域に高く評価されていると理解できる。ここのBIDは安全、清掃、イベントなど事業や理事会を通して地域ビジネスと密接な関係にあるため、光熱費削減に寄与する地域熱供給の理解を、まずはマネージャーにしてもらうことが大事な要素と認識されていると理解できる。

さらに、こうした事業者を支援するために、市役所の都市計画課では、新規開発について以下の政策を位置づけ、ネットワークへの接続を拡大している。

・50戸以上の住宅開発、1000 m² 以上の非住宅開発はCHP施設を導入するか、接続するかの検討を行う。
・特別な事情のないかぎり、既存のCHPネットワークのある場合、接続義務。CHPにつながない場合、フィージビリティ・スタディが求められる。
・小規模開発でもCHPネットワークにつながない場合はフィージビリティ・スタディが求められる[注9]。

つまり、都市計画は一定規模以上の開発が地域熱供給事業の周囲で起きた際には、開発協議の段階で接続義務を課している。このように、都市計画が地域熱供給事業を後押しするのは、市の掲げるCO_2排出量削減という目的を達するために役立つことが大きな理由となっている。

そこで、ここで関係する主体間の連携状況をまとめ、この体系のなかでBIDが果たす役割についてまとめておきたい。

図7はバーミンガムにおける市役所、コフリー地域エネルギー、需要家の関係を明らかにしたものである。

まず、❶バーミンガム市役所とコフリー地域エネルギーの間にパートナーシップを結び、そのパートナーシップで熱供給事業を行うものとしてバーミンガム・エネルギー会社が設立されている。ここでは、コフリー地域エネ

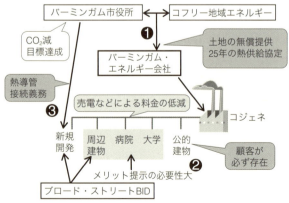

図7　バーミンガムにおける連携の特徴

ギーと25年間の熱供給協定を結び、公共用地の無償提供を行っている。つまり熱料金を下げるための取り組みがここに存在していると言える。

❷バーミンガム・エネルギー会社が事業のメリットを受けるためには、顧客が増えなければならない。当初から参加する予定の大学、病院はもとより、老朽ボイラーをもつ周辺事業者がネットワークに接続することが求められるものの、開発をともなわない場合、都市計画権限を用いて熱導管への接続はできない。そこで、料金低減の方法は、前述した土地の無償提供と25年の長期熱供給事業としてのライフサイクル・コストで価格低減を行うこと、コンベンション・センターへの電力供給で熱料金を下げることが大きい。こうしたメリットは、ブロード・ストリートBIDとの協力関係で既存建物のオーナーに提示される。

さらに、❸新規開発については、都市計画における開発規制の権限を用いて、熱導管への接続義務が見られる。以上のような枠組みを通して、結果、行政はCO$_2$排出量削減を実現化することが可能となっている。そして、BIDのあるエリアでは、マネージャーの協力により、接続建物が増加している。

4──エリアマネジメント組織との連携

これまで見てきたように、実際の地域熱供給事業においても、BIDとの連携で地域にその必要性を理解してもらうなど、地域に組織のあることが大事な要素となっている。熱供給事業者がマーケットのなかで需要家を増やしていくために営業努力をするのも大事であるが、それだけでは決して需要家は増加していかないという事実もある。米国では、事業性を上げていくために、地域がエネルギーの理解を高めるためのコミュニティとの連携方法を模索する動きも見られる。

しかしながら、地域熱供給事業は多額な資金が必要なのも事実である。実際、英国で熱供給を行える企業は大規模資本の数社とも言われており、土地の無償提供や需要家獲得のための接続義務があってもイニシャルにかかる費用を負担しうる体力ある企業が求められる。

日本で考えると、英国に比較して冷房需要が高いため冷熱管が求められ、埋設のための工事費用も英国の5~10倍かかることもヒアリング調査から明らかにされている。情報、電力、上下水道と異なり、基盤施設との位置づけが明確ではない地域熱供給事業を都市に導入する場合、最初に説明したレジリエンスの観点から、積極的に導入を行っていくことが大事だと考える。その際に必要とされる工事費は、英国型の公共用地の無償提供や、その後の運営に大きく関係する需要家の獲得を熱導管接続義務で対応するだけではなく、レジリエンスの観点から、地域エネルギーのネットワークを行政と民間の一部負担で行うことも考えられる。その際に、バーミンガムでBIDとの連携が行われていたように、コージェネなどの理解を窓口となるエリアマネジメント組織組織が代行することがまず求められよう。

一方で、エリアマネジメント組織組織が売り上げや事業規模に応じた負担金を徴収できる仕組みがあるのであれば、レジリエンスを目的にそのための費用を一部活用することも考えられる。ただし、その場合は、有事の際のエネルギーを超えて、平常時から利用できること、金銭的な負担が受益につながるような低価格エネルギーの実現などが求められる。また、基盤整備が整っていない地域や今後都市整備を行う新しい拠点市街地では、都市整備により地域熱供給などを行うことが考えられる。その際に必要となる地区投資には、たとえば米国型のTIFに類する仕組みがあれば、こうした資金を導入することも考えられよう。

注：
1) http.hinanjyo.jp/
2) http://www.ace.or.jp/web/introductory/index.php?Kiji_List
3) http://www.mlit.go.jp/common/000189573.pdf
4) http://www.districtenergy.org/assets/pdfs/ORNL-DOE_2002_data/Table1LongevityofOperations.pdf
5) 村木美貴「英国におけるCO$_2$排出量削減のための官民連携に関する研究—地域冷暖房に着目して」『日本都市計画学会都市計画論文集』48-3号、2013年、pp. 681-686
6) 杉山雄輝『地域冷暖房事業における官民連携に関する研究—公共施設活用に着目して—』2013年、千葉大学工学部卒業論文
7) 注4に同じ
8) 2010年にユーティリコムはフランス系のエネルギー会社GDFスエズに買収された。英国ではGDFスエズの地域エネルギー会社はコフリー地域エネルギー会社として営業している
9) Birmingham City Council, 2013, *Core Strategy Consultation Draft*

3節

官民連携と事業開発を支えるプロデューサー型人材

リージョンワークス合同会社 代表社員　後藤太一

1 ── そもそも、何のために、どのような連携が必要か?

本節では、エリアマネジメントの成果を出すための官民連携のあり方、それを実践する際の留意点について、事業開発を担う人材の重要性に焦点を当てて整理したい。

1 連携とは何か?

官民連携という言葉が濫用されている。実践では、官民の二元論を越えて、さまざまな利害関係者の協働が不可欠となる。しかし、連携そのものが目的化し、有限な資源を多量に消費した結果、事業そのものが行き詰まるなど本末転倒な事例も見られる。メール、SNS、打ち合わせ、会議、ワークショップ、シンポジウムなど、それぞれ威力のあるコミュニケション・ツールが、たんなる当事者満足あるいは予算や工数の消化に終わり、事業が進んでいないというのはよくある事態である。

裏返せば、連携とはパートナーシップ、すなわち事業推進のための役割分担にもとづく相互補完関係であると定義できよう。

2 なぜ連携が必要か?

社会・経済のグローバル化が進展した結果、社会が複雑化し、また変化のスピードが指数的に上がったため、不確実な時代となった。

そして、このような不確実性が高い時代には、他者と連携しなくては課題に対応できなくなった。

背景となる二つの要因として、ICT の進化と、人口の爆発的な増加がある。世界都市東京から過疎地域まで、都市の大小を問わず、いかなる地域もこの影響を大なり小なり受けている。

3 柔軟なマネジメントの必要性

この変化により、高度成長期のように、調査、計画、事業、運営という直線型の事業の進め方が許容されなくなっている。そして、エリアマネジメント、すなわち開発や整備に偏重せずに、活用や運営を重視し、直線的ではなく柔軟に変更、修正を繰り返す事業の進め方が不可避となっている。

2 ── 連携の成功の鍵はなにか?

1 成功の定義

本稿では、成功の定義を、地域の価値の向上とする。地域の価値とは、狭義では不動産価値の向上とされるが、広義では域内総生産額、すなわち企業収益、雇用、所得、設備投資、税収、知的財産など経済活動から生みだされる地域の付加価値額の総和である。経済学の定義では、営業利益+人件費+減価償却費+賃借料+租税公課+特許使用料などとされる。

貨幣価値で測りきれない文化や芸術の重要性は当然認めたうえで、理念や精神的なものだけに留まらず、経済価値を生みだすことが、エリアマネジメントを持続可能なものとする。

2 成功を生みだす鍵

このような成果を生みだす鍵は、以下の二つがあると筆者は考える。

①ビジョンの共有

●連携の大前提としてビジョンの存在

前述のように、筆者の考える連携とはパートナーシップである。そのため、事業を通じて、実現したい目標が

共有されていなければ、補完関係を構築しようがない。

もちろん、当初から明確なビジョンが立てられるとはかぎらないが、ある程度の共同作業をへても共有のビジョンが見えてこない場合は、その連携は烏合の衆に終わってしまい、成果を上げられない場合が多いだろう。

●ビジョンの内容の変質―価値の定義と成果指標

ビジョンそのものの変質も重要である。

不確実性の時代におけるビジョンとは、完成予想図ではなく、追求する価値の明確な定義である。当然、その価値には、定量的な成果指標（KPI）がともなわれる。

実践においては、事業推進上の手段として模型やパースなど完成予想図を用いる場面もあろうが、それを金科玉条として進捗評価や事業の見直しをおろそかにするようでは本末転倒である。

● 価値の定義

価値の定義は、地域の風土や文化のうえになされるべきであり、地域ごとに異なって当然である。

しかし、あらゆる地域がグローバル化の影響から逃れられないことから、メガ・トレンド、すなわち時代の趨勢を踏まえていないと、独善に陥る可能性が高い。

グローバル化の潮流、そして日本では喫緊の課題である人口減少を踏まえると、時代の趨勢としては以下のようなものがあげられよう。

第1に、安全・安心を基盤とする暮らしの質の向上。

第2に、地球温暖化などを踏まえた自然環境との共生。

第3に、移出産業（地域外から収入を得る産業）の振興による雇用創出。

これらは持続可能性の3要素、すなわち社会、環境、経済の反映でもある。

このなかでも、第3の雇用創出の重要性は、強調しすぎることはない。なぜならば、質の高い雇用の不足こそが、国内の多くの地域から東京圏などへの人口流出を招いている理由であると同時に、グローバル経済における日本経済の課題でもあるからである。

都市部におけるエリアマネジメントの普及の一因も、雇用創出という経済課題の解決には、公共セクターだけでは対処しきれず、経済の中心的担い手である民間セクターの成長が不可欠なためである。

狭義の地域の価値である不動産価値の視点においても、雇用創出は重要である。公共セクターが都市計画の手法を用いて容積率を割り増したとしても、雇用や人口が増えた結果としての不動産需要が増えないかぎり、入居者獲得に向けた地域内でのパイの奪い合いに留まり、地域内の空室を増やす結果に終わる場合が多い。裏返せば、容積率割増による事業ファイナンスは、雇用や人口の増加が見込めない地域では機能しないということでもある。

● 成果指標

成果指標をどのように設定するかは、項目と時間軸の両面で考える必要がある。

項目については、地域の価値の定義次第ではあるが、筆者としては投資対効果（B/C）などの事業ごとの評価よりも、定点観測する基礎指標としての人口、雇用、空室面積、賃料などが重要と考える。これは、個別の事業の直接的な効果と地域の価値の増進の相関が把握しづらいことが理由である。もちろん、個別の事業の評価については、収益性など事業収支を把握しておくことは重要である。

時間軸については、長過ぎても短すぎても問題があるが、こうすればよいという画一的な設定方法はないだろう。自治体でも総合計画の作成は必須ではなくなった。企業でも中期経営計画をつくらない企業も増えた。地域ごとに実情にあわせて設定し、うまくいかなければ設定を見直すことが必要である。

筆者は、定点観測はできるだけ高頻度として、事業を随時修正しながら進め、事業の抜本的な評価は会計年度にあわせる（大抵の場合は1年単位）のが妥当と考える。たとえば、飲食・物販事業なら日割りで売上げを管理して月次で収支評価を行う、不動産運営事業ならば月割りで収支管理を行い四半期で評価する、などが考えられる。また、エリアマネジメント団体の体制や予算の見直しは会計年度にあわせて行い、事業方針そのものは2〜3年程度で見直し（ローリング）するのが一般的かと思う。

② プロセスの共有

ビジョンの共有と比べて、一見やさしく思えるが、官民連携の実践でもっともむずかしいのが、プロセスの共有であろう。

● 官民の行動規範の違い

柔軟なマネジメントにおけるプロセスは、未来の不確

7章　エリアマネジメントのこれからへ向けて　189

実性にどのように立ち向かい、修正や変更が必要になった場合には、どのように判断し行動するか、という判断の基準や方法を意味する。

そして、公共性や公平性を優先する行政と、収益性や効率性を優先する民間の、根本的な行動規範の違いが、両者がプロセスを共有する際の課題となる。

もちろん、優れた行政は収益性や効率性を、優れた民間は公共性や公平性をそれぞれ尊重するので、プロセスの共有はしやすくなるのだが、それでも行動規範の違いが顕在化することは非常に多い。

●成果指標の設定

プロセスを共有する際の鍵の一つは、ビジョンの共有でも議論したように、成果指標の設定である。期限までに目標値を達成できなかった場合、撤退を含めて事業の修正をどのように図るか、事業に着手する前に官民で合意できれば理想的であるが、現実には非常にむずかしい。

筆者が関わった事例では、意思決定のための会議開催時期を事前に設定し、予算編成において予備費を設定し、事業の進捗状況に応じて予備費の追加投入を官民協議して決定するという手法を用いたことがある。実践のなかで、理想に近づけようと努力した結果である。

●マネジメントの技術

もう一つの鍵は、マネジメントの技術を官民で共有することである。

マネジメントの技術も時代とともに変化しており、昨今では科学的な手法よりも、情緒的な要素を重視する傾向が見られる。しかし、基礎があっての応用、型があっての型破りであって、基礎のない応用、型がないままの形なしの場面を多数見てきた筆者は、科学的な手法の共有は非常に重要と考える。

とくに、日本語という言語の内包する曖昧さ、日本国内における曖昧な商慣行に浸っていると、国内の縮小する市場の外に視野が広がらず、移出産業の振興において国際的な事業にまったく立ち向かえない事態を招いてしまう。

筆者が考えるマネジメント技術は、大きく三つあげられる。

第1に、言語である。行動規範の違う官民の連携において、さらには多種多様な関係者が協働する際には、特定の業界用語に依存せず、皆が共有できる言語でコミュニケーションをとる必要がある。日本語のみならず、英語など外国語においても他者を敬う表現は重要であり、また誤解を残さないような明確な表現を用いることや、人々の主体性を引き出すような対話やファシリテーションの技術も、一部の専門家のみならず、すべての関係者に一定水準が求められよう。

第2に、情報コミュニケーション技術、すなわちICTである。ほぼすべての人にPC、スマートフォン、タブレットなどの高性能端末が行きわたり、ブロードバンドも普及した今日、ICTは機器の所有よりも、その活用を指すものである。

もう、メールができ、ウェブページを製作できればこと足りる時代は終わった。これからは、データ・サイエンティストに象徴されるように、多様で大量のデータを統計的に解析し視覚的に表現して、適切な課題を設定し、解決策を提案する能力が官民を問わず重視される。ハウ・ツー、すなわちいかにやるか以前に、何をやるかが問われる時代である。また、クラウド、グループウェア、リモートワーク、ビデオ会議など、場所や時間に縛られないコミュニケーションの技術が普及した結果、事業の構成員を以前よりも遥かに柔軟に選べるようになった。言い換えると、ICTを使いこなせる人材は、遠隔地からでも事業に貢献できるようになり、地縁に縛られない優秀なチームのほうが、効果的かつ効率的に事業を進めやすくなっている。この傾向は、とくに民間において顕著であるが、行政側がこれについてこられない場合、優秀な外部人材をエリアマネジメントに取り込めない場面も出てきている。

第3に、財務である。民間ではビジネスの基礎である財務諸表を理解する力が行政側にないと、事業収益性の検討すら覚束ない。そして、行財政の独特な仕組みを民間が一定程度理解していないと、行政との連携はむずかしい。

3 ビジョンとプロセスの共有の先に

繰り返すが、マネジメントの要諦は、判断である。ビジョンとプロセスを共有している場合には、行動規範の異なる官民が同じテーブルにつき、共同の判断を行うこ

とが容易となる。むずかしい判断をともに行い、一緒に行動して、はじめて新しい価値を生みだすことができる。その先に、深い共感や感動に根づいた信頼関係が醸成され、次の事業に取り掛かることができるようになる。

エリアマネジメントにおける官民連携で、ここまでの深度をもっている事例は、確実に増えつつあるものの、まだまだ少ないのが現状であろう。官民の対峙するような会議、一過性の共催イベント、判断をともなわないワークショップやシンポジウムなどを繰り返し、一緒に行動する時間を長くすることで、表面的な連携は築けても、新しい価値を生みだすにいたらない。そのようなエリアマネジメントは、持続可能とはなりづらいだろう。

3──福岡における官民連携の発展事例

すでに前の章で見てきたように、福岡の都心である天神地区および博多駅周辺地区では、独自のエリアマネジメントが発展してきている。その過程で、官民連携の手法にも福岡独自の成熟が進んでいるが、他地区と比べて特筆に値するのが、地区単位のエリアマネジメントに留まらず、複数地区を取り込んで都市圏単位で官民連携を図る仕組みとして 2011 年に設立された福岡地域戦略推進協議会（Fukuoka D.C. 通称、FDC）である。

1 福岡地域戦略推進協議会（FDC）とは

FDC は、国際競争力の強化により福岡都市圏の持続的な成長を図ることを使命としており、具体的には MICE[注1] の振興、移出産業の育成、都市のマーケティング、イノベーションの事業化、都心再生などに取り組んでいる。

FDC は、94 の会員（2014 年 11 月 7 日現在）から構成される任意団体であり、意思決定を行う幹事会は、福岡県と福岡市、福岡のエリアマネジメントの中心を担う西日本鉄道㈱と九州旅客鉄道㈱（JR 九州）をはじめとする地場企業、さらには九州大学や福岡商工会議所などで構成されている。従来型組織と異なる特徴としては、①事業の担い手となることを前提とする入会、②民間活力の投入と公共政策の連動の担保、③国際的な人材や資本の呼び込み、④市民活力の投入、の四つがあげられる。年間予算のうち、会費を除く拠出金は、官民で折半されている。

2 エリアマネジメントの限界の打破に向けて

その設立の背景には、天神および博多駅周辺の両地区において、地区単位のエリアマネジメントだけでは地区の活性化にも限界があり、都市間競争のなかで福岡の優位性を高める取り組みを追加すべきとの認識があった。すなわち、同じ都市内での地区間競争だけでは限られたパイの奪い合いに終わる懸念が高く、域外とりわけ成長するアジアの活力を取り込むことが、地区の発展には不可欠との認識である。

福岡は、人口増加を続けている日本で数少ない都市の一つであり、経済的にも成長している稀有な事例であるが、狭義の地域の付加価値である不動産価値を見ると、賃料と空室率のいずれをとっても、短期的に大幅な改善は見込みづらい。もちろん、エリアマネジメントの基礎である警備、清掃や集客イベントなどの個別事業による底支えはあるものの、不動産実需の創造、すなわち移出産業の育成には、地区単位では取り組めないとの冷静な認識をエリアマネジメント関係者が共有するようになったことは、大きな変化である。

今年に入り、福岡市は国家戦略特区に指定され、そのなかでエリアマネジメントの強化についても議論が始まった。ここでも、個々のエリアマネジメントの全体を俯瞰しつつ、官民連携で事業に取り組む FDC の存在は大きい。

4──実践における課題：人材確保と解決策

これまでの各章で見てきたように、制度、財源などの課題に直面しているエリアマネジメントの事例は多い。

しかし、筆者の見解では、エリアマネジメント団体の現在の（あるいは永遠の）最大の課題は、事業を構想し推進する有能なプロデューサー型人材の確保だと思われる。それは、官民連携のコーディネーターとしての役割だけではなく、エリアマネジメントを新しい価値の創造まで到達させる役割を担う人材である。

7章　エリアマネジメントのこれからへ向けて　191

1 事業開発の重要性

大阪での日本版 BID への先駆的な取り組みにより、エリアマネジメントの公共性を根拠とした、税に準じるような安定財源の確保について一定の前進が期待できよう。

一方で、大阪の事例においても、不動産再開発事業の収益によって活動の多くを賄っているのが実態であり、エリアマネジメントの直接収入によって事業が行われている状況とはほど遠い。福岡の天神地区や博多駅周辺地区においても、企業負担金に依存している事業構造となっている。札幌の事例においては、指定管理者収入などに加えて、自主財源開発も進んでいるが、財務的な自立には、まだ課題が残る。

このことは、裏を返せば、エリアマネジメントが財務的に自立し、エリア主体の事業を推進できるようになるには、自主財源の開発こそが最重要の課題であり、それは収益性のある事業の開発および推進によってのみ可能になると言える。まず、民間主導で収益性のある事業の開発を行い、それを行政が政策や制度によって補強するという順序で、官民の連携を考えるべきである。

事業開発の重要性は、エリアマネジメントの深化に深く関わっている。まず、追求する価値の一つである雇用創出の源泉は事業開発である。海外では防犯や清掃がその中心であるが、日本においても環境、エネルギー、防災などの事業は地域に新たな雇用をもたらすことが見込まれる。そして、事業開発を通じてエリアマネジメントの技術や知見が蓄積され、その過程で官民連携が深化していくことが見込まれる。

2 事業開発を担う人材の要件

事業開発を担うプロデューサー型人材には、安定的な給料で生計を立ててきたサラリーマンや、大きなリスクのない業務委託費で会社を経営してきた請負型のコンサルタントは、必ずしも適任ではない。むしろ、事業リスクを慎重に見極め、個人としてリスクを背負い、それを乗り越えて事業を成功させてきたような起業家精神をもつプロフェッショナルこそが適任である。これは、決して一人のスーパーマンを希求している話ではなく、有能な人材からなるチームとして、前述したようなマネジメントの技術のうえに、事業開発の能力を備えればよいと

いうものである。

3 人材確保の具体的な解決策は?

そのようなチームを構成する有能な人材、とりわけプロデューサー型人材の確保は、社会のスピードが著しく加速し、人口減少も深刻化している今日、育成だけでは間に合わないだろう。有能な人材を他地域や他業務（エリアマネジメントと直接関係がなくても構わない）から引き抜き、現場経験を通じて成長してもらい、さらに仲間を増やしていくことが必要である。

4 エリアマネジメントを支える人材市場の創造に向けて

海外の先進的なエリアマネジメントの事例を見ると、中核となっている人材の仕事経験は実に多岐にわたっており、単一の組織でしか働いたことがない人材にはめったに出会わない。不動産開発会社から行政へ、大学から経営コンサルタントへ、銀行から起業家へなど、転職を重ねて、高度なマネジメント技術と幅広い見識を体得された方が多い。

その背景には、社会における人材の流動性が高いことがある。日本でも人材の流動性は徐々に高まりつつあるが、それでも海外との格差は依然として大きい。

今後、日本のエリアマネジメントの発展のためには、エリアにおいて事業開発を担うような新しい職能の人材市場をつくっていくことが必要と筆者は考える。

具体的には、本書の生みの親となった「エリアマネジメント・サロン」のような、実践者の相互研鑽の場を設け、基礎的な理論と技術を体得したうえで、実践ノウハウを継続的に交換するネットワークを強化していくことが考えられる。そのような場を通じて、各地のエリアマネジメント団体が切磋琢磨し合い、中核的な人材を交換しながら共にレベルアップしていくことができたら、元気で個性的な地域からなる新しい日本の姿が生まれてくるだろう。

注：
1) MICE とは、Meeting：会議・研修・セミナー、Incentive tour：報奨・招待旅行、Convention または Conference：大会・学会・国際会議、Exhibition：展示会、の頭文字をとった造語

執筆者

小林重敬 （こばやし・しげのり）
東京都市大学都市生活学部教授、横浜国立大学名誉教授。
東京大学工学部都市工学科卒業、東京大学大学院工学研究科博士課程
都市工学専攻修了、工学博士（東京大学）。
これまで日本都市計画学会会長、日本学術会議連携会員、規制改革委
員会参与、参議院国土交通委員会客員研究員、国土交通省社会資本整
備審議会委員、国土交通省国土審議会特別委員、文化庁文化審議会専
門委員、全国市街地再開発協会理事長、NPO法人大丸有エリアマネジ
メント協会理事長などを歴任。
近年、横浜駅周辺地区大改造計画づくり、大阪駅再生協議会部会、大
阪版BID制度検討会、名古屋駅周辺まちづくり構想懇談会など、およ
び地方都市の高松市、長浜市などの中心市街地活性化に参画。また
2005年横濱文化賞受賞、2007年および2010年都市計画学会石川賞（学
会最高賞）受賞。
著書：編著『協議型まちづくり』（学芸出版社、1994年）、編著『地方
分権時代のまちづくり条例』（学芸出版社、1994年）、編著『エリアマ
ネジメント』（学芸出版社、2005年）、編著『コンバージョン、SOHO
による地域再生』（学芸出版社、2005年）、著書『都市計画はどう変わ
るのか』（学芸出版社、2008年）など多数。

青山公三 （あおやま・こうぞう）
京都府立大学公共政策学部教授。
1949年名古屋市生まれ。名古屋大学工学部建築学科卒業、ニューヨー
ク大学ロバートワグナー公共政策サービス大学院修了（都市計画修士）。
㈱日本都市開発研究所、㈶地域問題研究所、Institute of Public Admin-
istration (IPA) (New York) をへて2004年Urban Policy Instituteを設立。
2008年より現職。2011年より京都政策研究センター長、一般社団法人
地域問題研究所理事長を兼任。

保井美樹 （やすい・みき）
法政大学現代福祉学部教授。
福岡県生まれ。早稲田大学政治経済学部、ニューヨーク大学都市計画
修士課程の後、工学博士（東京大学）。㈶東京市政調査会、米Institute
of Public Administration, World Bank、東京大学先端科学技術研究セン
ター等をへて、2004年4月より法政大学。2010～11年にLondon
School of Economics 都市地域計画分野の客員研究員。官民連携、民間
主導のまちづくり事業に関心を寄せる。

長谷川隆三 （はせがわ・りゅうぞう）
株式会社フロントヤード代表取締役。
1974年東京都生まれ。東北芸術工科大学大学院芸術工学研究科修了。
㈱エックス都市研究所をへて、2014年㈱フロントヤードを設立。都市
環境やエネルギー、エリアマネジメント、情報化など都市の高機能化、
付加価値形成に関する業務に従事。NPO日本都市計画家協会理事。

御手洗潤 （みたらい・じゅん）
京都大学経営管理大学院特定教授。
一橋大学法学部卒。東京大学公共政策大学院修了。博士（工学）。建設
省、在シンガポール日本大使館一等書記官、内閣府統括官（防災担当）
付企画官（災害緊急事態対処担当）、国土交通省都市・地域整備局公園
緑地課課長補佐、同省土地・水資源局国土地政策課土地政策企画官、同
省都市局都市計画課開発企画調査室長等をへて、2014年より現職。

中井検裕 （なかい・のりひろ）
東京工業大学大学院社会理工学研究科教授。
1958年大阪生まれ。1986年東京工業大学大学院理工学研究科博士課
程満期退学。ロンドン・スクール・オブ・エコノミクス研究助手、東
京大学助手、明海大学助教授、東京工業大学助教授をへて、2002年よ
り現職。工学博士。専門は都市計画、土地利用計画。公益社団法人日
本都市計画学会会長、国土交通省社会資本整備審議会都市計画部会長
など。

村木美貴 （むらき・みき）
千葉大学大学院工学研究科教授。
横浜国立大学大学院工学研究科博士課程修了。東京工業大学大学院助
手、ポートランド州立大学客員研究員、千葉大学助教授、大学院准教
授をへて2013年より現職。博士（工学）。共著『エリアマネジメント』
（学芸出版社、2005年）ほか。専門は都市計画。

後藤太一 （ごとう・たいち）
リージョンワークス合同会社代表社員。
1969年東京都生まれ。東京大学工学部都市工学科卒業、カリフォルニ
ア大学バークレー校都市地域計画学科修了。鹿島、米国ポートランド
都市圏自治体メトロ、福岡新都心開発などをへて現職。福岡地域戦略
推進協議会（FDC）事務局長。国際都市開発協会アジア地域代表理事。
NPO地域経営支援ネットワーク理事。一級建築士、米国認定都市計画
士（AICP）。

大阪市都市計画局計画部都市計画課
大阪市における都市計画ならびに都市計画に関連する施設整備計画お
よび土地利用計画の調査・立案等を行うとともに、広域幹線道路網の
整備に関する調査、企画および連絡調整、統合型GISの運用ならびに
地域情報化の促進等を担当。

東京都都市整備局都市づくり政策部
東京都における国土計画や都市計画区域マスタープランなどの広域的
計画関連、用途地域や地区計画などの都市計画関連、公園緑地や都市
景観などの地域整備計画関連、都市再生特区関連、都有地活用プロジェ
クト関連など、都市づくり政策に関する調査・企画・調整等を担当。

事例執筆団体

NPO 法人 大丸有エリアマネジメント協会（リガーレ）
〒100-8133 東京都千代田区大手町 1-6-1　大手町ビル 635 区
HP 　：http://www.ligare.jp/
E-mail：ligare2002@ligare.jp

名古屋駅地区街づくり協議会
〒450-6216 名古屋市中村区名駅 4-7-1　ミッドランドスクエア 16 階
　　　　　 東和不動産株式会社内
HP 　：http://www.nagoyaeki.org/
E-mail：office@nagoyaeki.org

梅田地区エリアマネジメント実践連絡会
〒530-0012 大阪市北区芝田 1-1-4　阪急ターミナルビル 15 階
　　　　　 阪急電鉄株式会社　不動産事業本部　不動産開発部内
HP 　：http://umeda-connect.jp/
E-mail：info-ml@umeda-connect.jp

一般社団法人 グランフロント大阪 TMO
〒530-0011 大阪市北区大深町 3-1　グランフロント大阪タワー B13 階
HP 　：http://www.grandfront-osaka.jp

エキサイトよこはまエリアマネジメント協議会
〒231-0017 神奈川県横浜市中区港町 1-1
HP 　：http://www.city.yokohama.lg.jp/toshi/tosai/excite/

博多まちづくり推進協議会
〒812-8566 福岡市博多区博多駅前 3-25-21
　　　　　 九州旅客鉄道株式会社　博多まちづくり推進室内
HP 　：http://hakata-machi.jp/
E-mail：info@hakata-machi.jp

We Love 天神協議会／一般社団法人 We Love 天神
〒810-0001 福岡市中央区天神 2-6-1　天神きらめき通りビル B1F
HP 　：http://welovetenjin.com/
E-mail：tenjin@nnr.co.jp

銀座街づくり会議・銀座デザイン協議会
〒104-0061 東京都中央区銀座 4-6-1　銀座三和ビル 3F
HP 　：http://www.ginza-machidukuri.jp
E-mail：info@ginza-machidukuri.jp

日本橋地域ルネッサンス 100 年計画委員会
〒103-0027 東京都中央区日本橋 2-3-4・13F　日本橋プラザ株式会社内
HP 　：http://www.nihonbashi-renaissance.com/
E-mail：info@nihonbashi-renaissance.com

一般社団法人 淡路エリアマネジメント
〒101-0063 東京都千代田区神田淡路町二丁目 105 番地
　　　　　 ワテラスアネックス 1311
HP 　：http://www.awaji-am.com/

御堂筋まちづくりネットワーク
〒541-0053 大阪市中央区本町 4-1-13
　　　　　 株式会社竹中工務店　開発計画本部内
HP 　：http://www.midosuji.biz
E-mail：info@midosuji.biz

栄ミナミ地域活性化協議会
〒460-0008 名古屋市中区栄 3-17-15
　　　　　 株式会社アイ・アンド・キューアドバタイジング内
HP 　：http://www.sakaeminami.com
E-mail：info@sakaeminami.com

札幌駅前通まちづくり株式会社
〒060-0003 札幌市中央区北 3 条西 3 丁目 1 番地　札幌大同生命ビル 10 階
HP 　：http://www.sapporoekimae-management.jp/
E-mail：info@sapporoekimae-management.jp

浜松まちなかマネジメント株式会社
〒432-8032 浜松市中区海老塚町 51-1
HP 　：http://www.hamamachi.jp/machinaka/
E-mail：info@hamamachi.jp

六本木ヒルズ統一管理者
〒106-6155 東京都港区六本木 6 丁目 10 番 1 号　六本木ヒルズ森タワー
　　　　　 森ビル株式会社　タウンマネジメント事業部
HP 　：https://www.mori.co.jp/

一般社団法人 大手町・丸の内・有楽町地区まちづくり協議会
〒100-8133 東京都千代田区大手町 1-6-1　大手町ビル 635 区
HP 　：http://www.otemachi-marunouchi-yurakucho.jp/
E-mail：machizukuri@otemachi-marunouchi-yurakucho.jp

秋葉原タウンマネジメント株式会社
〒101-0025 東京都千代田区神田佐久間町 1-6-1
HP 　：http://www.akibatmo.jp/
E-mail：info@akibatmo.jp

一般社団法人 横浜みなとみらい 21
〒220-0012 横浜市西区みなとみらい 2-3-5
　　　　　 クイーンズスクエア横浜　クイーンモール 3 階
HP 　：http://www.minatomirai21.com/
E-mail：kikakuchosei@ymm21.or.jp

一般社団法人 大丸有環境共生型まちづくり推進協会（エコッツェリア協会）
〒100-0005 東京都千代田区丸の内 1-5-1　新丸の内ビルディング 1008 区
HP 　：http://www.ecozzeria.jp/
E-mail：concierge@ecozzeria.jp

旧居留地連絡協議会
〒650-0036 神戸市中央区播磨町 30　大丸カーポート 7 階
HP 　：http://www.kyoryuchi-club.com/
E-mail：info@kyoryuchi-club.com

竹芝地区エリアマネジメント 準備室
〒105-0022 東京都港区海岸 1-12-2　客船ターミナル 1 階
HP 　：2015 年度以降開設予定
E-mail：pre.takeshiba@gmail.com

最新エリアマネジメント
―街を運営する民間組織と活動財源

2015 年 2 月 15 日 第 1 版第 1 刷発行
2015 年 3 月 30 日 第 1 版第 2 刷発行

編著者　小林重敬
発行者　前田裕資
発行所　株式会社学芸出版社
　　　　京都市下京区木津屋橋通西洞院東入
　　　　〒 600-8216　電話 075-343-0811
　　　　http://www.gakugei-pub.jp/
　　　　E-mail info@gakugei-pub.jp

印　刷　オスカーヤマト印刷
製　本　山崎紙工
装　丁　KOTO DESIGN Inc.
編集協力　村角洋一デザイン事務所

© Shigenori KOBAYASHI 2015
ISBN978-4-7615-4091-3　Printed in Japan

JCOPY 〈㈳出版者著作権管理機構委託出版物〉
本書の無断複写は著作権法上での例外を除き禁じられています。
複写される場合は、そのつど事前に、㈳出版者著作権管理機構（電
話 03-3513-6969、FAX 03-3513-6979、e-mail: info@jcopy.or.jp）の
許諾を得てください。
本書を代行業者等の第三者に依頼してスキャンやデジタル化する
ことは、たとえ個人や家庭内での利用でも著作権法違反です。

【好評既刊書】

エリアマネジメント
地区組織による計画と管理運営

小林重敬 編著
A5判・256頁・定価 本体2800円+税

大都市都心部や地方都市の中心市街地で、民間によって構成された地域の組織が主体となり、開発だけでなく、開発後も管理運営を推し進め、地域を再生する取組みが行われている。汐留、六本木、丸の内から松江、高松、七尾まで、様々な規模と形態で展開する事例から、地域力を導く組織づくりと地域価値を高める活動を解説。発売以来、エリマネのバイブルとなってきた古典

都市計画はどう変わるか
マーケットとコミュニティの葛藤を超えて

小林重敬 著
A5判・224頁・定価 本体2500円+税

新たな時代の仕組みづくりと、再生への方途

コンバージョン、SOHOによる地域再生

小林重敬 編著
A5判・208頁・定価 本体2200円+税

既成市街地の中小ビルが蘇り地域が再生する

条例による総合的まちづくり

小林重敬 編著
A5判・272頁・定価 本体3000円+税

条例活用の道を理論と事例から示す

地方分権時代のまちづくり条例

小林重敬 編著
A5判・320頁・定価 本体3500円+税

地方分権を先取りした名著

白熱講義
これからの日本に都市計画は必要ですか

蓑原 敬、藤村龍至、饗庭伸ほか 著
四六判・256頁・定価 本体2200円+税

教科書では学べない、都市計画の矛盾と展望

にぎわいの場　富山グランドプラザ
稼働率100%の公共空間のつくり方

山下裕子 著
四六判・208頁・定価 本体2000円+税

市民に愛される公共空間の計画から運営まで

都市のデザインマネジメント
アメリカの都市を再編する新しい公共体

北沢 猛+アメリカン・アーバンデザイン研究会 編著
A5判・240頁・定価 本体2600円+税

都心空洞化からの脱却を実現した具体的施策

住環境マネジメント
住宅地の価値をつくる

齊藤広子 著
A5判・268頁・定価 本体2800円+税

良好な住宅地を持続させるためにすべきこと

RePUBLIC　公共空間のリノベーション

馬場正尊、Open A 著
四六判・208頁・定価 本体1800円+税

退屈な公共空間を面白くするアイデアブック

地域と大学の共創まちづくり

小林英嗣+地域・大学連携まちづくり研究会 編著
B5変形判・192頁・定価 本体3800円+税

協働により進化するまちづくり31事例詳解

ドイツの地域再生戦略　コミュニティ・マネジメント

室田昌子 著
A5判・256頁・定価 本体2800円+税

社会関係の強化から取り組む再生事業を紹介

都市づくり戦略とプロジェクト・マネジメント
横浜みなとみらい21の挑戦

岸田比呂志、卯月盛夫 著
A5判・208頁・定価 本体2500円+税

日本最大の都市開発、都市デザインの貴重な記録

タウンマネージャー
「まちの経営」を支える人と仕事

石原武政 編著
四六判・236頁・定価 本体2200円+税

仕事の実際からその活かし方まで初めて紹介

地域プラットフォームによる観光まちづくり
マーケティングの導入と推進体制のマネジメント

大社 充 著
A5判・240頁・定価 本体2600円+税

顧客志向で行き詰まりを打ち破る実践の手引